氧化石墨烯水泥基复合材料：制备、性能及机理

龙武剑　邢　锋 等　著

科学出版社
北　京

内 容 简 介

本书基于二维纳米材料氧化石墨烯在水泥基材料中的分散关键技术的研究，阐明了氧化石墨烯对水泥基材料水化进程及水化产物的改性机制，并通过系统的实验设计及机理揭示，针对氧化石墨烯水泥基复合材料的流变性能、力学性能、微观结构性能、耐久性能、功能化特性等使用性能调控进行了深入的研究，提出了高性能氧化石墨烯水泥基复合材料制备方法，对未来纳米水泥基复合材料应用于严酷环境下重大基础设施建设，提高建筑工程质量，延长结构服役寿命，具有重要参考价值。

本书可作为高性能水泥基复合材料相关领域的研究人员，以及高等院校土木工程和建筑材料专业研究生的参考用书。

图书在版编目（CIP）数据

氧化石墨烯水泥基复合材料：制备、性能及机理 / 龙武剑等著. —北京：科学出版社，2022.6

ISBN 978-7-03-072290-4

Ⅰ. ①氧… Ⅱ. ①龙… Ⅲ. ①石墨－纳米材料－应用－水泥基复合材料－研究 Ⅳ. ①TB333.2

中国版本图书馆 CIP 数据核字（2022）第 084167 号

责任编辑：郭勇斌 邓新平 方昊圆 / 责任校对：杜子昂
责任印制：张 伟 / 封面设计：刘 静

科 学 出 版 社 出版
北京东黄城根北街 16 号
邮政编码：100717
http://www.sciencep.com
北京画中画印刷有限公司 印刷
科学出版社发行 各地新华书店经销
*
2022 年 6 月第 一 版 开本：720 × 1000 1/16
2023 年 1 月第二次印刷 印张：12 3/4 插页：2
字数：238 000

定价：98.00 元

（如有印装质量问题，我社负责调换）

本书作者名单

龙武剑　邢　锋　罗启灵　冯甘霖

张轩翰　方长乐　徐　鹏　解　静

前　言

水泥基材料是建材工业重要组成部分，在房建、桥梁、机场、公路、铁路、水利、国防军事等重要基础设施建设中广泛使用，不可或缺，是“中国建造”品牌的重要支撑。但传统水泥基材料一直存在自重大、抗拉强度低、易开裂、服役寿命短等问题。我国正处于快速发展阶段，以混凝土结构为主的房屋建筑和基础设施建设规模日益增大，未来近海到远海、浅海到深海重大基础设施需求更加旺盛，面临服役环境更加严酷，对水泥基材料的基本结构、长期耐久、功能化拓展等性能提出了更严格的要求。

水泥基材料性能提升的传统方法以宏观结构复合和单一性能提升为主，改性效果已趋于极限，急需在微观尺度调控与功能拓展上取得突破。纳米材料复合水泥基材料是一种性价比高、可行性强的提升水泥基材料性能的手段，基于纳米材料小尺寸效应、表面效应等物理特性，可在纳米尺度调控水泥基材料水化进程及微观结构，进而增强水泥基材料硬化性能。同时当材料的尺寸减小到纳米量级，将导致声、光、电、磁、热性能呈现新的特性，纳米水泥基复合材料不仅可增强材料结构使用性能，更有潜力赋予建筑材料独特的功能特性。先进纳米材料在水泥基材料领域的应用，突破了传统混凝土使用性能的局限，特别是功能化的提升及扩展，极大拓宽了混凝土材料的应用领域。

纳米材料在水泥基材料中的应用经历了从零维到三维的过程。与零维、一维的纳米材料相比，二维的多层片状纳米石墨烯及其衍生物[氧化石墨烯（GO）、还原氧化石墨烯（rGO）、石墨烯纳米片（GNPs）等]同时兼具长宽比高、与水泥基质的接触性能好的特点。其中氧化石墨烯由于其自身超大的比表面积、优异的力学性能、片层含氧官能团的存在及相对较低的大规模制备成本，应用在水泥基材料中不仅能促进水泥水化，提升水泥基材料微观结构的致密性，改善材料的强度及耐久性，同时在研发功能性水泥基复合材料上已体现出了广泛的应用价值，是未来高性能水泥基复合材料研究的热门领域。

本书涉及作者研究团队对氧化石墨烯水泥基复合材料制备关键技术及性能增强机制一系列多尺度、跨学科、原创性研究工作，主要内容包括氧化石墨烯在水泥基材料中的分散关键技术及机理的研究（第 2 章），阐明了纳米材料对水泥基复合材料体系工作及力学性能影响的机理性问题（第 3 章、第 4 章）；综合多种测试手段，从水化及微观层面揭示了对水泥基材料微观结构改变的内在机制（第 4 章）；

系统开展了氧化石墨烯增强水泥基材料抗氯离子侵蚀、抗碳化、抗钙溶蚀等耐久性能及机理研究（第 5 章）；实现了纳米改性提升水泥基材料的保温降耗、电磁屏蔽、固废重金属离子固化等功能特性（第 6 章），满足现代建筑工程对高性能混凝土及功能性建筑的发展需求，对提高建筑工程质量、降低结构全寿命周期综合成本具有重大实用价值。

本书分工如下：龙武剑和邢锋策划、组织全书撰写；冯甘霖、方长乐参与了第 2 章的撰写；冯甘霖、解静参与了第 3 章的撰写；罗启灵、张轩翰参与了第 4 章的撰写；张轩翰参与了第 5 章的撰写；徐鹏、罗启灵参与了第 6 章的撰写；最后由龙武剑负责修改、补充并定稿。

如果没有邢锋教授的亲力亲为和排忧解难，本书研究工作很难按既定路径如期展开。感谢深圳大学韩宁旭教授、瑞典查尔姆斯理工大学唐路平教授和英国普利茅斯大学李龙元教授对本书研究工作的支持。感谢深圳大学土木与交通工程学院和广东省滨海土木工程耐久性重点实验室全体科研人员对相关工作的支持。感谢程博远、何闯、余阳、罗盛禹、叶涛华、古宇存、谭晓文对本书进行的校对。

感谢各类科研计划的支持。本书涉及的研究工作获得国家自然科学基金重点项目（U2006223）、国家自然科学基金面上项目（51778368）、广东省重点领域研发计划“现代工程技术”重点专项（2019B111107003），以及深圳市战略性新兴产业发展专项资金项目（JCY 20140418095735540）等十余项科研项目的资助。

本书的撰写参考了许多专家学者的专著、教程和其他文献，在此表示诚挚的谢意，限于作者的理论水平和实践经验，加之高性能氧化石墨烯水泥基复合材料技术又处于不断完善中，书中难免存在疏漏之处，恳请广大读者和专家批评指正。

龙武剑

深圳大学土木与交通工程学院

2022 年 3 月

目 录

缩 写 表

简称	中文名称	英文全称
C-S-H	水化硅酸钙	calcium silicate hydrate
CH	氢氧化钙	calcium hydrate
GO	氧化石墨烯	graphene oxide
rGO	还原氧化石墨烯	reduced graphene oxide
GNPs	石墨烯纳米片	graphene nanoplatelets
SCC	自密实混凝土	self-compacting concrete
NS	纳米二氧化硅	nano-SiO_2
NC	纳米碳酸钙	nano-$CaCO_3$
FTIR	傅里叶变换 红外吸收光谱	Fourier transformation infrared absorption spectroscopy
AFt	钙矾石	alumina，ferric oxide，trisulfate
AFm	单硫型水合硫酸铝	alumina，ferric oxide，monosulfate
XRD	X 射线衍射	X-ray diffraction
SEM	扫描电子显微镜	scanning electron microscope
EDS	能量色散 X 射线谱	X-ray energy dispersive spectrum
AFM	原子力显微镜	atomic force microscope
TEM	透射电子显微镜	transmission electron microscope
SCPS	模拟混凝土孔溶液	simulated concrete pore solution
P-HRWR	聚羧酸系高效减水剂	polycarboxylate-based high range water reducer
N-HRWR	萘系高效减水剂	naphthalene-based high range water reducer
AEA	引气剂	air entraining agent
Raman	拉曼光谱	Raman spectrum
F 盐	Friedel 盐	Friedel’s salt
K 盐	Kuzel 盐	Kuzel’s salt
OPC	普通硅酸盐水泥	ordinary portland cement
TGA	热重分析	thermogravimetric analysis
CC	碳酸钙	calcium carbonate
DTG	微商热重分析	derivative thermogravimetry

续表

简称	中文名称	英文全称
BSE	背散射电子	back scattered electron
CNT	碳纳米管	carbon nanotubes
ITZ	界面过渡区	interface transition zone
CRT	阴极射线管	cathode ray tube
EMI	电磁干扰	electromagnetic interference
EIS	电化学阻抗谱	electrochemical impedance spectroscopy
EPS	聚苯乙烯泡沫塑料	expanded polystyrene
LCA	生命周期分析	life cycle analysis
LCI	生命周期清单	life cycle inventory
LCIA	生命周期影响分析	life cycle impact analysis
BIM	建筑信息模型	building information modeling
LSS	液态硅酸钠	liquid sodium silicate
MIP	压汞仪	mercury intrusion porosimeter
ETC	有效导热系数	effective thermal conductivity
EI	有效指数	efficiency index

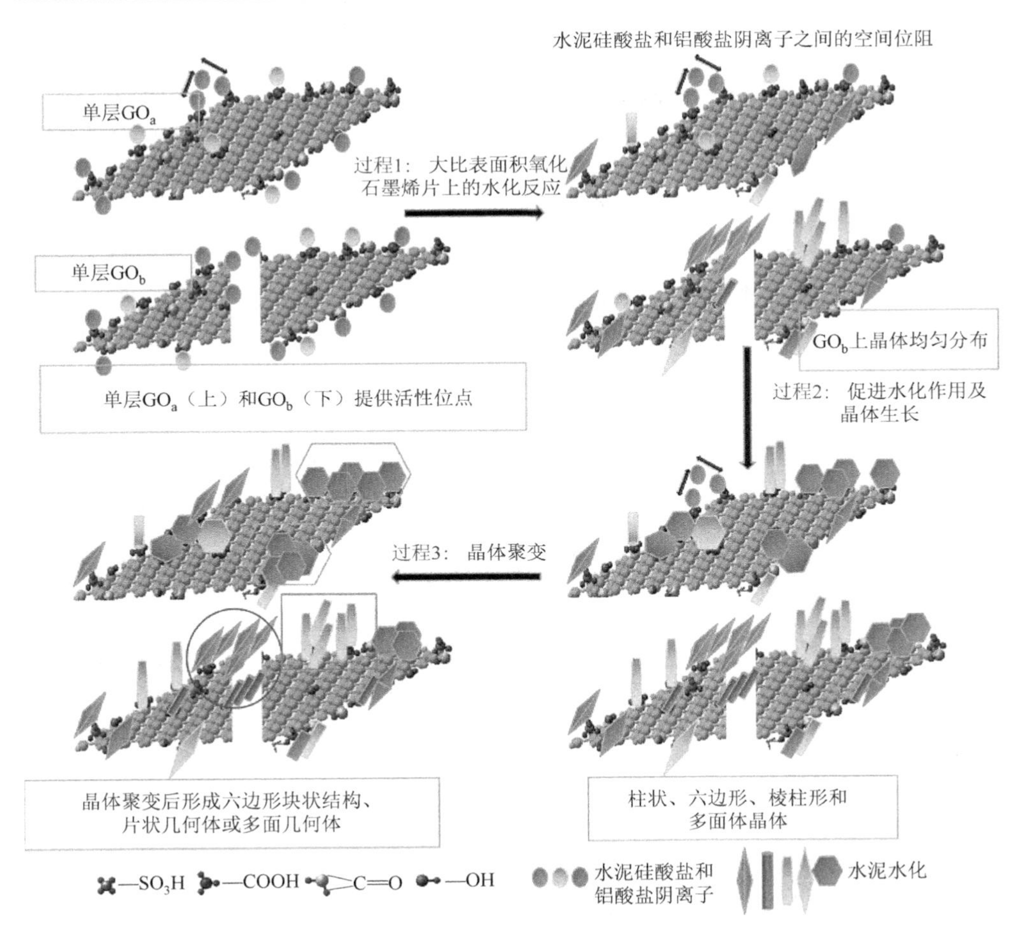

图 1-3 氧化石墨烯厚度对水泥水化产物影响机理图[26]

1.2.2 纳米材料在水泥基材料中的分散性能

尽管众多研究都表明纳米材料对于水泥基材料多方面的性能有提高作用，人们也成功地配制出了性能良好的纳米水泥基复合材料，但是想稳定制得低成本及具有可靠性能的纳米水泥基复合材料仍然存在着巨大的挑战，尤其是纳米材料在水泥浆体中的分散及团聚问题，严重制约纳米水泥基复合材料的各项性能及纳米增强效率。

纳米材料巨大的比表面积将使得水泥的拌和用水量增加，这种现象在碳基纳米材料中更为显著。研究表明尽管零维 NS 的掺入促进了水泥的水化，同时砂子与水泥基的过渡界面得到改善，还能填充孔隙使得基体更加密实，但是 NS 的掺入使砂浆的流动度降低，工作性能变差[27]。Wang 等[28]研究了一维碳纳米管在水溶液、碱性溶液及水泥悬浮液中的分散情况，碳纳米管在水溶液中的均匀分散并不等于其在水泥浆体中的均匀分散。水泥水化时的高碱性、多离子环境使得纳米材料发生变化，产生团聚。Noorvand 等研究了二维 GO 对水泥净浆流变性能的影响，结果表明添加 GO 的水泥浆体流动度降低，塑性黏度和屈服应力均增大[29]。GO 表面的含氧官能团使得水泥颗粒不稳定，加速水泥的水化及絮凝速度。同时 GO 自身表面能大，不稳定，极易发生团聚现象。

因此，纳米材料在水泥基材料中的分散效果是影响其改性机理和作用效果的关键因素，通常其掺入水泥基材料中均存在分散问题，而纳米材料的分散性与其自身结构特点相关。对于零维球形结构的纳米材料，一般认为其比表面积大、表面能高是其在水泥基材料中分散性差的原因。碳基纳米材料包括一维线状的碳纤维及碳纳米管、二维多层纳米片状的石墨烯，基于其结构特点，在水泥基材料中更易发生团聚。此外，相关研究表明，即使纳米材料已经进行分散处理，其在 pH 较高的孔隙液中易再次发生团聚[34-36]。目前，用于提高纳米材料在水泥基材料中分散性的方法通常结合化学方法及物理方法，物理方法主要包括超声处理法、球磨研磨法、高剪切混合法，而化学方法则通常使用聚羧酸系高效减水剂、强氧化剂对纳米材料进行表面活化或表面改性[34, 37-38]，如图 1-4 所

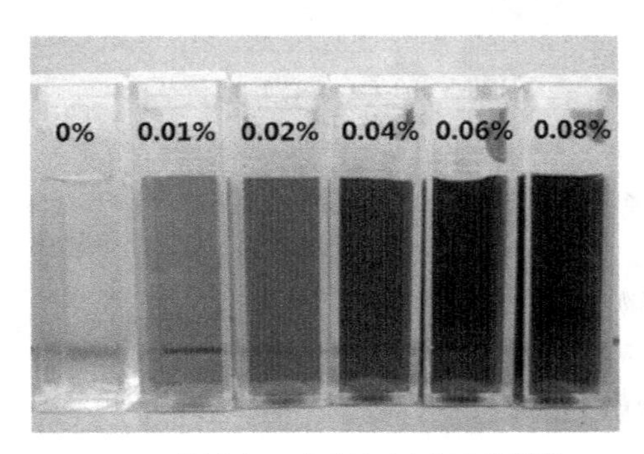

（a）不同浓度GO在水溶液中超声分散[30]

（b）添加$Ca(OH)_2$溶液前（左）后（右）GO溶液[31]

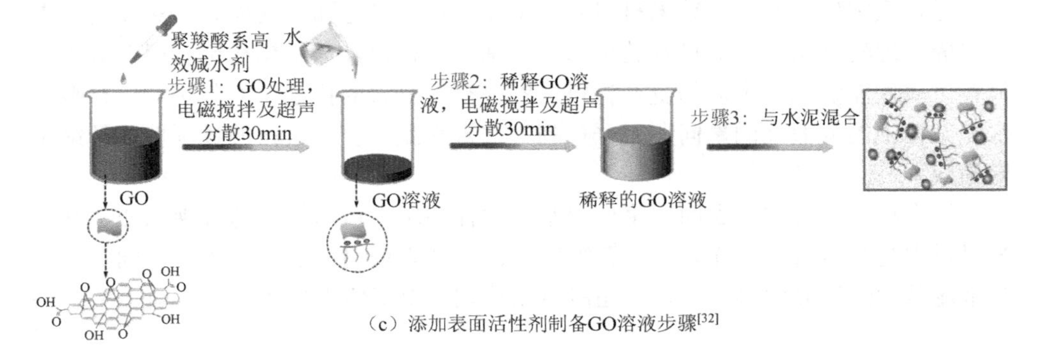

（c）添加表面活性剂制备GO溶液步骤[32]

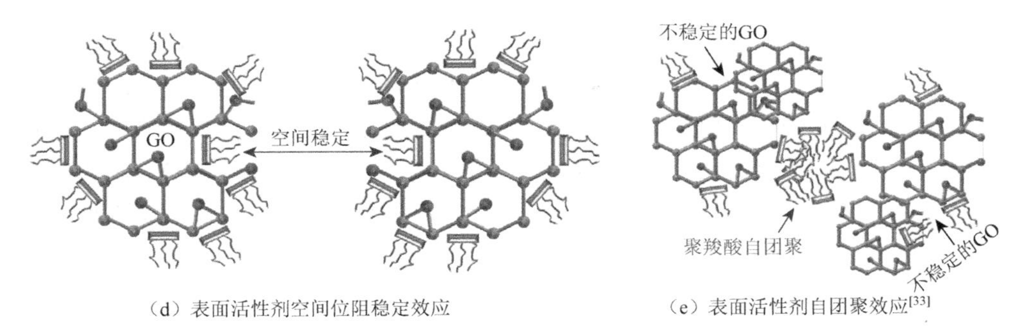

（d）表面活性剂空间位阻稳定效应　　（e）表面活性剂自团聚效应[33]

图 1-4　常见的 GO 分散方法及机制

示。此外，相关研究表明，通过掺合硅粉也可有效提高纳米材料在水泥基材料中的分散性[31, 39-40]。

目前，纳米材料在水泥基材料中的应用仍然处于初步阶段，仅仅确保纳米材料在水溶液中的均匀分散是不够的，如果不能保证纳米材料在水泥环境中也均匀分散，同样不能充分发挥它的优势。原因有二，一方面，原本添加量就少的纳米材料，如果还要除去不能发挥作用的团聚部分，那么得到利用的量就更少了。另一方面，部分纳米材料聚集成团，不仅不能发挥作用，还有可能成为水泥基材料中的薄弱环节。所以，保证纳米材料均匀分散不仅能充分利用材料的优势，还能减少添加量，节约经济成本。只有明确了纳米材料在水泥基中的分散机理，才能充分、高效地利用纳米材料的优越性能，进而深入地分析并掌握纳米材料对水泥基的改善机理。

1.3　氧化石墨烯增强水泥基复合材料研究进展

氧化石墨烯是石墨烯的氧化物，其上含氧官能团增多而使性质较石墨烯更加活泼，还可由各种与含氧官能团的反应而改善本身性质。应用于增强水泥基复合材料领域，相比于石墨烯，氧化石墨烯在水中具有更优越的分散性，同时制作成本更低，在提升水泥基材料水化进程、改善微观结构致密性等方面已经体现出了一定的应用优势，是未来高性能纳米增强水泥基复合材料研究的热门领域。

1.3.1　二维纳米氧化石墨烯材料特性

2004 年，英国曼彻斯特大学物理学家安德烈·海姆和康斯坦丁·诺沃肖洛夫，用微机械剥离法成功从石墨中分离出石墨烯，共同获得 2010 年诺贝尔物理学奖[41]。

石墨烯是一层扁平的碳原子单层，高度填充在二维（2D）蜂窝状晶格中，具有优异的光学、电学、力学特性，在材料学、微纳加工、能源、生物医学和药物传递等方面具有重要的应用前景，被认为是未来一种革命性的材料。石墨烯可以通俗地理解为“单层石墨片”，作为基本结构单元，可以包裹成零维（0D）富勒烯，卷成一维（1D）纳米管或堆叠成三维（3D）石墨，因此可认为石墨烯是所有石墨形式的母体[42]，如图 1-5 所示。

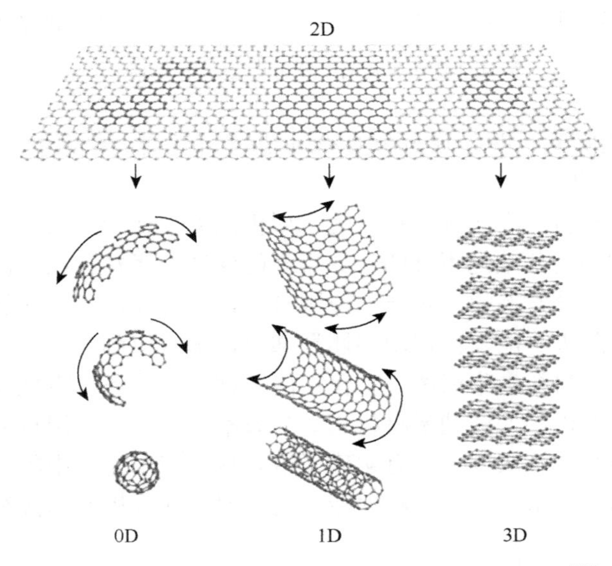

图 1-5 基于二维石墨烯制备不同维度碳基纳米材料[42]

氧化石墨烯与还原氧化石墨烯是石墨烯的两种主要衍生材料，但并非严格意义上的单层纳米片，图 1-6 是石墨烯及其衍生物分子结构示意图[43]。氧化石墨烯是石墨烯的氧化物，其上含氧官能团增多而使性质较石墨烯更加活泼，可经由各种与含氧官能团的反应而改善本身性质[44]。同时，这些含氧官能团的引入使得单一的石墨烯结构变得非常复杂，大家普遍接受的结构模型是在氧化石墨烯单片上随机分布着羟基和环氧基，而在单片的边缘则引入了羧基和羰基。最近的理论分析表明氧化石墨烯的表面官能团并不是随机分布，而是具有高度的相关性[45-46]。氧化石墨烯主要有三种制备方法：Brodie 法、Staudenmaier 法和 Hummers 法。其中 Hummers 法的时效性相对较好且制备过程也比较安全，是最常用的一种[47]。

氧化石墨烯溶液经超声处理后，可利用原子力显微镜（AFM）和透射电子显微镜（TEM）对所得氧化石墨烯的形貌进行验证，并可采用傅里叶变换红外光谱仪（FTIR）研究氧化石墨烯的化学键合特性。图 1-7（a）及（b）为氧化石墨烯的原子力显微镜光谱图像及标记长度扫描所得的相对厚度，图 1-7（d）为氧化石墨烯透射电子显微镜图像。结果表明，氧化石墨烯由于含氧官能团的存在且属于多层结构，呈不规则的平面形状，扫描平面区域的平均厚度约为 1.6nm，褶皱区域的平均厚度在 2～4nm。图 1-7（c）为氧化石墨烯的傅里叶变换红外光谱图，由图可知，GO 中含氧官能团的扫描波数分别为 $3367cm^{-1}$、$1690cm^{-1}$ 和 $1060cm^{-1}$，分别对应于具有 C—O 键的羟基（—OH）、羰基（—C═O）和 sp^3 碳基（—O—C）。此红外光谱图呈现的化学键也证明氧化石墨烯中含氧官能团的存在。

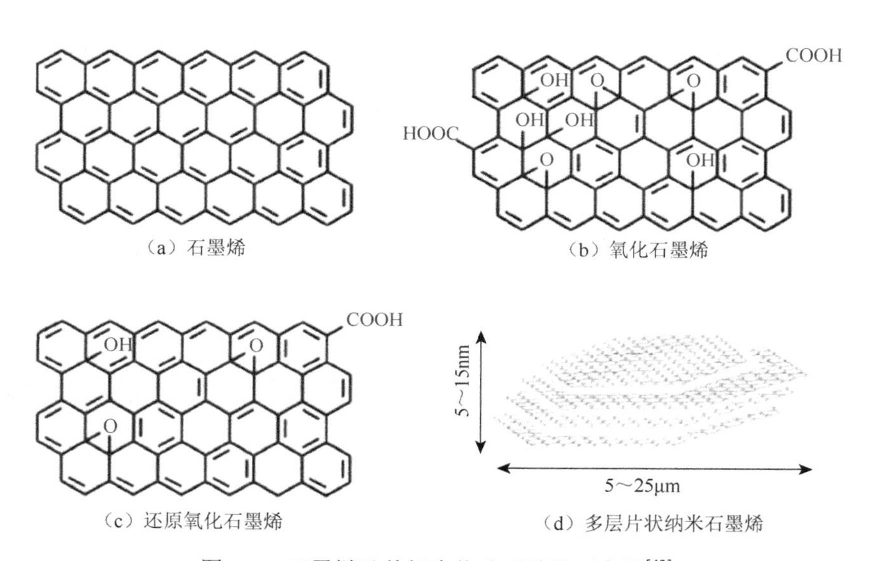

（a）石墨烯　（b）氧化石墨烯

（c）还原氧化石墨烯　（d）多层片状纳米石墨烯

图 1-6　石墨烯及其衍生物分子结构示意图[43]

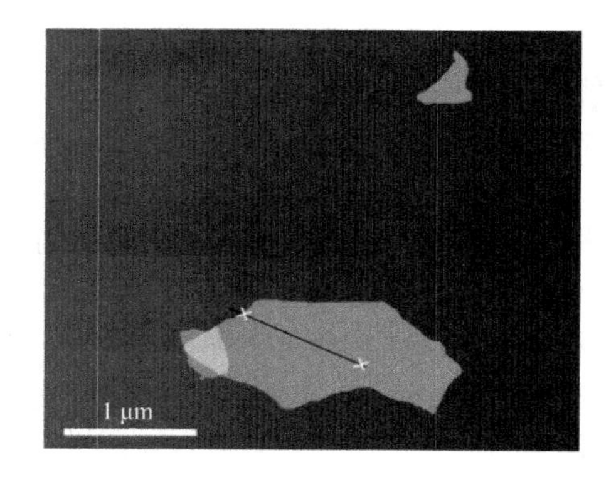

（a）原子力显微镜图像

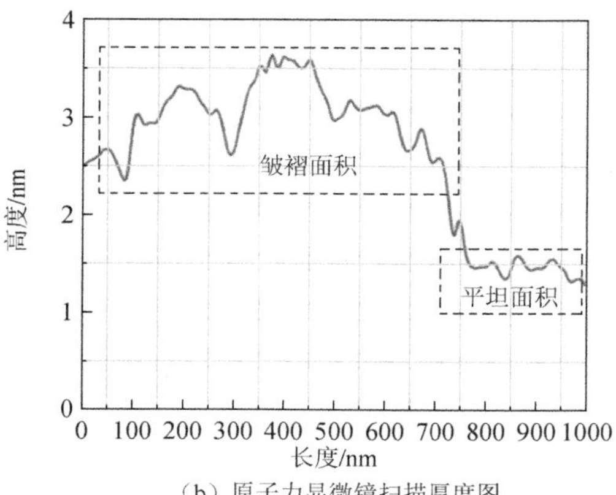

（b）原子力显微镜扫描厚度图

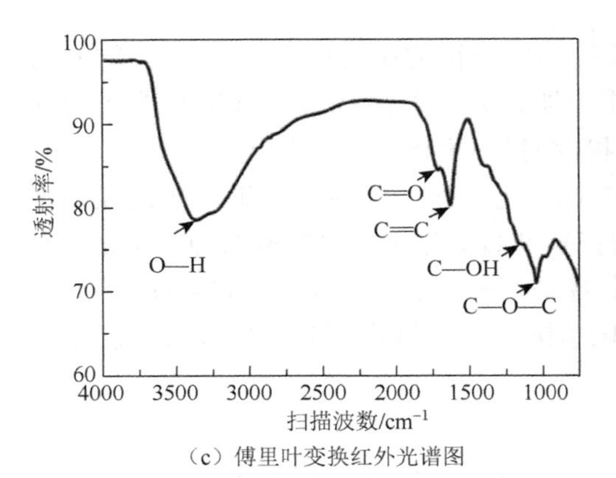

（c）傅里叶变换红外光谱图

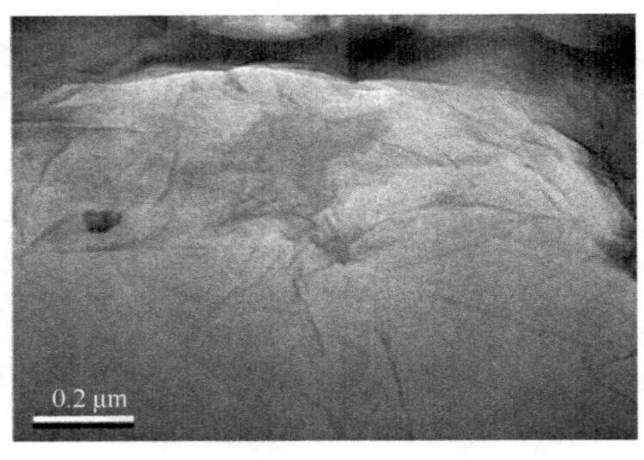

（d）透射电子显微镜图像

图 1-7　GO 化学性质及形貌表征

以往的研究表明，由于含氧亲水性官能团的存在，GO 更容易分散在水中，并被证明能够更有效提高水泥基复合材料的力学性能和耐久性[2, 9, 48-50]。然而，由于拥有含氧官能团，GO 相比于石墨烯电导率大幅降低，这限制了其在功能性水泥基复合材料中（如应变/损伤传感器等）的应用。

1.3.2　氧化石墨烯增强水泥基复合材料水化及微观结构性能研究进展

在水泥基复合材料的水化过程中，产生的晶体结构有钙矾石（AFt）、单硫型水合硫酸铝（AFm）、CH 和 C-S-H 凝胶等，通常认为这些水化产物呈现无序分布的棒状、针状结构是造成水泥基复合材料高脆性的根源。GO 表面由于具有含氧官能团，在水泥基复合材料中起着明显的模板作用，能有效调控晶体形貌，进而影响水泥基复合材料的性能。吕生华等[22, 51]发现 GO 能调控水泥晶体形貌并促进紧密花状、多面晶体结构的形成，使得水泥晶体结构更加密实，进而提高水泥基复合材料的力学性能，且 GO 的晶体形貌调控效果与其掺入量和含氧量相关。

Wang 等[52]发现，在早期水化过程中，与不掺入 GO 一组比较，掺入质量分数为 0.02%的 GO 能有效减少 50%以上的水化热，且没有延缓放热峰值出现和二次水化反应的时间，说明 GO 在水泥水化过程中直接或间接参与某种吸热反应，但对于 GO 在水泥水化中具体的反应机理并未作进一步研究。Lin 等[53]利用 X 射线衍射法和傅里叶红外光谱仪对水泥水化过程中的成分及 GO 的含氧官能团进行跟踪测量，认为 GO 表面的含氧官能团通过吸收水分与水泥活性成分接触反应形成水化晶体生长点，且 GO 也能通过吸附水分子储水并形成一个水分子的运输通道促进水泥水化反应。然而，Wang 等[54]用热重分析等方法对 GO 在水泥基复合材料中的作用机理进行研究却得出了不一样的结果：GO 表面的羧基（—COOH）官能团与水泥成分中 CH 的钙离子发生化学反应生成三维网络结构，而该三维网络结构的形成是氧化石墨烯水泥基复合材料性能提高的直接原因，如图 1-8 所示。

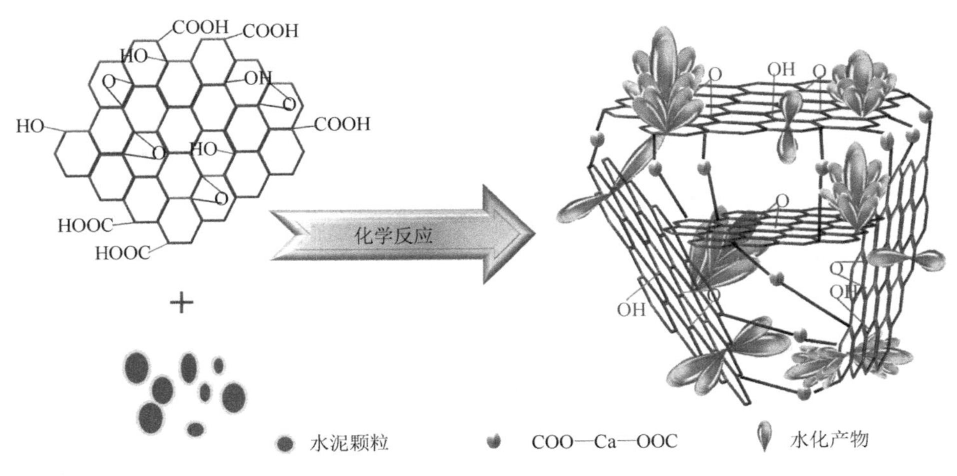

图 1-8 GO 改性水泥水化三维模型[52]

1.3.3 氧化石墨烯增强水泥基复合材料耐久性能研究进展

纳米颗粒可以填充水泥基体的孔隙，降低孔隙率，加强水泥基复合材料中抗离子扩散性能，从而使水泥基复合材料耐久性性能同时得到提高。根据 Pan 等[55]的研究，GO 能有效提高水泥基复合材料（1～80nm）的孔隙比，即能提高 C-S-H 层间孔、小间隙孔、大间隙孔的孔隙比。Mohammed 等[27, 56]发现，GO 作为掺合料在明显提高水泥基复合材料孔隙率的条件下，促进其形成大量的小孔，使得其复合材料孔隙结构更精细。相似的研究结果也出现在 GNPs 的研究当中。根据 Du 等[25]的研究，GNPs 能有效降低水泥基复合材料的平均孔隙直径及临界孔隙直径，使得孔隙结构更为精细。通常认为，纳米材料由于自身的填充效应，能降低孔隙率，使得水泥基复合材料更加密实，这表明 GO、GNPs 对水泥基复合材料可能起着独特的孔隙结构调节作用。

根据以上所述可知 GO、GNPs 均能降低大孔的孔隙比，促进大量小孔的形成，从而有效改善水泥基复合材料的孔隙结构。目前研究表明，GO、GNPs 能提高水泥基复合材料的抗渗性及抗腐蚀性，但在提高抗冻性能方面却有差异。

根据 Liu[57]的研究，掺入质量分数为 0.05%～0.2%的 GNPs 能明显降低水泥基复合材料氯离子的渗透深度，表明 GNPs 能提高水泥基复合材料的抗腐蚀性。Du 等[25, 58]也发现，GNPs 作为掺合料能明显提高水泥砂浆的抗渗性，有效阻碍氯离子的扩散及迁移，表明 GNPs 在水泥基复合材料中起着屏障的作用。由此可知，基于 GO、GNPs 对孔隙结构的改善作用，GO、GNPs 在水泥基复合材料中起着屏障的作用，能有效提高水泥基复合材料抗渗性及抗腐蚀性。

根据 Mohammed 等[56]的研究，GO 在水泥基复合材料中具有与引气剂相似的作用，区别在于 GO 引进的气孔多为小孔，并不影响强度。因此，该研究认为，GO 通过形成小气孔提高水泥基复合材料的抗冻性。Tong 等[59]通过原子建模、分子动力学模拟对比分析了 GO、GNPs 对水泥基复合材料抗冻性的影响，发现冻结时，GNPs 水泥基复合材料的 C-S-H 层间孔迁移的水分子比例要远高于氧化石墨烯水泥基复合材料，而在冻融循环过程中，GNPs 水泥基复合材料的 C-S-H 层间孔的循环荷载要远高于氧化石墨烯水泥基复合材料。这都表明 GNPs 水泥基复合材料抗冻性不如氧化石墨烯水泥基复合材料。综上所述，GO、GNPs 在水泥基复合材料中均起阻碍离子迁移及扩散作用，GO 基于其在冻融循环中阻碍层间孔中水分子迁移比例，能明显提高水泥基复合材料的抗冻性。

1.4 小　　结

氧化石墨烯是一种具有良好发展及应用前景的水泥基改性材料，除了填充孔隙及裂缝桥接作用以外，还得益于其独特的层状结构及表面含氧官能团，可为水化产物提供成核位点，从而有效调控传统水泥基复合材料硬化后的晶体形貌及孔隙大小分布，进而提高材料的力学性能和耐久性能。但氧化石墨烯增强水泥基复合材料的流变特征及硬化性能方面的理论研究及机理分析仍然亟待开展，特别是氧化石墨烯在水泥基材料中的系统分散机理及其分散效果影响研究。

参 考 文 献

[1] Jennings H M，Bullard J W，Thomas J J，et al. Characterization and modeling of pores and surfaces in cement paste：Correlations to processing and properties[J]. Journal of Advanced Concrete Technology，2008，6（1）：5-29.

[2] Shamsaei E，de Souza F B，Yao X P，et al. Graphene-based nanosheets for stronger and more durable concrete：A review[J]. Construction and Building Materials，2018，183：642-660.

[3] Lin Y L，Du H J. Graphene reinforced cement composites：A review[J]. Construction and Building Materials，2020，265：120312.

[4] Qureshi T S，Panesar D K. Nano reinforced cement paste composite with functionalized graphene and pristine graphene nanoplatelets[J]. Composites Part B：Engineering，2020，197：108063.

[5] Krystek M，Ciesielski A，Samorì P. Graphene-based cementitious composites：Toward next-generation construction technologies[J]. Advanced Functional Materials，2021，31（27）：2101887.

[6] Sheikh T M，Anwar M P，Muthoosamy K，et al. The mechanics of carbon-based nanomaterials as cement

reinforcement：A critical review[J]. Construction and Building Materials，2021，303：124441.

[7] Long W J，Gu Y C，Xiao B X，et al. Micro-mechanical properties and multi-scaled pore structure of graphene oxide cement paste：Synergistic application of nanoindentation，X-ray computed tomography，and SEM-EDS analysis[J]. Construction and Building Materials，2018，179：661-674.

[8] Long W J，Gu Y C，Zheng D，et al. Utilization of graphene oxide for improving the environmental compatibility of cement-based materials containing waste cathode-ray tube glass[J]. Journal of Cleaner Production，2018，192：151-158.

[9] Long W J，Wei J J，Xing F，et al. Enhanced dynamic mechanical properties of cement paste modified with graphene oxide nanosheets and its reinforcing mechanism[J]. Cement and Concrete Composites，2018，93：127-139.

[10] Long W J，Gu Y C，Xing F，et al. Microstructure development and mechanism of hardened cement paste incorporating graphene oxide during carbonation[J]. Cement and Concrete Composites，2018，94：72-84.

[11] Long W J，Gu Y C，Ma H Y，et al. Mitigating the electromagnetic radiation by coupling use of waste cathode-ray tube glass and graphene oxide on cement composites[J]. Composites Part B：Engineering，2019，168：25-33.

[12] Long W J，Gu Y C，Xing F，et al. Evaluation of the inhibiting effect of graphene oxide on lead leaching from waste cathode-ray tube glass incorporated in cement mortar[J]. Cement and Concrete Composites，2019，104：103337.

[13] Kaur R，Kothiyal N C. Comparative effects of sterically stabilized functionalized carbon nanotubes and graphene oxide as reinforcing agent on physico-mechanical properties and electrical resistivity of cement nanocomposites[J]. Construction and Building Materials，2019，202：121-138.

[14] Sobolev K，Gutiérrez M F，et al. How nanotechnology can change the concrete world：Part two of a two-part series[J]. American Ceramic Society Bulletin，2005，84（11）：16-20.

[15] 唐明，巴恒静，李颖. 纳米级 SiO_x 与硅灰对水泥基材料的复合改性效应研究[J]. 硅酸盐学报，2003，31（5）：523-527.

[16] Singh L P，Bhattacharyya S K，Shah S P，et al. Studies on early stage hydration of tricalcium silicate incorporating silica nanoparticles：Part II[J]. Construction and Building Materials，2016，102：943-949.

[17] Li Q H，Gao X，Xu S L. Multiple effects of nano-SiO_2 and hybrid fibers on properties of high toughness fiber reinforced cementitious composites with high-volume fly ash[J]. Cement and Concrete Composites，2016，72：201-212.

[18] Makar J M，Chan G W. Growth of cement hydration products on single-walled carbon nanotubes[J]. Journal of the American Ceramic Society，2009，92（6）：1303-1310.

[19] Konsta-Gdoutos M S，Metaxa Z S，Shah S P，et al. Multi-scale mechanical and fracture characteristics and early-age strain capacity of high performance carbon nanotube/cement nanocomposites[J]. Cement and Concrete Composites，2010，32（2）：110-115.

[20] Li G Y，Wang P M，Zhao X H. Mechanical behavior and microstructure of cement composites incorporating surface-treated multi-walled carbon nanotubes[J]. Carbon，2005，43（6）：1239-1245.

[21] Nasibulin A G，Shandakov S D，Nasibulina L I，et al. A novel cement-based hybrid material[J]. New Journal of Physics，2009，11（2）：023013.

[22] Lv S H，Ma Y J，Qiu C C，et al. Effect of graphene oxide nanosheets of microstructure and mechanical properties of cement composites[J]. Construction and Building Materials，2013，49：121-127.

[23] Khaloo A，Mobini M H，Hosseini P. Influence of different types of nano-SiO_2 particles on properties of high-performance concrete[J]. Construction and Building Materials，2016，113：188-201.

[24] Camiletti J，Soliman A M，Nehdi M L. Effects of nano- and micro-limestone addition on early-age properties of

ultra-high-performance concrete[J]. Materials and Structures，2013，46（6）：881-898.

[25] Du H J，Gao H C J，Pang S D. Improvement in concrete resistance against water and chloride ingress by adding graphene nanoplatelet[J]. Cement and Concrete Research，2016，83：114-123.

[26] Sharma S，Kothiyal N C. Influence of graphene oxide as dispersed phase in cement mortar matrix in defining the crystal patterns of cement hydrates and its effect on mechanical，microstructural and crystallization properties[J]. RSC Advances，2015，5（65）：52642-52657.

[27] Mohammed A，Sanjayan J G，Duan W H，et al. Incorporating graphene oxide in cement composites：A study of transport properties[J]. Construction and Building Materials，2015，84：341-347.

[28] Wang Q，Cui X Y，Wang J，et al. Effect of fly ash on rheological properties of graphene oxide cement paste[J]. Construction and Building Materials，2017，138：35-44.

[29] Noorvand H，Ali A A A，Demirboga R，et al. Physical and chemical characteristics of unground palm oil fuel ash cement mortars with nanosilica[J]. Construction and Building Materials，2013，48：1104-1113.

[30] Li W G，Li X Y，Chen S J，et al. Effects of graphene oxide on early-age hydration and electrical resistivity of Portland cement paste[J]. Construction and Building Materials，2017，136：506-514.

[31] Li X Y，Korayem A H，Li C Y，et al. Incorporation of graphene oxide and silica fume into cement paste：A study of dispersion and compressive strength[J]. Construction and Building Materials，2016，123：327-335.

[32] Zhao L，Guo X L，Liu Y Y，et al. Hydration kinetics，pore structure，3D network calcium silicate hydrate，and mechanical behavior of graphene oxide reinforced cement composites[J]. Construction and Building Materials，2018，190：150-163.

[33] Lu Z Y，Hanif A，Ning C，et al. Steric stabilization of graphene oxide in alkaline cementitious solutions：Mechanical enhancement of cement composite[J]. Materials and Design，2017，127：154-161.

[34] Stephens C，Brown L，Sanchez F. Quantification of the re-agglomeration of carbon nanofiber aqueous dispersion in cement pastes and effect on the early age flexural response[J]. Carbon，2016，107：482-500.

[35] Yousefi A，Allahverdi A，Hejazi P. Effective dispersion of nano-TiO_2 powder for enhancement of photocatalytic properties in cement mixes[J]. Construction and Building Materials，2013，41：224-230.

[36] Shang Y，Zhang D，Yang C，et al. Effect of graphene oxide on the rheological properties of cement pastes[J]. Construction and Building Materials，2015，96：20-28.

[37] Parveen S，Rana S，Fangueiro R，et al. Microstructure and mechanical properties of carbon nanotube reinforced cementitious composites developed using a novel dispersion technique[J]. Cement and Concrete Research，2015，73：215-227.

[38] Zhao L，Guo X L，Ge C，et al. Investigation of the effectiveness of PC@GO on the reinforcement for cement composites[J]. Construction and Building Materials，2016，113：470-478.

[39] Kim H K，Nam I W，Lee H K. Enhanced effect of carbon nanotube on mechanical and electrical properties of cement composites by incorporation of silica fume[J]. Composite Structures，2014，107：60-69.

[40] Yazdanbakhsh A，Grasley Z. Utilization of silica fume to stabilize the dispersion of carbon nanofilaments in cement paste[J]. Journal of Materials in Civil Engineering，2014，26（7）：06014010.

[41] Geim A K，Novoselov K S. The rise of graphene[J]. Nature Materials，2007，6（3）：183-191.

[42] Avouris P，Dimitrakopoulos C. Graphene：synthesis and applications[J]. Materialstoday，2012，15（3）：86-97.

[43] Tung V C，Allen M J，Yang Y，et al. High-throughput solution processing of large-scale graphene[J]. Nature Nanotechnology，2009，4（1）：25-29.

[44] Dreyer D R，Park S，Bielawski C W，et al. The chemistry of graphene oxide[J]. Chemical Society Reviews，2010，

39：228-240.

[45] Zhu Y W，Murali S，Cai W W，et al. Graphene-based materials：Graphene and graphene oxide：Synthesis，properties，and applications [J]. Advanced Materials，2010，22：3906-3924.

[46] Chen D，Feng H B，Li J H，et al. Graphene oxide：Preparation，functionalization，and electrochemical applications[J]. Chemical Reviews，2012，112（11）：6027-6053.

[47] Marcano D C，Kosynkin D V，Berlin J M，et al. Improved synthesis of graphene oxide[J]. ACS Nano，2010，4（8）：4806-4814.

[48] Yang H B，Cui H Z，Tang W C，et al. A critical review on research progress of graphene/cement based composites[J]. Composites Part A：Applied Science and Manufacturing，2017，102：273-296.

[49] Rao S，Upadhyay J，Polychronopoulou K，et al. Reduced graphene oxide：Effect of reduction on electrical conductivity[J]. Journal of Composites Science，2018，2（2）：25.

[50] Vega M S D C D，Vasquez M R，Jr. Plasma-functionalized exfoliated multilayered graphene as cement reinforcement[J]. Composites Part B：Engineering，2018，160：573-585.

[51] Lv S H，Liu J J，Sun T，et al. Effect of GO nanosheets on shapes of cement hydration crystals and their formation process[J]. Construction and Building Materials，2014，64：231-239.

[52] Wang Q，Wang J，Lu C X，et al. Influence of graphene oxide additions on the microstructure and mechanical strength of cement[J]. New Carbon Materials，2015，30（4）：349-356.

[53] Lin C Q，Wei W，Hu Y H. Catalytic behavior of graphene oxide for cement hydration process[J]. Journal of Physics and Chemistry of Solids，2016，89：128-133.

[54] Wang M，Wang R M，Yao H，et al. Study on the three dimensional mechanism of graphene oxide nanosheets modified cement[J]. Construction and Building Materials，2016，126：730-739.

[55] Pan Z，He L，Qiu L，et al. Mechanical properties and microstructure of a graphene oxide-cement composite[J]. Cement and Concrete Composites，2015，58：140-147.

[56] Mohammed A，Sanjayan J G，Duan W H，et al. Graphene oxide impact on hardened cement expressed in enhanced freeze-thaw resistance[J]. Journal of Materials in Civil Engineering，2016，28（9）：04016072.

[57] Liu Q，Xu Q F，Yu Q，et al. Experimental investigation on mechanical and piezoresistive properties of cementitious materials containing graphene and graphene oxide nanoplatelets[J]. Construction and Building Materials，2016，127：565-576.

[58] Du H J，Pang S D. Enhancement of barrier properties of cement mortar with graphene nanoplatelet[J]. Cement and Concrete Research，2015，76：10-19.

[59] Tong T，Fan Z，Liu Q，et al. Investigation of the effects of graphene and graphene oxide nanoplatelets on the micro- and macro-properties of cementitious materials[J]. Construction and Building Materials，2016，106：102-114.

第 2 章　氧化石墨烯的制备、表征及分散

制备 GO 的方法有很多，最早于 1859 年，Brodie 采用发烟硝酸和 $KClO_3$ 氧化制备 GO，在此基础上发展出了 Staudenmaier 法和 Hummers 法[1]。不同的制备方法各有优缺点，Brodie 法和 Staudenmaier 法使用浓 $HNO_3/KClO_3$ 体系，在反应过程中有爆炸的危险，会产生有毒气体（NO_x、ClO_2），反应时间较长。Hummers 法因反应时间短、无有毒气体 ClO_2 产生而被广泛使用，且以 $KMnO_4$ 为氧化剂制备的 GO 含氧量更高，羰基和羧基的比例更大[2]。Hummers 法中以 $KMnO_4$ 为氧化剂，H_2SO_4 作为插层剂，反应后经过高速离心和低速离心分别去掉未反应的大石墨颗粒和无机小颗粒，最后经过超声剥离制得均匀分散的 GO 水溶液[3]。

不管使用何种制备方法，最终得到的 GO 都需要运用不同的表征手段来确保其相关性能得到发挥。常用的 GO 表征手段包括：AFM、TEM、Raman、FTIR。AFM 用于测试 GO 的厚度及微观形态，TEM 则表明 GO 几乎处于透明状态，且其表面有很多褶皱。Raman 有三种波段的激发光源，分别为 532nm、633nm 和 785nm。仪器在使用之前将激发光源的波长调节为 532nm，以硅单晶标准样品校准仪器。在 Raman 测试过程中，由于 GO 具有单层或者多层石墨结构，高能量的激发光容易破坏 GO 结构和改变其表面的组成，所以在测试过程中需要对激发光进行适当的衰减处理（曝光时间降低、激光功率调小、载玻片盖住 GO 等）。FTIR 用于测定 GO 及其与水泥混合物中的官能团种类和化学键的存在。

GO 在不同的环境中会呈现不同的状态，因为静电排斥和亲水性，GO 在水溶液中可以保持稳定[4]。但在没有其他分散剂存在的情况下，将 GO 分散在含有大量离子（Na^+、K^+、OH^-、Ca^{2+}等）的碱性水泥孔隙溶液中，GO 将发生团聚[5-6]。由于 Ca^{2+}的交联作用，当 GO 悬浮液被引入饱和 $Ca(OH)_2$ 溶液时，立即发生 GO 聚集[6-10]。高碱度是导致水泥浆中 GO 团的另一个因素，因为 GO 可以在高碱性介质中快速脱氧[11-15]。随着官能团的去除，GO 膜之间的静电斥力减小，疏水性增加，导致 GO 的聚集。碱性水泥浆体中 GO 的聚集不仅会降低 GO 作为纳米增强材料的作用，而且还会在水泥基体中形成缺陷或薄弱区域而起到负面作用[5, 16-17]。因此，有必要开发一些防止 GO 聚集的方法，保证其优异的性能在水泥基复合材料中能够充分实现。

本章将介绍 GO 的制备方法，并通过多种表征手段来揭示 GO 的特征，以及其在水溶液、模拟孔溶液和水泥悬浮液中的分散状态，最终揭示 GO 在水泥

基复合材料中的分散原理，为 GO 在水泥基中的均匀分散提供一种可行的方法。

2.1　试 验 方 案

2.1.1　原材料

本章使用的原材料主要包括水泥、氧化石墨和分散剂。水泥是中国建筑材料科学研究总院水泥科学与新型建筑材料研究院提供的，符合《混凝土外加剂应用技术规范》（GB 50119—2013），水泥的化学组成及物理性能见表 2-1。

表 2-1　水泥的化学组成及物理性能

化学组成		物理性能									
	质量分数/%	细度模数0.08/%	比表面积/(m^2/g)	密度/(g/cm^3)	凝结时间/min		稳定性	抗折强度/MPa		抗压强度/MPa	
					初凝	终凝		3d	28d	3d	28d
CaO	64.65	0.8	344	3.15	130	205	合格	5.9	—	27.2	—
SiO_2	21.88										
Al_2O_3	4.49										
Fe_2O_3	3.45										
MgO	2.36										
SO_3	2.44										
f-CaO	0.28										
Na_2O	0.51										
LOI	1.31										

GO 是将氧化石墨溶于水中，再用探头式超声仪分散 90～120min 得到的。从氧化石墨到 GO 需要经过超声分散，超声分散可以将多层的氧化石墨剥离开来形成单层和少层的 GO，还可以将大片状的 GO 打碎成小片状的 GO。氧化石墨从江苏常州第六元素有限公司中购买，显微镜下的图像如图 2-1 所示，氧化石墨的物理性能如表 2-2 所示。分散剂有聚羧酸系高效减水剂（P-HRWR）、萘系高效减水剂（N-HRWR）和引气剂（AEA），P-HRWR 是由西卡公司提供的，它是由 RMC-3 和 CP-WRM50 两种型号按照 1∶4 质量比进行配合使用，减水效率为 30%～35%，其主要性能如表 2-3 所示。N-HRWR 为 β-萘磺酸盐甲醛缩合物，它是一种易溶于水的黄棕色粉末，主要性能如表 2-4 所示。AEA 为十二烷基硫酸钠，别名 K12，白色针状颗粒，易溶于水，主要性能如表 2-5 所示。

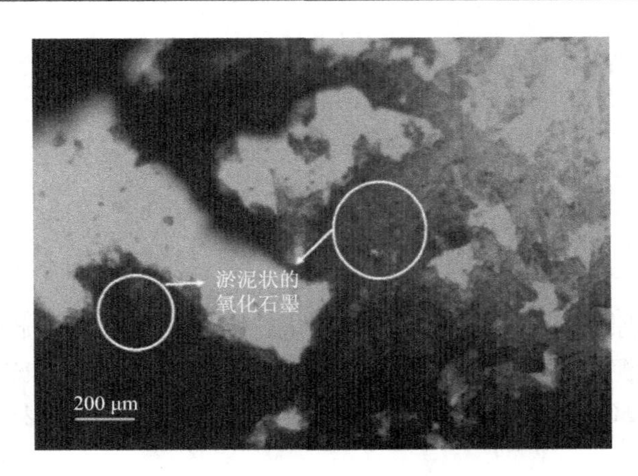

图 2-1　氧化石墨显微镜图

表 2-2　氧化石墨的物理性能

颜色	固体质量占比（质量分数/%）	pH	黏稠度	吸光度比值 A230/A600	碳的质量分数/%	氧碳摩尔比
棕色	43±1	≥1.2	≥2000	≥45	47±5	0.6±1

表 2-3　SikaTMS-YJ-1 型 P-HRWR 的主要性能

类型	形态	堆积密度/(g/cm^2)	pH	固体质量占比/%
RMC-3	液体	1.102	5.0	49.88
CP-WRM50	液体	1.124	4.5	50.69

表 2-4　N-HRWR 的主要性能

类型	名称	形态	减水效率	硫酸钠质量分数/%
FDN-C	*β*-萘磺酸盐甲醛缩合物	固体	18%～28%	18

表 2-5　AEA 的主要性能

	名称	形态	分子式
K12	十二烷基硫酸钠	固体	$C_{12}H_{25}OSO_3Na$

2.1.2　GO 的制备

本章中所用的 GO 是通过将氧化石墨粉末（图 2-1）分散在水溶液中，并将混合液进行超声处理，最终得到浓度为 2g/L 的 GO 分散溶液。具体步骤如下：首先将氧化石墨粉末溶于水中，然后经过超声波细胞粉碎机（图 2-2）的超声破碎、剥离和分散而得到均匀分散的 GO 水溶液。最后添加不同的分散剂来制备不同的 GO 水溶液。分散过程示意图如 2-3 所示。从图 2-3 中可以看出，氧化石墨粉末分散在水中呈暗黑色，这是因为氧化石墨粉末的层数和颗粒的团聚，而分散好的 GO 呈棕黄色。通过 TEM、AFM、Raman、FTIR 等技术表征可知其分散效果是否良好。前期预实验表明：超声实验的条件宜设置为：功率为 600W，频率为 20Hz，超声时间为 2h（其中工作 2s，休息 5s），钛合金探头宽度为 20mm。

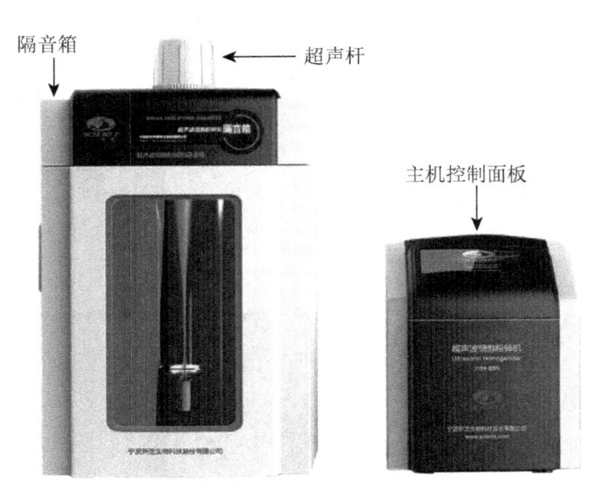

图 2-2　超声波细胞粉碎机

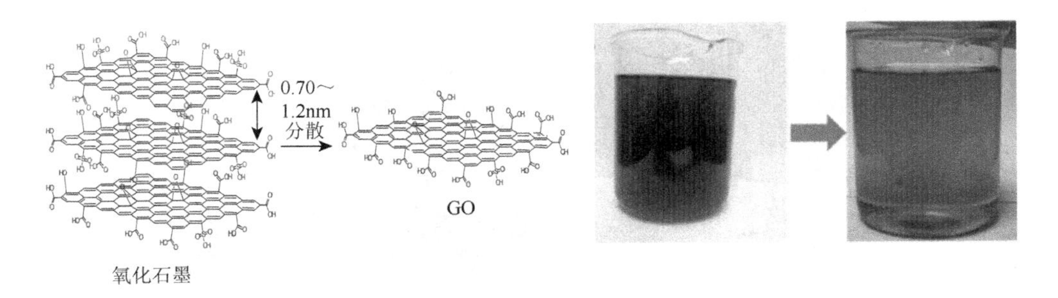

图 2-3　GO 分散过程示意图（后附彩图）

2.1.3　GO 的表征

GO 采用 FTIR、AFM、TEM、Raman 进行综合表征，各仪器如图 2-4 所示。FTIR 的样品提前将水分烘干，测试样品为粉末状，扫描次数为 32，扫描波数为 4000～

600cm^{-1}。AFM 为德国布鲁克公司生产的 ICON-PT-PKG 型，其原理是利用微悬臂感知和放大悬臂上尖细探针与受测样品原子间的作用力，从而达到检测目的，具有原子级的分辨率。TEM（日本精工公司生产）的原理是将待测样品用电子束透过，通过聚焦和放大后形成物像来对材料进行表征。Raman 发光源发光波长为 532nm，光点大小为 1mm，50 倍物镜，激光强度 5%，曝光时间 10s。

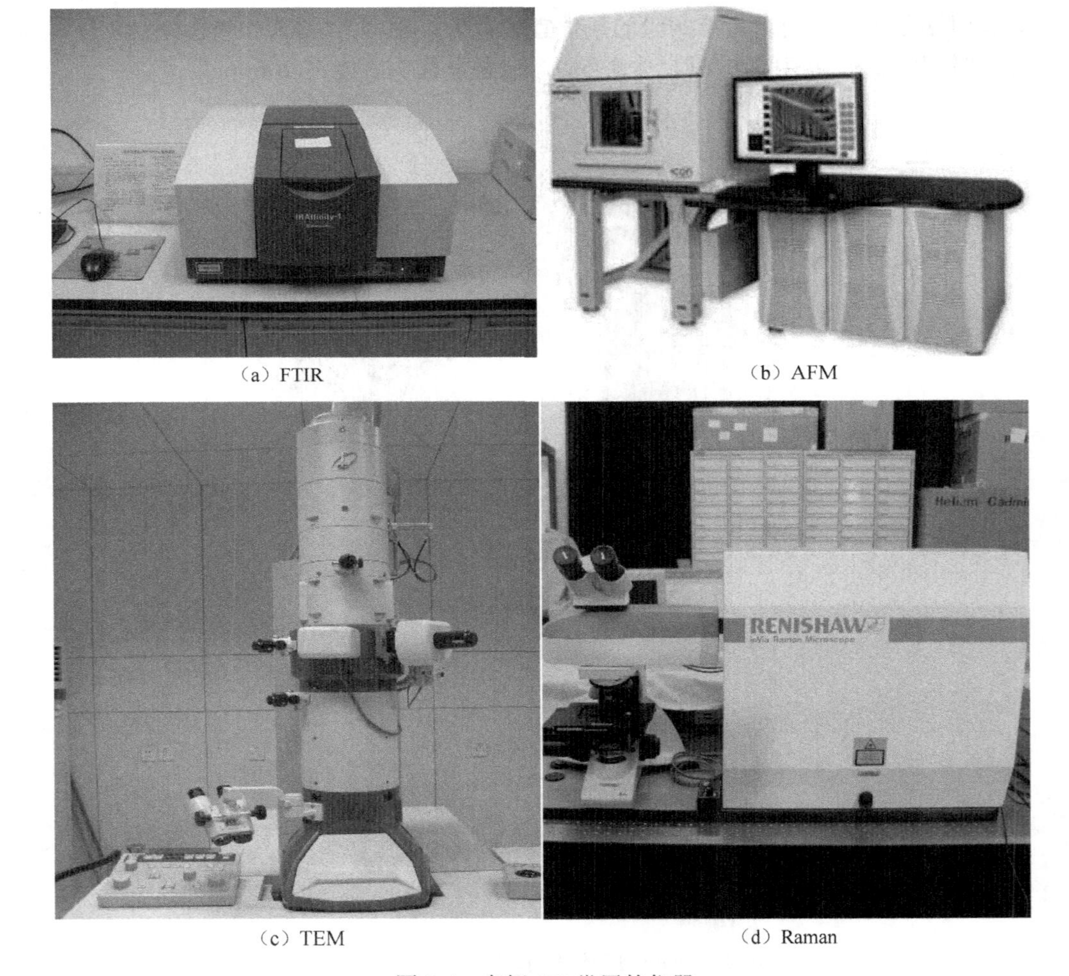

（a）FTIR　　（b）AFM

（c）TEM　　（d）Raman

图 2-4　表征 GO 常用的仪器

由于 GO 是一种纳米材料，可以用 AFM 观测 GO 的表面形貌及其纳米层度的尺寸及厚度。AFM 是判断 GO 层数最直接、最准确、最有力的工具，但是 AFM 也存在一定的局限性，因为 GO 存在一些褶皱及折叠结构，这些褶皱会使得 GO

的检测准确度下降。将稀释500倍后的GO分散液滴在单晶硅片上干燥成膜，然后用AFM测定GO的片层形貌与厚度。测试结果如图2-5所示，其中图2-5（a）

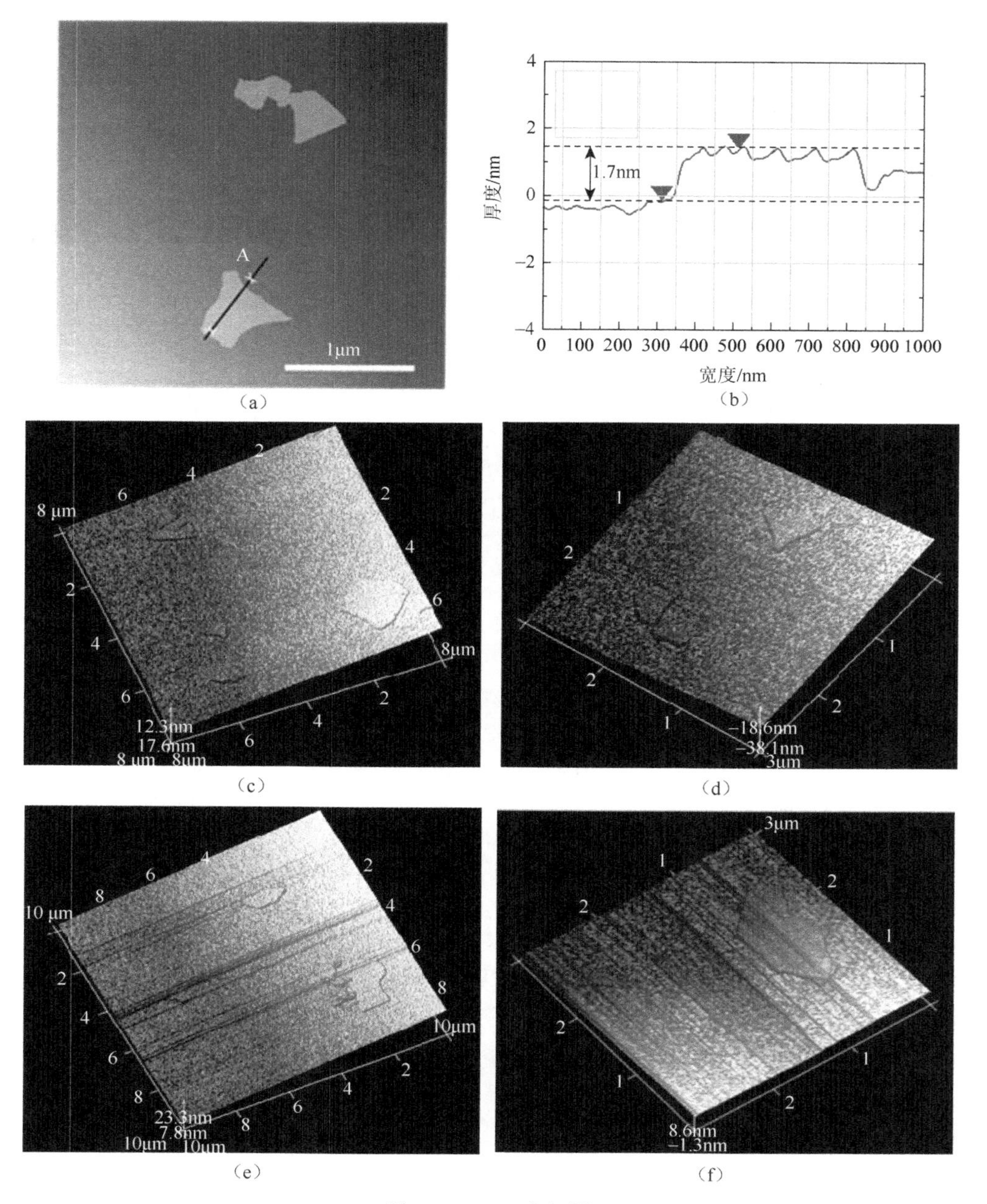

（a）　（b）

（c）　（d）

（e）　（f）

图2-5　AFM表征图

为 GO 片层的平面图，可以看出氧化石墨经过超声分散后形成了大小不均匀的片层结构，GO 纳米片呈现出的尺寸约为 0.1μm；图 2-5（b）为图 2-5（a）中 GO 高度方向的尺寸，厚度约为 1.7nm 的不规则形状。因此可以看出经超声分散后的氧化石墨烯质量能够得到保证。另外如图 2-5（c）～（f）所示是 GO 的三维立体图。从中可以看出氧化石墨烯分布单晶硅片，且可以观测出氧化石墨烯的大概厚度，同时可以观察到氧化石墨的大概面积尺寸。

图 2-6（b）～（f）所示为 GO 的 TEM 表征图，图中 GO 上有很多皱褶且几乎呈透明，这与 Xing 等[18]和 Shin 等[19]的研究结果一致。褶皱存在的原因可能是因为 GO 中含有大量的含氧官能团及碳键的多样性，使得 GO 处于动力学不稳定状态，因此褶皱是为了自身的稳定存在，GO 呈现出的一种低能量状态[20]。

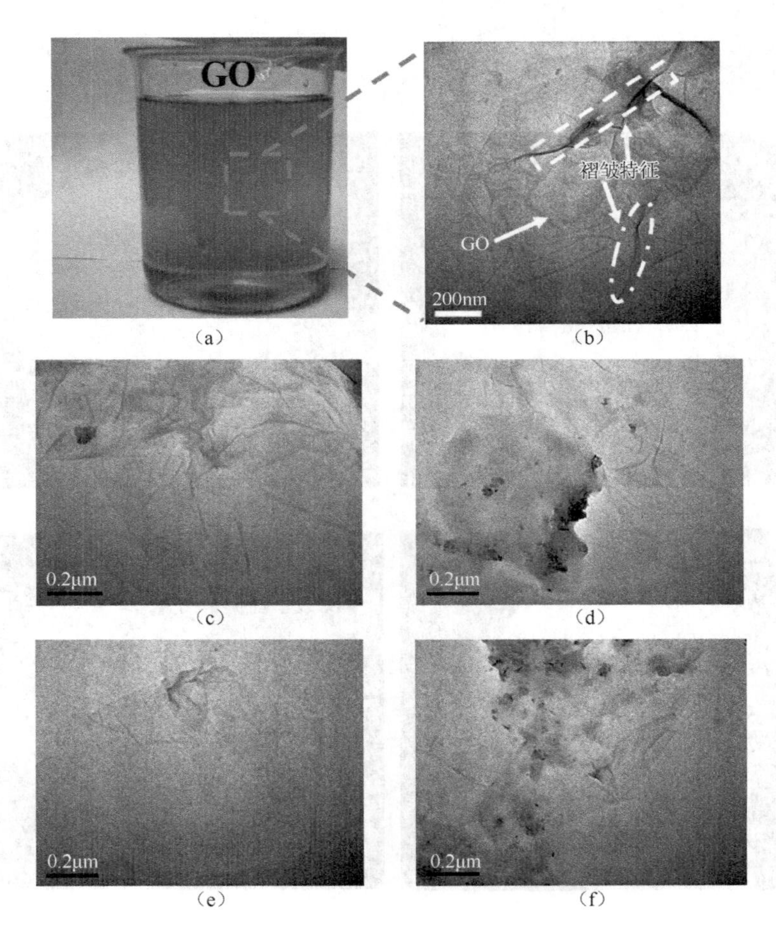

图 2-6　TEM 表征图

从图 2-7（a）可以看出超声分散后的 GO 在显微镜下呈棕褐色不规则片状；图 2-7（b）为 GO 的 FTIR 表征图，扫描波数 3400cm^{-1} 处的波谷为—OH 的伸缩振动吸收能量所致，因为 GO 中残留的水分子及水解基团[21]。扫描波数 1634cm^{-1} 处的吸收峰为 C═C 伸缩导致，而扫描波数 1720cm^{-1} 的吸收峰是 C═O 存在引起的[22-23]。这些含氧的官能团具有亲水性，使得 GO 能够轻易地溶于水中。研究还表明—COOH 和—OH 能够与水泥基复合材料反应且 GO 的比表面积高达 2400m^2/g[23]，因此 GO 能够与水泥基复合材料有较好的相容性。

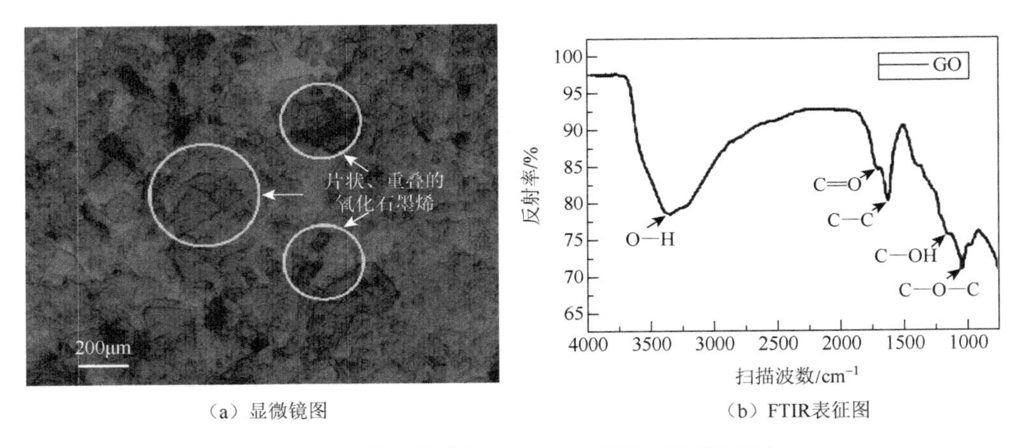

（a）显微镜图　（b）FTIR表征图

图 2-7　GO 的显微镜图和 FTIR 表征图（后附彩图）

图 2-8 为 GO 的拉曼光谱表征图，在 GO 的拉曼光谱表征图中，最重要的特征峰为扫描波数 1620cm^{-1} 附近的G峰，它是由 sp^2 碳原子的面内振动而产生的，反映

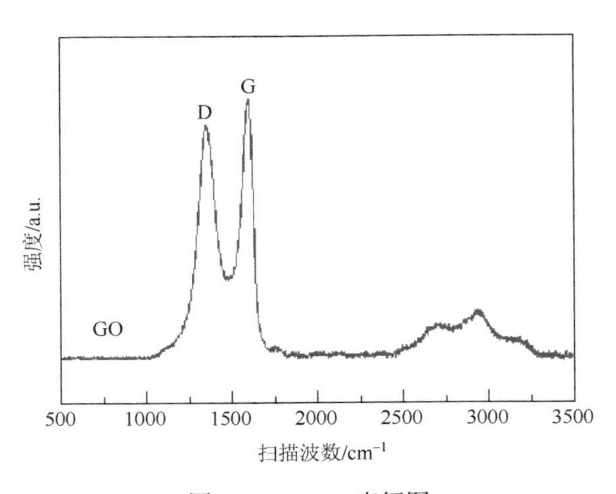

图 2-8　Raman 表征图

了 GO 的晶格的对称性及碳原子排列的有序度。由于 GO 边缘引入了较多的羧基及平面内的羟基和环氧基，导致边缘缺陷较多、晶格结构破坏，因此会在扫描波数 $1380cm^{-1}$ 左右出现比较明显的缺陷峰 D 峰。D 峰与 G 峰的强度比（ID/IG）通常被用来表征 GO 结构的有序程度，ID/IG 值越大，结构缺陷越多，则有序程度越低[24]。

2.1.4　GO 的分散

1. GO 在水溶液中的分散

图 2-9 给出的是 GO 与不同分散剂以不同质量比混合后的静置沉淀图（静置 30min）。从图中可以看出 GO 的水溶液是澄清透明的，加入 N-HRWR 和 P-HRWR 时，原本澄清的 GO 水溶液变得浑浊。加入 AEA 的 GO 水溶液，当 AEA 与 GO 的质量化为 1∶1 和 3∶1 时，GO 水溶液仍然是澄清透明的；当 AEA 与 GO 的质量化为 9∶1 时，GO 水溶液变得浑浊。

（a）无分散剂

（b）1∶1

（c）3∶1

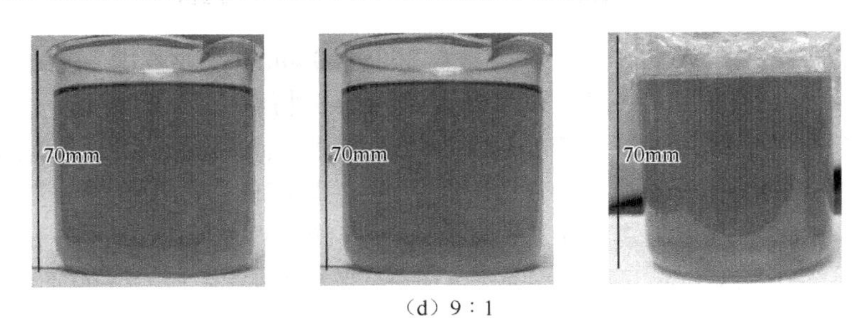

（d）9∶1

图 2-9　添加不同分散剂及质量比的 GO 水溶液的分散状态

为了进一步确定分散剂对 GO 的分散性能影响，使用紫外–可见–近红外分光光度计对烧杯中静置了 30min 后的上部溶液进行吸光度测试和 GO 的比表面积测定，结果如图 2-10 所示。紫外–可见–近红外吸光谱能够分析物质的吸光度，吸光度的大小跟物质的浓度成正比关系。紫外–可见–近红外吸光谱作为一种间接的方法用于分析 GO 的分散程度，GO 越分散均匀，其对应的吸光度就越高。本章采用的

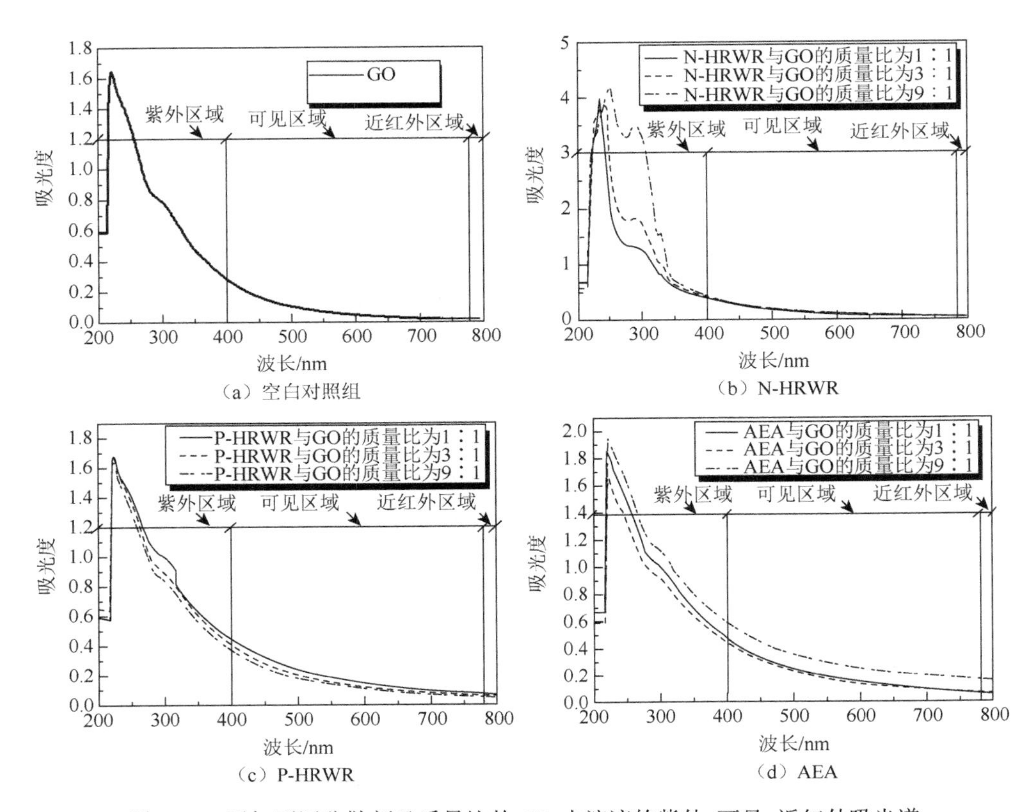

（a）空白对照组　（b）N-HRWR

（c）P-HRWR　（d）AEA

图 2-10　添加不同分散剂及质量比的 GO 水溶液的紫外–可见–近红外吸光谱

紫外-可见-近红外吸光仪，波长的范围为200～800nm，波长范围包括了紫外区域（200～400nm）、可见区域（400～780nm）和近红外区域（≥780nm）①。

将图2-10中不同曲线在650nm处的吸光度值统计做成图2-11。从图2-11可以看出，3种分散剂对GO在水溶液中的分散性均有促进作用，这是因为吸光度越高，GO在水溶液中的浓度就越大[21-22]，如果溶液中的GO产生团聚后沉淀，那么上部溶液中的GO浓度降低，吸光度降低。当N-HRWR与GO的质量比为3∶1时，N-HRWR对GO在水溶液的分散性能达到最优，吸光度在650nm处为0.098；当P-HRWR与GO的质量比为1∶1时，P-HRWR对GO在水溶液中的分散性能达到最优，吸光度在650nm处为0.123；当AEA与GO的质量比为9∶1时，AEA对GO在水溶液中的分散性能达到最优，吸光度在650nm处为0.211。因此，当AEA与GO的质量比为9∶1时，AEA使GO在水溶液中达到最优的分散状态。

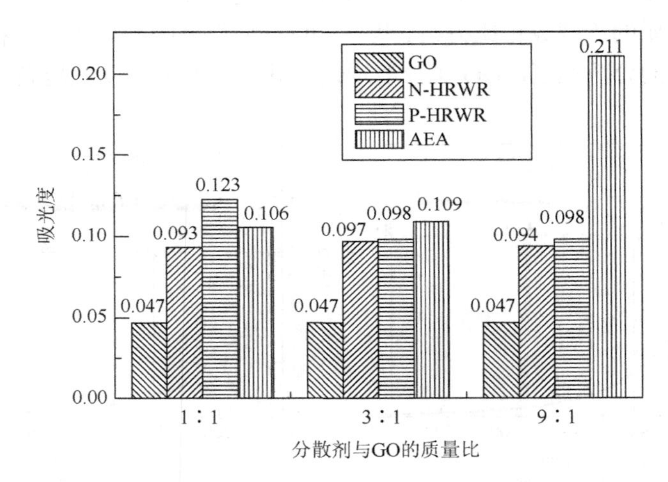

图2-11　添加不同分散剂及质量比的GO水溶液在650nm处的吸光度

表2-6为刚刚分散好的GO及静置30min后上部溶液GO的比表面积，由图2-11和表2-6可知，GO的吸光度越大，GO在溶液中的比表面积越大。说明分散剂能够有效地阻止GO在水溶液中的团聚。

表2-6　GO的相关参数及其在水溶液中的比表面积

试样编号	试样类型（直径）	溶剂	质量浓度/(g/L)	粒子密度/(g/mL)	比表面积/(m^2/g)
pGO	GO（350nm）	水	0.03	2.2	2112.45
pGO-JZ30min	GO（350nm）	水	0.03	2.2	1824.47

① 波长范围数据遵循“上限不在内”原则。

续表

试样编号	试样类型（直径）	溶剂	质量浓度/(g/L)	粒子密度/(g/mL)	比表面积/(m^2/g)
GO-N-1-JZ30min	GO（350nm）	水	0.03	2.2	1954.47
GO-N-3-JZ30min	GO（350nm）	水	0.03	2.2	1978.14
GO-N-9-JZ30min	GO（350nm）	水	0.03	2.2	2001.17
GO-A-1-JZ30min	GO（350nm）	水	0.03	2.2	2025.31
GO-A-3-JZ30min	GO（350nm）	水	0.03	2.2	2077.97
GO-A-9-JZ30min	GO（350nm）	水	0.03	2.2	2021.15
GO-P-1-JZ30min	GO（350nm）	水	0.03	2.2	2000.47
GO-P-3-JZ30min	GO（350nm）	水	0.03	2.2	2003.14
GO-P-9-JZ30min	GO（350nm）	水	0.03	2.2	2217.63

注：“pGO”表示 GO 溶液没有添加分散剂；试样编号中的“N”表示 GO 溶液加入了萘系高效减水剂，“P”“A”分别表示聚羧酸系高效减水剂、引气剂，“1”表示萘系高效减水剂的质量是 GO 的质量的 1 倍，“3”“9”分别表示分散剂的质量是 GO 的质量的 3 倍、9 倍，“JZ30min”表示溶液静置了 30min。

表 2-7 为 GO 溶液的配合比，图 2-9 为表 2-7 不同配合比溶液所对应的外观形态。可以看出，随着 N-HRWR 和 P-HRWR 与 GO 的质量比逐渐增大，GO 的水溶液一直处于浑浊状态，然而 AEA 与 GO 的质量比达到 9∶1 时，GO 水溶液才变得浑浊。所有的 GO 溶液随着分散剂质量比的增大，均处于稳定状态，没有 GO 在水溶液中形成肉眼可见的沉淀物。由图 2-10、图 2-11 可知，当 N-HRWR 与 GO 的质量比从 1∶1、3∶1 到 9∶1 时，GO 水溶液的吸光度先上升后下降，从 0.093 增加到 0.097 再减到 0.094，即 N-HRWR 与 GO 的最优质量比为 3∶1；当 P-HRWR 与 GO 的质量比从 1∶1、3∶1 到 9∶1 时，GO 水溶液的吸光度先下降再保持不变，从 0.123 降到 0.098，再保持不变，即 P-HRWR 与 GO 的最优质量为 1∶1；当 AEA 与 GO 的质量比从 1∶1、3∶1 到 9∶1 时，GO 水溶液的吸光度持续上升，从 0.106 增加到 0.109，再增加到 0.211，即 AEA 与 GO 的最优质量比为 9∶1。

表 2-7　GO 水溶液的配合比

试样编号	GO 的质量/g	分散剂的质量/g	水的质量/g
pGO	0.03	0	999.97
GO-N-1	0.03	N-HRWR，0.03	999.97
GO-N-3	0.03	N-HRWR，0.09	999.97

续表

试样编号	GO 的质量/g	分散剂的质量/g	水的质量/g
GO-N-9	0.03	N-HRWR，0.27	999.97
GO-A-1	0.03	AEA，0.03	999.97
GO-A-3	0.03	AEA，0.09	999.97
GO-A-9	0.03	AEA，0.27	999.97
GO-P-1	0.03	P-HRWR，0.03	999.97
GO-P-3	0.03	P-HRWR，0.09	999.97
GO-P-9	0.03	P-HRWR，0.27	999.97

2. GO 在模拟孔溶液（SCPS）中的分散

图 2-12 表示 GO 在 SCPS 中的分散状态，其中分散剂与 GO 的质量比是基于 GO 在水溶液中的最佳分散状态确定的，即 N-HRWR 与 GO 的质量比为 3∶1、P-HRWR 与 GO 的质量比为 1∶1 和 AEA 与 GO 的质量比为 9∶1。从图 2-12 中可以看出，大部分的 GO 均发生了团聚和沉淀。图 2-12 中（a）列为无分散剂时，GO 在 SCPS 中分散状态，由此可知，GO 在 SCPS 中发生团聚，形成肉眼可见的颗粒。随着时间的推移，在 5min 内 GO 几乎全部发生团聚，沉淀到烧杯底部。有分散剂存在的情况下，在 5min 之内仍然有大部分 GO 没有发生沉淀；30min 之后，大部分的 GO 均发生了沉淀，只有在 P-HRWR 存在的情况下，仍然有小部分的 GO 没有发生沉淀。因此，分散剂有助于 GO 在 SCPS 环境中短时间分散均匀，其中效果最明显的是 P-HRWR。

（a）无分散剂

（b）N-HRWR与GO的质量比为3：1

（c）P-HRWR与GO的质量比为1：1

（d）AEA与GO的质量比为9：1

图 2-12　GO 在 SCPS 中的分散状态和稳定性

表 2-8 表示不同溶液静置 30min 后，上部溶液中 GO 的比表面积，由此可知，GO 在没有分散剂的 SCPS 中几乎全部发生了团聚和沉淀。AEA 不能阻止 GO 在 SCPS 中的团聚，N-HRWR 和 P-HRWR 能够阻止部分 GO 发生团聚，且 P-HRWR 的效果明显比 N-HRWR 好。该研究也表明了 GO 在水溶液中分散均匀并不能保证其在碱性环境中也分散均匀。碱性环境中的 Ca^{2+}、Na^{+}、K^{+}等能够与 GO 和减水剂分子发生反应，使得 GO 发生团聚，产生沉淀[25-26]。

为了定量比较分散剂对 GO 在 SCPS 中的分散性影响，实验采用显微镜对团聚后的 GO 进行观察并拍照，结合 ImageJ 的粒径分析及统计功能对 GO 团聚后的粒径进行统计分类。光学显微镜观察采用金相倒置显微镜。将 GO 悬浮液滴在载玻片上并用另一块载玻片盖上，静置 5～10min 消除 GO 颗粒产生的布朗运动影响。Feret 粒径分布统计需要在一个样品里面的 10 个不同的位置取样，每个位置的样品采取 10 张代表性的照片，即每个样品的 Feret 粒径分布统计需要 100 张图片进行统计。所有的显微镜照片的拍摄均采用放大 50 倍。Feret 粒径分布统计采用 ImageJ 开元软件，每种 GO 悬浮液至少采集 100 张图片进行分析。通过对图片进行阈值的调节，所有的图片均调成黑白的二值图像，则二值图像中的黑色区域为 GO 颗粒。在图片进行阈值处理之前，为了去除外界光线的明暗变化对图片产生的影响，将图片四周的边缘剪裁掉，做成大小统一的图片。团聚 GO 的相对粒径大小则可以采用 Feret 的粒径统计方法获得[27]。

表 2-8　GO 的相关参数及其在 SCPS 中的比表面积

试样编号	试样类型（直径）	溶剂	质量浓度/(g/L)	粒子密度/(g/mL)	比表面积/(m^2/g)
pGO-JZ30min	GO（350nm）	水	0.03	2.2	54.87
GO-N-3-JZ30min	GO（350nm）	水-N	0.03	2.2	215.47

续表

试样编号	试样类型（直径）	溶剂	质量浓度/(g/L)	粒子密度/(g/mL)	比表面积/(m^2/g)
GO-A-9-JZ30min	GO（350nm）	水-A	0.03	2.2	60.47
GO-P-1-JZ30min	GO（350nm）	水-P	0.03	2.2	1205.35

注："pGO"表示 GO 溶液没有添加分散剂；试样编号中的"N"表示 GO 溶液加入了萘系高效减水剂，"P""A"分别表示聚羧酸系高效减水剂、引气剂，"3"表示萘系高效减水剂的质量是 GO 的质量的 3 倍，"1""9"分别表示分散剂的质量是 GO 的质量的 1 倍、9 倍，"JZ30min"表示溶液静置了 30min。

结果如图 2-13、图 2-14 所示，团聚后的 GO，70%～80%的粒径分布在 1～10μm 的区间上，20%～30%的粒径分布在 10～100μm 的区间上，粒径超过 100μm 的几乎为零。因此，分散剂有助于 GO 在 SCPS 中的均匀分散，作用效果的大小顺序为：P-HRWR＞N-HRWR＞AEA。GO 在 SCPS 中团聚后，99%的颗粒粒径分布在 1～100μm 的区间上。

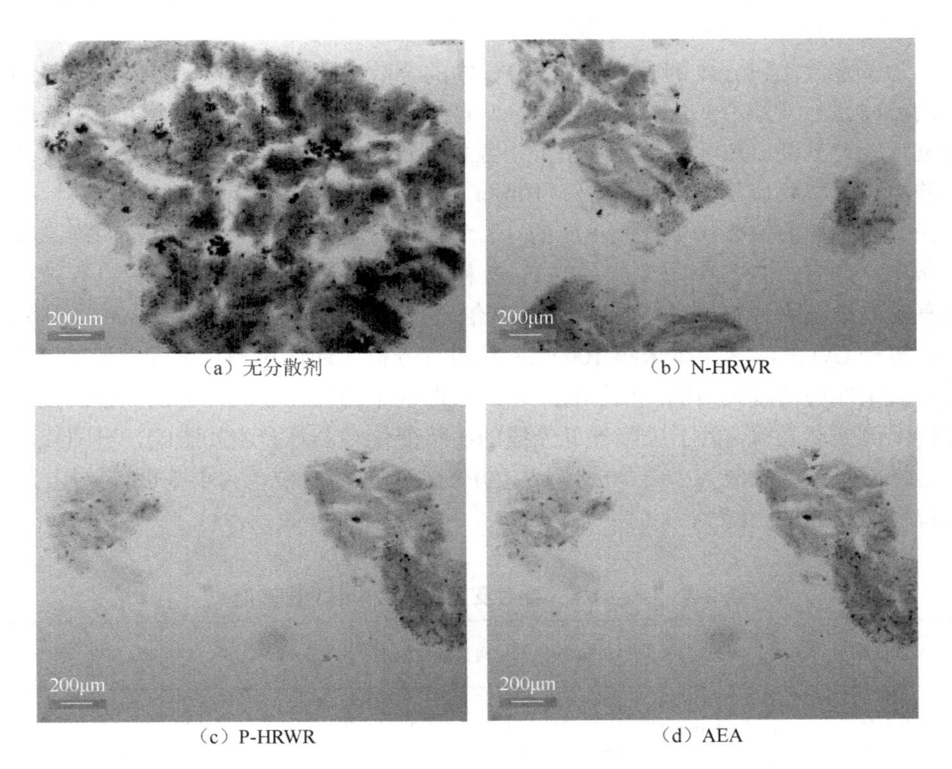

（a）无分散剂　（b）N-HRWR　（c）P-HRWR　（d）AEA

图 2-13　GO 在 SCPS 中团聚后的光学显微镜图

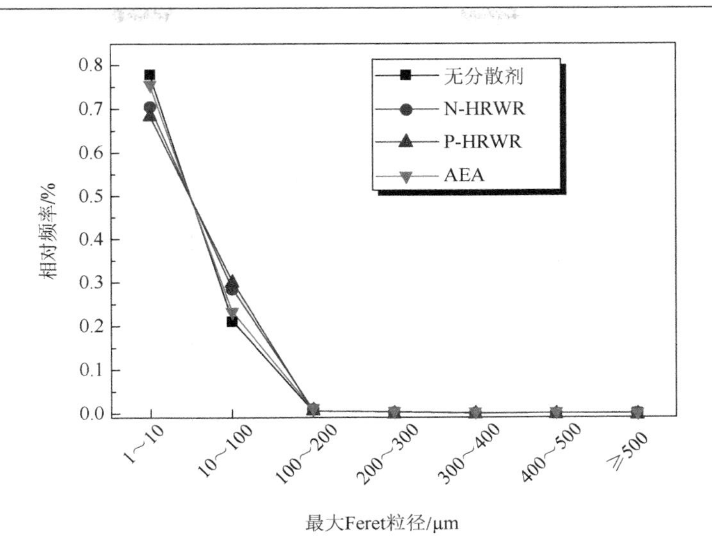

图 2-14　GO 在 SCPS 中团聚后的 Feret 粒径分布

最大 Feret 粒径数据按“上限不在内”原则处理。

3. GO 在水泥悬浮液中的分散

图 2-15 为掺入不同分散剂的 GO 溶液随着水泥添加量增加的分散状态图。由图可知，随着水泥添加量的增多，水泥悬浮液的 pH 逐渐升高。研究表明 pH 越高，碳纳米管越容易在溶液中发生团聚沉淀，当 pH 超过 11 时，碳纳米管将发生明显的团聚沉淀现象[28]。从图中溶液的颜色也可以看出，随着 pH 的升高，溶液的颜色逐渐变淡，水溶液中的 GO 发生了团聚沉淀。由图 2-15（d）可以看出，AEA 不能提高 GO 在水泥悬浮液中的分散性；当溶液中的 pH 超过 11 时，添加了 AEA 的 GO 悬浮液中的 GO 几乎全部发生团聚沉淀。添加了 N-HRWR 和 P-HRWR 的 GO 悬浮液中，即使 pH 超过了 11，仍然有大部分的 GO 没有发生沉淀，但是当水泥的添加量为 10g/L 和 16.7g/L 时，添加 N-HRWR 的 GO 悬浮液明显比

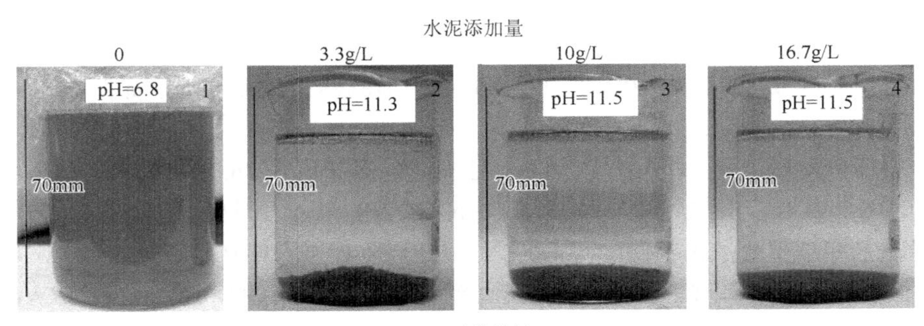

（a）无分散剂

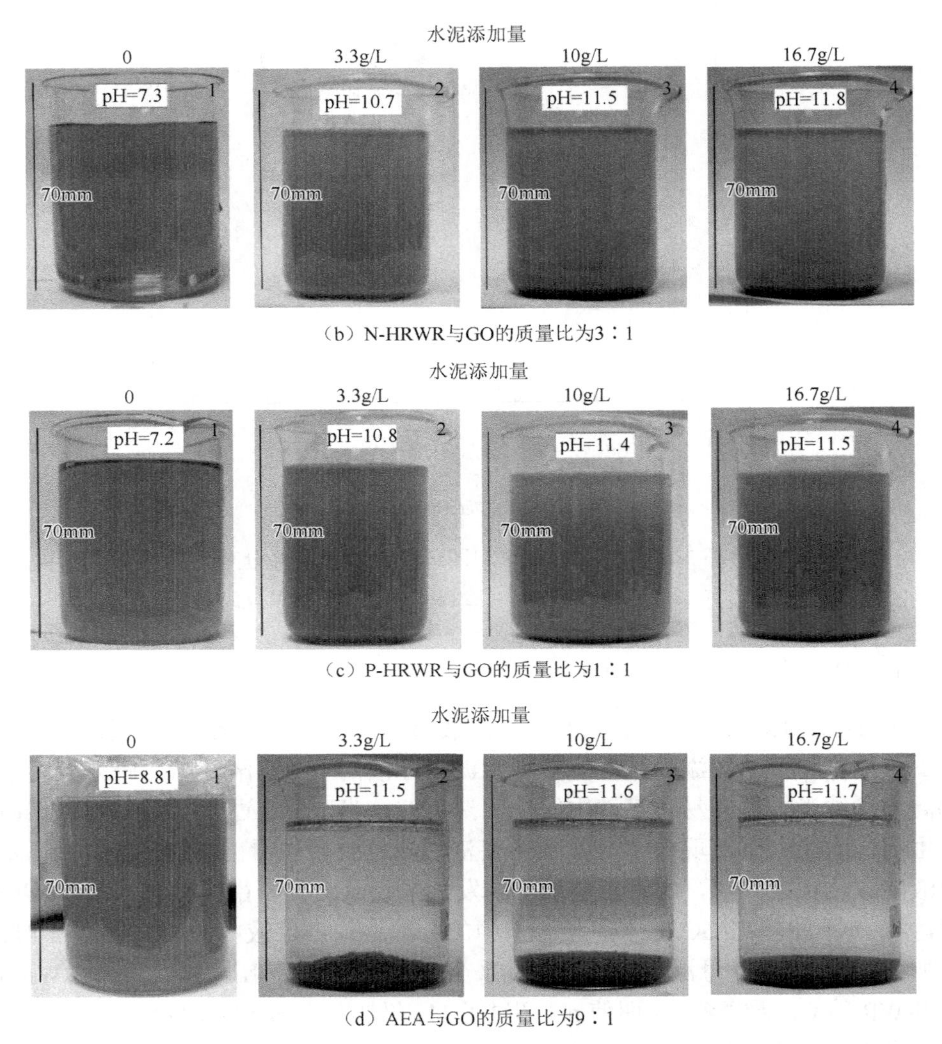

图 2-15　GO 在水泥悬浮液中的分散状态（后附彩图）

添加 P-HRWR 的 GO 悬浮液澄清，说明 N-HRWR 和 P-HRWR 有利于 GO 在水泥悬浮液中均匀分散，但是 P-HRWR 的效果要比 N-HRWR 的效果明显，如图 2-15（b）、（c）所示。

表 2-9 为 GO 复合不同分散剂后，且水泥的添加量为 16.7g/L 时，上部溶液中 GO 的比表面积。由此可知，P-HRWR、N-HRWR 和 AEA 这三种分散剂对于 GO 在水泥悬浮液中分散性能的促进效果为 P-HRWR 最好、N-HRWR 次之、AEA 最差。添加 AEA 的 GO 悬浮液沉淀后其上部溶液基本不含 GO，而添加 P-HRWR 的 GO 悬浮液沉淀后其上部溶液仍含有大量的 GO。

表 2-9　GO 的相关参数及其水泥悬浮液中的比表面积

试样编号	试样类型（直径）	溶剂	质量浓度/(g/L)	粒子密度/(g/mL)	比表面积/(m^2/g)
GO-cement-JZ30min	GO（350nm）	水-C	0.03	2.2	55.45
GO-N-3-cement-JZ30min	GO（350nm）	水-N-C	0.03	2.2	515.47
GO-A-9-cement-JZ30min	GO（350nm）	水-A-C	0.03	2.2	87.95
GO-P-1-cement-JZ30min	GO（350nm）	水-P-C	0.03	2.2	1745.12

注：试样编号中的“N”表示 GO 溶液加入了萘系高效减水剂，“P”“A”分别表示聚羧酸系高效减水剂、引气剂，“3”表示萘系高效减水剂的质量是 GO 的质量的 3 倍，“1”“9”分别表示分散剂的质量是 GO 的质量的 1 倍、9 倍，“cement”表示 GO 溶液添加了水泥；“JZ30min”表示溶液静置了 30min。

通过研究 GO 在水溶液、SCPS 和水泥悬浮液中的分散性能，以及对比了 3 种分散剂对 GO 在这 3 种环境中的分散状态影响，表明了 P-HRWR 是防止 GO 在水泥悬浮液中团聚的最有效分散剂。图 2-16 给出了 P-HRWR 对于 GO 在水泥悬浮液中的分散机理。研究表明 P-HRWR 是通过静电作用和空间位阻促使 GO 在水溶液中均匀分散和稳定存在的[4, 17]，而 N-HRWR 和 AEA 则分别是通过静电作用和降低

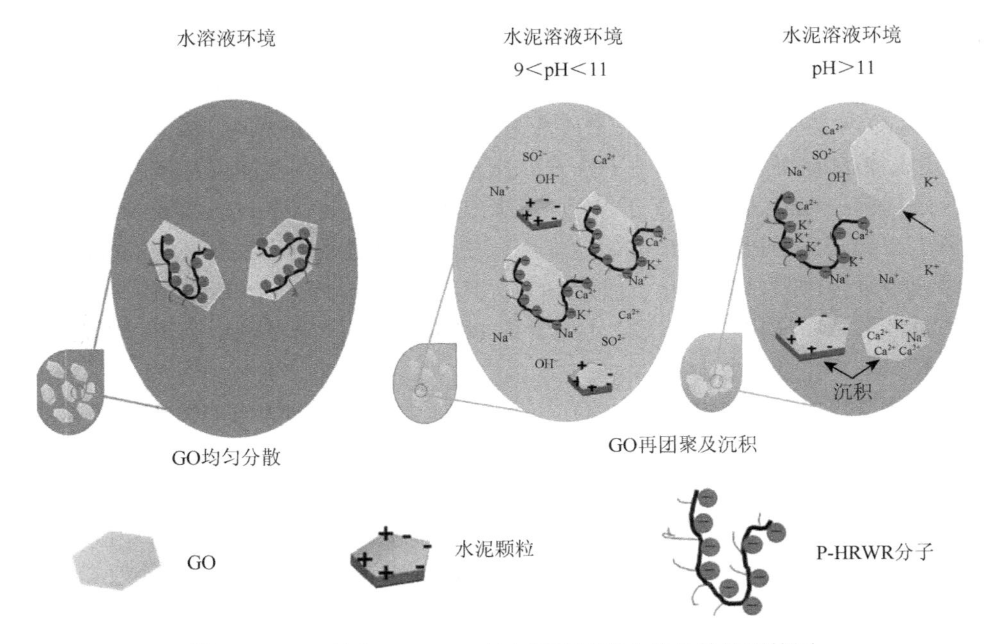

图 2-16　GO 复合 P-HRWR 在水泥悬浮液中的分散机理简图

溶液的表面张力来实现 GO 的均匀分散和稳定存在的。在水溶液中，由于没有其他离子（或者极少量离子）的影响，不管是静电作用还是降低溶液的表面张力都能直接有效地作用于 GO 本身，所以从肉眼上基本无法区别哪种作用效果更佳。当掺入了不同分散剂的 GO 加入到 SCPS 中时，SCPS 中大量的带电粒子，将消除单纯的静电作用和表面张力（实际上也是引入带电粒子），而静电作用和空间位阻是同时发挥效应，使得预先吸附在 GO 上的带电聚羧酸分子很难被剥离开。同样地，水泥悬浮液环境中含有大量复杂的离子，静电作用和表面张力被消除，预先吸附在 GO 上的减水剂分子短时间内不会脱离 GO，只有小部分吸附在 GO 上的减水剂分子结合水泥悬浮液中的阳离子，逐渐脱离 GO，致使 GO 因范德瓦耳斯力产生团聚或者被水泥颗粒吸附，产生沉淀；或是 GO 吸附溶液中大量的阳离子，产生沉淀。

2.2　小　　结

本章通过系统的实验设计，主要进行以下的研究内容：

①研究 GO 在 3 种不同分散剂中的水溶液分散状态。研究表明 N-HRWR、P-HRWR 和 AEA 均能促进 GO 在水溶液中的分散性，其中 AEA 的作用效果最明显，当 AEA 与 GO 的质量比为 9∶1 时，GO 在水溶液中的分散状态达到最佳，此时的吸光度达到 0.211。不同分散剂与 GO 的质量比会影响 GO 在水溶液中的分散性，N-HRWR、P-HRWR 和 AEA 与 GO 的最佳质量比为 3∶1、1∶1 和 9∶1。

②GO 分散于 SCPS 和水泥悬浮液时，原本在水溶液中均匀分散的 GO 大部分产生再团聚和沉淀。这表明了 GO 在水溶液中分散均匀并不能保证其在水泥基中也分散均匀。AEA 促进 GO 在水溶液中均匀分散的良好效果在 SCPS 和水泥悬浮液环境中被消除。P-HRWR 的静电作用和空间位阻能够阻止大部分的 GO 在水泥悬浮液中发生团聚。其中有小部分 GO 发生团聚，因为未结合 P-HRWR 的 GO 很快在碱性溶液中团聚，部分 GO 上结合的 P-HRWR 也在悬浮液中阳离子的作用下逐渐脱离，产生团聚。

③本章提出 P-HRWR 阻止 GO 在水泥浆体中发生团聚的可能性机理示意图。水溶液中的 GO 上吸附着 P-HRWR 分子，通过静电作用和空间位阻使得 GO 均匀分散于水溶液中；水泥颗粒的加入使得水溶液中的 pH 上升，离子种类增加，没有吸附 P-HRWR 分子的 GO 发生团聚，部分 GO 上的 P-HRWR 分子开始脱离，产生团聚。其中有部分 GO 吸附于水泥颗粒表面并产生沉淀。

参 考 文 献

[1]　Hummers W S，Jr，Offeman R E. Preparation of graphitic oxide[J]. Journal of the American Chemical Society，

1957，80：1339-1440.

[2] Chun C K，Sofer Z，Pumera M. Graphite oxides：Effects of permanganate and chlorate oxidants on the oxygen composition[J]. Chemistry：A European Journal，2012，18（42）：13453-13459.

[3] 朱宏文，段正康，张蕾，等. 氧化石墨烯的制备及结构研究进展[J]. 材料科学与工艺，2017，25（6）：82-88.

[4] Stankovich S，Dikin D A，Piner R D，et al. Synthesis of graphene-based nanosheets via chemical reduction of exfoliated graphite oxide[J]. Carbon，2007，45（7）：1558-1565.

[5] Stephens C，Brown L，Sanchez F. Quantification of the re-agglomeration of carbon nanofiber aqueous dispersion in cement pastes and effect on the early age flexural response[J]. Carbon，2016，107：482-500.

[6] Li X Y，Liu Y M，Li W G，et al. Effects of graphene oxide agglomerates on workability，hydration，microstructure and compressive strength of cement paste[J]. Construction and Building Materials，2017，145：402-410.

[7] Li X Y，Korayem A H，Li C Y，et al. Incorporation of graphene oxide and silica fume into cement paste：A study of dispersion and compressive strength[J]. Construction and Building Materials，2016，123：327-335.

[8] Li X Y，Lu Z Y，Chuah S，et al. Effects of graphene oxide aggregates on hydration degree，sorptivity，and tensile splitting strength of cement paste[J]. Composites part A：Applied Science and Manufacturing，2017，100：1-8.

[9] Wu L，Liu L，Gao B，et al. Aggregation kinetics of graphene oxides in aqueous solutions：Experiments，mechanisms，and modeling[J]. Langmuir，2013，29（49）：15174-15181.

[10] Chowdhury I，Mansukhani N D，Guiney L M，et al. Aggregation and stability of reduced graphene oxide：Complex roles of divalent cations，pH，and natural organic matter[J]. Environmental Science and Technology，2015，49（18）：10886-10893.

[11] Ghazizadeh S，Duffour P，Skipper N T，et al. An investigation into the colloidal stability of graphene oxide nano-layers in alite paste[J]. Cement and Concrete Research，2017，99：116-128.

[12] Ghazizadeh S，Duffour P，Skipper N T，et al. Understanding the behaviour of graphene oxide in Portland cement paste[J]. Cement and Concrete Research，2018，111：169-182.

[13] Zhou C，Li F X，Hu J，et al. Enhanced mechanical properties of cement paste by hybrid graphene oxide/carbon nanotubes[J]. Construction and Building Materials，2017，134：336-345.

[14] Chuah S，Li W G，Chen S J，et al. Investigation on dispersion of graphene oxide in cement composite using different surfactant treatments[J]. Construction and Building Materials，2018，161：519-527.

[15] Sabziparvar A M，Hosseini E，Chiniforush V，et al. Barriers to achieving highly dispersed graphene oxide in cementitious composites：An experimental and computational study[J]. Construction and Building Materials，2019，199：269-278.

[16] Shamsaei E，de Souza F B，Yao X P，et al. Graphene-based nanosheets for stronger and more durable concrete：A review[J]. Construction and Building Materials，2018，183：642-660.

[17] Babak F，Abolfazl H，Alimorad R，et al. Preparation and mechanical properties of graphene oxide：Cement nanocomposites[J]. The Scientific World Journal，2014：1-10.

[18] Xing W Y，Yuan B H，Wang X，et al. Enhanced mechanical properties，water stability and repeatable shape recovery behavior of Ca^{2+} crosslinking graphene oxide-based nacre-mimicking hybrid film[J]. Materials and Design，2017，115：46-51.

[19] Shin D G，Yeo H，Ku B C，et al. A facile synthesis method for highly water-dispersible reduced graphene oxide based on covalently linked pyridinium salt[J]. Carbon，2017，121：17-24.

[20] Fasolino A，Los J H，Katsnelson M I. Intrinsic ripples in graphene[J]. Nature Materials，2007，6（11）：858-861.

[21] Deng K Q，Li C X，Qiu X Y，et al. Electrochemical preparation，characterization and application of electrodes modified with nickel-cobalt hexacyanoferrate/graphene oxide-carbon nanotubes[J]. Journal of Electroanalytical

Chemistry，2015，755：197-202.

[22] Wang M，Wang R M，Yao H，et al. Study on the three dimensional mechanism of graphene oxide nanosheets modified cement[J]. Construction and Building Materials，2016，126：730-739.

[23] Yang H B，Monasterio M，Cui H Z，et al. Experimental study of the effects of graphene oxide on microstructure and properties of cement paste composite[J]. Composites Part A：Applied Science and Manufacturing，2017，102：263-272.

[24] Xu W G，Mao N N，Zhang J. Graphene：A platform for surface-enhanced raman spectroscopy[J]. Small，2013，9（8）：1206-1224.

[25] Gao Y，Ren X M，Tan X L，et al. Insights into key factors controlling GO stability in natural surface waters[J]. Journal of Hazardous Materials，2017，335：56-65.

[26] Ren X M，Li J X，Tan X L，et al. Impact of Al_2O_3 on the aggregation and deposition of graphene oxide[J]. Environmental Science and Technology，2014，48（10）：5493-5500.

[27] Walton W H. Feret's statistical diameter as a measure of particle size[J]. Nature，1948，162（4113）：329-330.

[28] Liu J T，Li Q H，Xu S L. Influence of nanoparticles on fluidity and mechanical properties of cement mortar[J]. Construction and Building Materials，2015，101：892-901.

第3章 氧化石墨烯水泥基复合材料流变性能研究

新拌混凝土常常需要对其工作性、流动性、可泵性和可压性等进行评价。但是现阶段用于评价这些性能的方法都趋向于主观性，大部分仍然依靠人工经验，缺乏定量的依据。流变学是表征材料工作性、连续性、流动性，以及预测材料的稳定性、可泵性、喷射性的有效工具。水泥基复合材料的流变性能测试主要包括黏度、塑性和弹性，这些流变性能对于其在运输和浇筑上具有重大的影响[1]。用流变性能来评价高性能混凝土的工作性能远比用坍落度、扩展度来得准确和稳定。新拌混凝土的流变参数与振动速度存在关系，其可泵送压力与流变性能和流动速率有联系。新拌混凝土的屈服应力和触变性能影响其浇筑过程，通过屈服应力和触变性能可以预判新拌混凝土的模板填充能力、模板的受力情况，以及是否需要多层浇筑。纳米材料在水泥中的掺入改变了浆体的流变特性，降低了砂浆和混凝土混合料的工作性[2-5]。GO 的大表面积需要更多的水来润湿它们的表面，从而在给定的水灰比下减少润滑所需的自由水含量[6]。

和易性是指新拌水泥混凝土易于各工序施工操作（搅拌、运输、浇注、捣实等）并能获得质量均匀、成型密实的性能，对硬化水泥复合材料的力学性能和耐久性能至关重要。流动性不足可能会使新拌水泥复合材料的难以压实，并产生空隙，从而降低力学性能。许多研究人员已经认识到掺 GO 会对水泥基复合材料的流动性产生不利影响[3, 7-8]。GO 的亲水性官能团和较大的比表面积可吸收大量水分。因此，润滑水泥颗粒的水减少，水泥颗粒之间的摩擦阻力增加，具有更大比表面积、分散性更好的 GO 需要更多的自由水附着在 GO 板上，水泥基复合材料流动性变差[9-10]。本章探究了 GO 对水泥净浆和再生砂浆流动性的影响；结合水泥浆体中不同组分对流变性能的影响，分析了 GO 掺量、GO 复合分散剂对水泥浆体流变性能及流变模型、触变性能的影响。

3.1 试验方案

采用法国 Lamy 公司生产的 RM100 型流变仪进行净浆流变性能的测试，如图 3-1 所示，其扭矩范围 0.05～30mNm，黏度测量量程 1～540 000Pa·s，转子转速范围 0.3～1500r/min；外置 PT100 温度传感器，测量范围为–50～300℃。RM100 型流变仪的基本原理是测定不同旋转或剪切速度下的扭矩，并分别以扭矩为纵坐标，转速为横坐标作图所得的曲线斜率和截距，最后换算得到流变模型中的塑性黏度 μ 和屈服应力 τ_0，测定不同剪切速率下的剪切应力及塑性黏度，自动绘制剪切速率与剪切应力之间的关系图等。该流变仪配套相关不同量程、不同流体的转子、量筒容器，以及配套流变模型分析软件。流变仪测定程序可根据不同流体受到低剪切、高剪切速率的不同影响进行调整。本章净浆的测试程序为：剪切速率从 $0s^{-1}$ 线性增加到 $240s^{-1}$，然后从 $240s^{-1}$ 线性降低到 $0s^{-1}$，形成一个闭合回路，测试步骤单程为 14 步，测试时间为 280s。

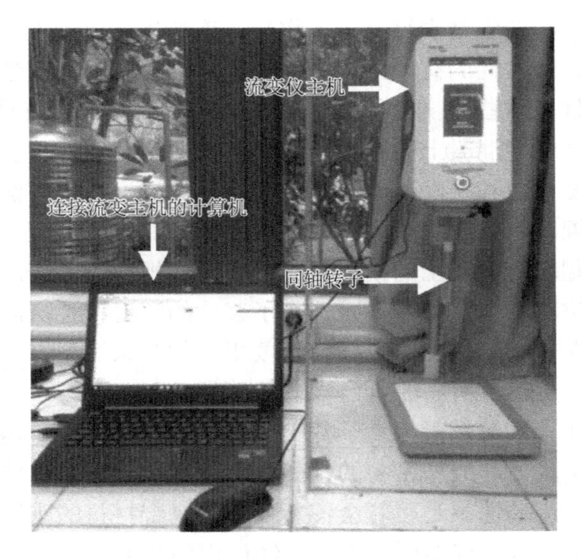

图 3-1　法国 Lamy 公司的 RM100 型流变仪

3.2　氧化石墨烯水泥基复合材料流变性能影响

3.2.1　GO-水泥净浆流动性能研究

参照规范《水泥胶砂流动度测定方法》（GB/T 2419—2005）测定，对不同 GO 掺量（质量分数分别为 0.05%，0.10%，0.20%）的水泥净浆的流动度进行测试，测试结果如图 3-2 所示，配合比见表 3-1。

表 3-1　水泥浆体的配合比

编号	水泥的质量/g	水的质量/g	水灰比	GO 的质量/g	GO 质量分数/%
P_0	3600	1440	0.4	0	0
P_1	3600	1440	0.4	1.8	0.05

续表

编号	水泥的质量/g	水的质量/g	水灰比	GO 的质量/g	GO 质量分数/%
P_2	3600	1440	0.4	3.6	0.10
P_3	3600	1440	0.4	7.2	0.20

注：P 代表水泥净浆。

从图 3-2 中可以发现 P_0、P_1、P_2和 P_3 的流动度分别为 232mm、222mm、200mm 和 195mm。对比未掺 GO 的水泥净浆（P_0），掺入 GO 使得水泥浆体（P_1、P_2和 P_3）的流动度有所降低，且分别降低了 4.3%，13.8%和 15.9%。且对比未掺 GO 的水泥净浆，掺入 GO 使得水泥浆体的黏度有较大的增加，凝结时间也稍有缩短。这可能是由于 GO 具有大比表面积、含氧官能（羧基—COOH；羟基—OH）、纳米微尺寸效应导致水泥颗粒聚集形成絮凝结构[11-12]。

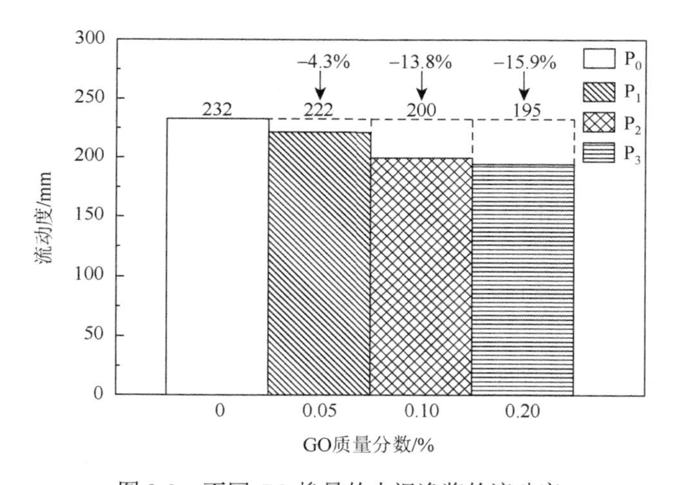

图 3-2　不同 GO 掺量的水泥净浆的流动度

3.2.2　GO-再生砂浆流动性能研究

参照《水泥胶砂流动度测定方法》（GB/T 2419—2005）测定再生砂浆的流动度，具体的测试结果如下，配合比见表 3-1。

图 3-3 为不同氧化石墨烯掺量的再生砂浆的流动度测试结果。与未掺入 GO 的再生砂浆相比，当 GO 的质量分数分别为 0.05%、0.10%和 0.20%时，掺入 GO 的再生砂浆的流动度分别降低了 7.5%、14.4%、18.8%。说明 GO 降低了再生砂浆流动性能。

对比再生砂浆和水泥净浆的流动性能可得知，未掺入 GO 的再生砂浆的流动性能要低于未掺入 GO 的水泥净浆的流动性能。同时掺入 GO 的再生砂浆流动度下降率要高于水泥净浆。与对应的水泥净浆相比，再生砂浆的流动性能分别降低了 31.0%、33.3%、31.5%、33.3%。这可能是由于再生砂和 GO 的共同作用，如前所述，再生砂和 GO 均有高吸水性。GO 具有大比表面积（如纳米 SiO_2）和超吸附性，可在早期吸收可用的游离水[13-15]。

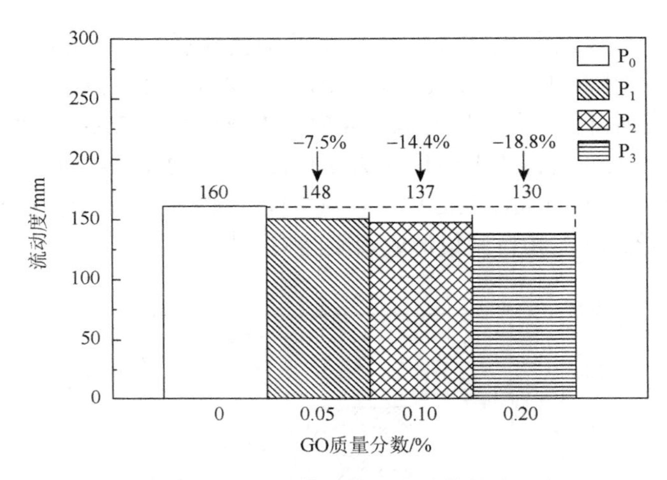

图 3-3　不同 GO 掺量的再生砂浆的流动度

3.2.3　GO 掺量对水泥浆体流变性能及流变模型的影响

研究表明 GO 的掺量对水泥浆体流变性能的影响显著，且随着 GO 掺量的增加，水泥浆体的流变性能变差。然而大部分的研究对于流变性能的衡量仅仅只是停留在流动度上，甚至是肉眼观测。这种衡量不仅不能全面地评测浆体的流变性能，还会因主观差别而出现矛盾的结果。应用流变模型分析浆体的流变性能可以使得实验结果更加科学准确。

水泥浆体的配合比如表 3-2 所示，图 3-4（a）、（b）分别给出不同 GO 掺量对水泥浆体剪切应力和表观黏度随剪切速率变化的曲线。从图 3-4（a）可知，不同 GO 掺量的浆体的剪切应力均随着剪切速率的增加而增加；相同剪切速率下，添加 GO 的剪切应力大于没有添加 GO 的，GO 的质量分数为 0.09%时，水泥浆体的剪切应力和表观黏度均达到最大，GO 的质量分数为 0 时，水泥浆体的剪切应力和表观黏度均达到最小。由此可知水泥浆体的剪切应力不会随着 GO 的质量分数的增加而一直增加，因为 GO 本身的比表面积大，易发生团聚，当质量分数超过 0.09%时，浆体中的 GO 发生团聚，导致 GO 的质量分数增加，剪切应力下降的现象。GO 团聚还跟水泥浆环境中复杂的化学成分有关。从图 3-4（b）可知，不同

GO 掺量的浆体的表观黏度均随着剪切速率的增加而减小，表观黏度曲线变成越来越接近平行于 x 轴的直线。由此可知道 GO-水泥复合浆体呈现出剪切变稀的行为。相同剪切速率下，GO 的质量分数为 0.09%时，水泥浆体的表观黏度最大，GO 的质量分数为 0 时，水泥浆体的表观黏度最小；GO 能够增加水泥浆体的表观黏度，但是水泥浆体的表观黏度不会随着 GO 掺量的增加而一直增加。

表 3-2　水泥浆体的配合比

组别	水泥的质量/g	水的质量/g	水灰比	GO 的质量/g	GO 的质量分数/%	P-HRWR 的质量/g
GO-0	3600	1440	0.4	0	0	2.16
GO-3	3600	1440	0.4	1.08	0.03	2.16
GO-6	3600	1440	0.4	2.16	0.06	2.16
GO-9	3600	1440	0.4	3.24	0.09	2.16
GO-12	3600	1440	0.4	4.32	0.12	2.16

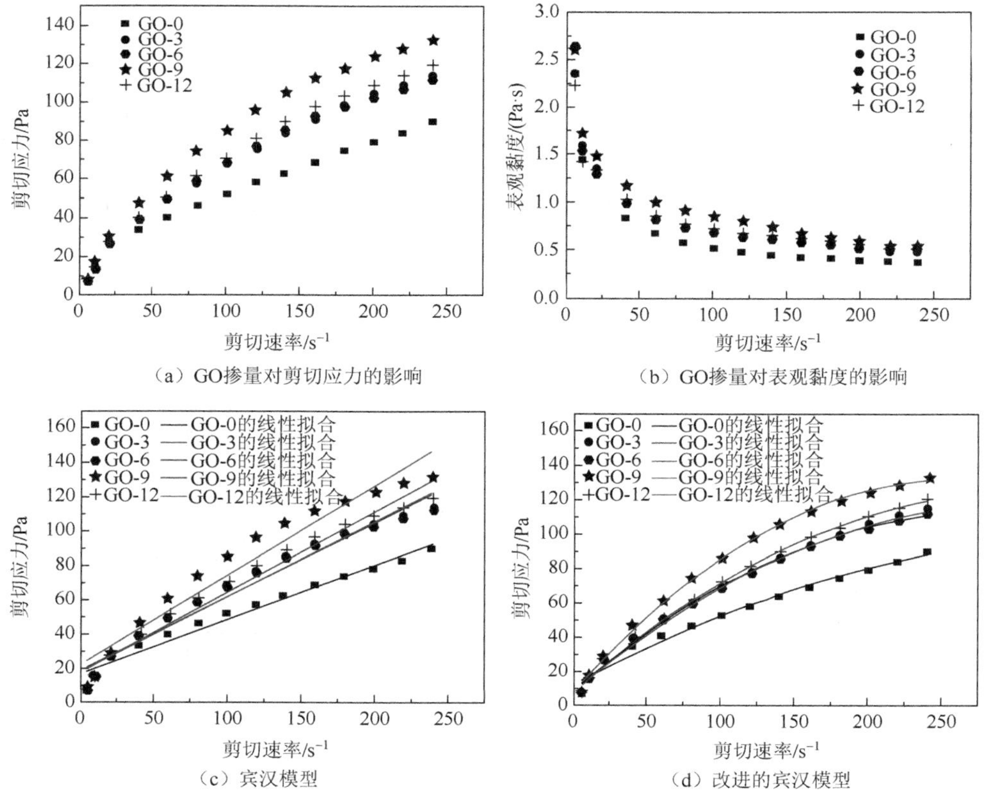

（a）GO掺量对剪切应力的影响

（b）GO掺量对表观黏度的影响

（c）宾汉模型

（d）改进的宾汉模型

图 3-4　GO 掺量对水泥浆体流变性能和流变模型的影响

图 3-4（c）、（d）分别给出的是不同 GO 掺量的水泥浆体，剪切速率和剪切应力的宾汉模型和改进的宾汉模型，模型的拟合方程及流变参数见表 3-2。由图 3-4（c）、（d）可知，宾汉模型和改进的宾汉模型对水泥浆体及其与 GO 的复合浆体有很好的适用性，宾汉模型的精度比改进的宾汉模型低，因此从拟合精度的角度考虑，改进的宾汉模型拟合更加适用于水泥浆体及其与 GO 的复合浆体，水泥浆体及其与 GO 的复合浆体均呈现出轻微的剪切稀化行为。然而水泥浆体中添加 GO 会增加其屈服应力和塑性黏度，但是改进的宾汉模型得到的流变参数不符合实际情况。因为添加 GO 的水泥浆体的屈服应力小于没有添加 GO 的，而宾汉模型则不会出现这种情况，所以宾汉模型更加适用于预测 GO 掺量对水泥浆体流变性能的影响。

3.2.4　GO 掺量对水泥浆体触变性能的影响

图 3-5（a）为不同掺量 GO 对应的触变滞回曲线，通过积分计算触变滞回曲线所围成的面积来分析 GO 对浆体触变性能影响，面积越大，表示浆体的触变性能越大[16-17]，结果如图 3-5（b）所示。由图 3-5（b）可知，随着 GO 掺量的增加，浆体的触变性能先减小后增加。因为掺入 GO 使得水泥颗粒间的空隙被填充，颗粒间的接触更加紧密；GO 作为“桥梁”，增强了颗粒间的联系，使得浆体中絮凝体结构更加密实不易拆散，浆体触变性能减小。当 GO 质量分数超过 0.09%时，GO 的含量增加，其发生了团聚，“桥梁”作用降低，浆体稳定性下降，触变性能增大。

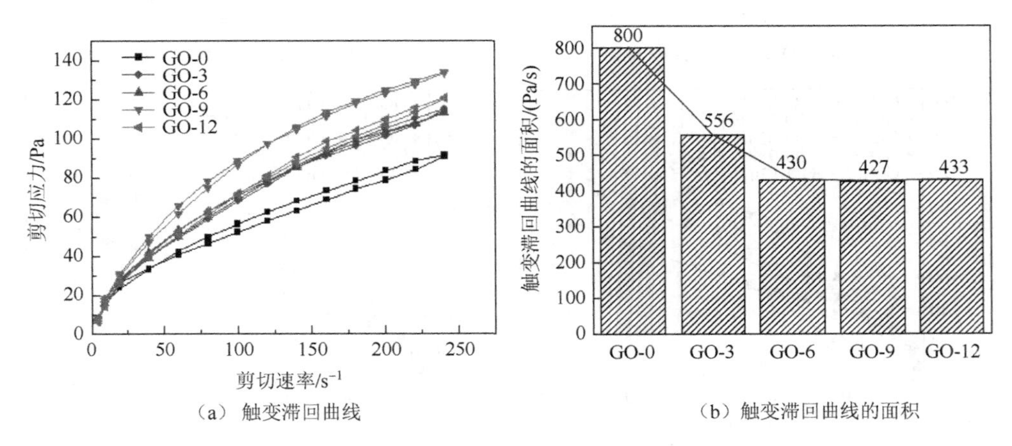

（a）触变滞回曲线　　（b）触变滞回曲线的面积

图 3-5　GO 掺量对水泥浆体触变性能的影响（后附彩图）

3.3　不同分散剂对氧化石墨烯水泥基复合材料流变性能影响

3.3.1　不同分散剂对 GO-水泥浆体流变性能及流变模型的影响

表 3-3 为不同分散剂对水泥浆体及 GO-水泥复合浆体的配合比。图 3-6（a）、（b）分别给出不同分散剂对水泥浆体及 GO-水泥复合浆体的剪切应力和表观黏度影响的曲线。从图 3-6（a）可知，不同浆体的剪切应力均随着剪切速率的增加而增加；P-HRWR、N-HRWR 对水泥浆体的剪切应力有明显的影响，AEA 对水泥浆体的剪切应力影响相对偏弱，其中对剪切应力影响最为明显的是 P-HRWR。P-HRWR 和 N-HRWR 使得水泥浆体的剪切应力降低。从图 3-6（b）可知，所有浆体的表观黏度均随着剪切速率的增加而减小，P-HRWR、N-HRWR 降低了水泥浆体的表观黏度，AEA 对浆体的表观黏度影响相对偏弱。P-HRWR 的减水效率最高，N-HRWR 次之，AEA 则几乎没有减水的效果，因此可以初步判断分散剂对浆体流变性能的影响是通过增加浆体中的自由水含量，从而增加了颗粒间的间距，减小了颗粒间的相互作用。

表 3-3　不同拟合方程对应的水泥浆体的流变性能参数

	样品	屈服应力（τ_0）	塑性黏度（η_p）	拟合方程	相关系数（R^2）
宾汉模型（$y=a+bx$）	GO-0	16.769	0.316 2	y=16.769+0.316 2x	0.965 93
	GO-3	18.034	0.437 2	y=18.034+0.437 2x	0.966 50
	GO-6	19.087	0.429 1	y=19.087+0.429 1x	0.958 69
	GO-9	22.991	0.518 3	y=22.991+0.518 3x	0.941 00
	GO-12	17.486	0.468 0	y=17.486+0.468 0x	0.965 00
改进的宾汉模型（$y=a+bx+cx^2$）	GO-0	11.890 3	0.463 65	y=11.890 3+0.463 65x−0.000 06x^2	0.981 35
	GO-3	9.295 6	0.701 28	y=9.295 6+0.701 28x−0.001 13x^2	0.994 55
	GO-6	9.167 7	0.728 11	y=9.167 7+0.728 11x−0.001 28x^2	0.996 22
	GO-9	8.380 5	0.959 70	y=8.380 5+0.959 70x−0.001 89x^2	0.996 60
	GO-12	7.606 6	0.766 46	y=7.606 6+0.766 46x−0.001 28x^2	0.996 50

3.3.2　不同分散剂对 GO-水泥浆体触变性能的影响

对比图 3-7（b）空白组和 P-HRWR、N-HRWR 和 AEA 的触变性能大小可知，分散剂使得水泥浆体的触变性能降低。因为 P-HRWR、N-HRWR 减水效率高，此时浆体中包含大量的自由水，水泥颗粒间的距离超过颗粒间产生作用的距离，颗粒间的相互作用非常微弱，浆体处于高流动度的稳定状态，结构中的颗粒处于相互联系弱的稳定状态，触变性能小[18]。AEA 引入的气泡吸附于水泥颗粒上，形成“气泡桥”增加了颗粒间的连接，“气泡桥”一旦破碎，浆体的流动性变大，因此浆体的塑性黏度减小；因为气泡起到润滑的作用，当浆体不受剪切的作用时，气泡能够增强颗粒间的絮凝作用，增加屈服应力；当浆体受剪切应力作用时，气泡起到润滑的作用，降低浆体的塑性黏度，因此 AEA 使得浆体的内部结构变化大，触变性能大。

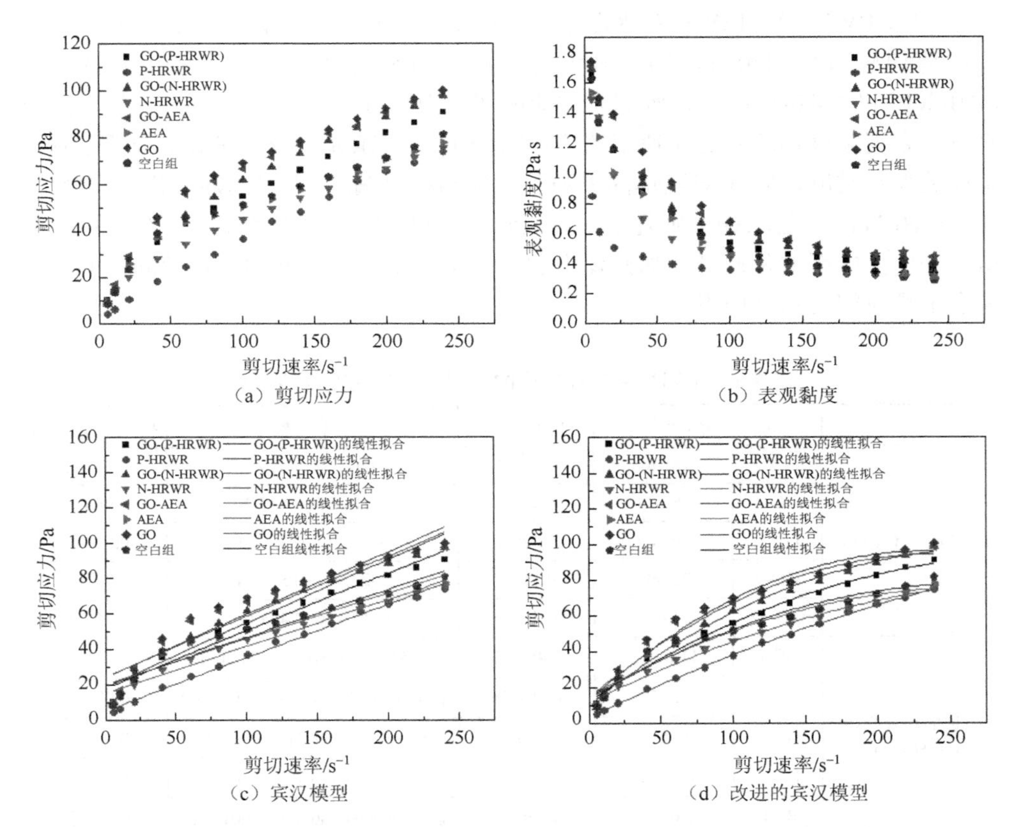

图 3-6 不同分散剂对水泥浆体流变性能和流变模型的影响（后附彩图）

对比图 3-7（b）中 GO、GO-(P-HRWR)、GO-(N-HRWR)和 GO-AEA 的触变性能大小可知，分散剂使得 GO-水泥复合浆体的触变性能增大。虽然 P-HRWR、N-HRWR 减水效率高，导致浆体中的自由水增多，但是 GO 的比表面积大，能够吸附由 P-HRWR、N-HRWR 释放的水，致使水泥浆体中的颗粒间距减小，相互作用增强，此时相互作用虽然增强，但是仍然易受到外界的干扰破坏，并且破坏后恢复原来结构的趋势增强，结构处于颗粒相互联系强的不稳定状态，触变性能大[6]。

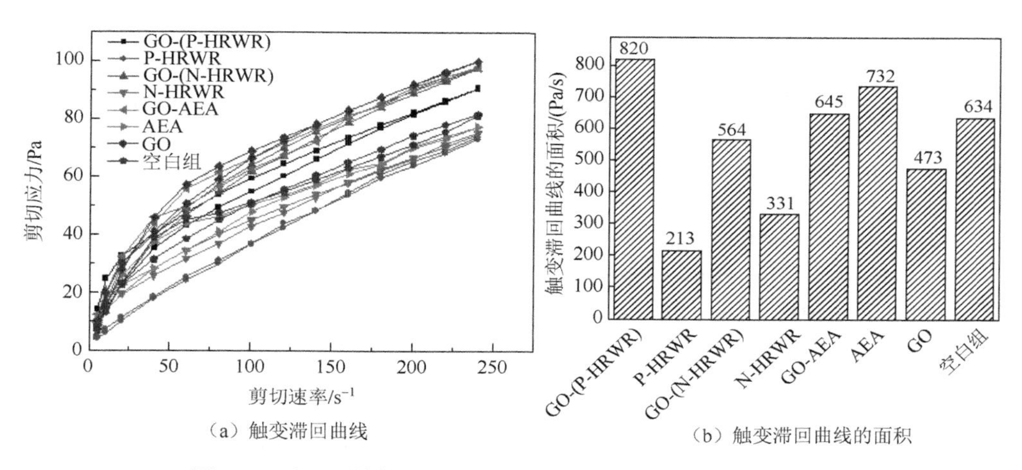

图 3-7 不同分散剂对水泥浆体触变性能的影响（后附彩图）

3.4 小 结

①通过对比宾汉模型和改进的宾汉模型的相关系数，以及由这两种模型得到的屈服应力和塑性黏度，研究认为宾汉模型更加适合 GO 掺量及 GO 复合不同分散剂对水泥浆体流变性能的预测。结果表明：GO 增加了水泥浆体的屈服应力和塑性黏度，当 GO 的质量分数为 0.09%时，水泥浆体的屈服应力和塑性黏度取得最大值；随着 GO 掺量的增加，水泥浆体的触变性能先减小后增加。当 GO 的质量分数为 0.09%时，水泥浆体的触变性能最小。

②P-HRWR 及 N-HRWR 通过增加水泥浆体中自由水的含量使水泥浆体中颗粒间距增大，减小了颗粒间的相互作用来影响水泥浆体的流变性能和触变性能。AEA 增加了颗粒间的不稳定联系，内部结构变化大，触变性能增大。

参 考 文 献

[1] Aitcin P C. Cements of yesterday and today：Concrete of tomorrow[J]. Cement and Concrete Research，2000，30（9）：1349-1359.

[2] Li H，Xiao H G，Yuan J，et al. Microstructure of cement mortar with nano-particles[J]. Composites Part B：Engineering，2004，35（2）：185-189.

[3] Nik A S，Bahari A. Nano-particles in concrete and cement mixtures[J]. Applied Mechanics and Materials，2012，110-116：3853-3855.

[4] Huang X，Yin Z Y，Wu S X，et al. Graphene-based materials：Synthesis，characterization，properties，and

applications[J]. Small，2011，7（14）：1876-1902.

[5] Zhao S J，Sun W. Nano-mechanical behavior of a green ultra-high performance concrete[J]. Construction and Building Materials，2014，63：150-160.

[6] Babak F，Abolfazl H，Alimorad R，et al. Preparation and mechanical properties of graphene oxide：Cement nanocomposites[J]. The Scientific World Journal，2014：1-10.

[7] Lu C，Lu Z Y，Li Z J，et al. Effect of graphene oxide on the mechanical behavior of strain hardening cementitious composites[J]. Construction and Building Materials，2016，120：457-464.

[8] Raki L，Beaudoin J，Alizadeh R，et al. Cement and concrete nanoscience and nanotechnology[J]. Materials，2010，3（2）：918-942.

[9] Morsy M S，Alsayed S H，Aqel M. Hybrid effect of carbon nanotube and nano-clay on physico-mechanical properties of cement mortar[J]. Construction and Building Materials，2011，25（1）：145-149.

[10] Olafusi O S，Sadiku E R，Snyman J，et al. Application of nanotechnology in concrete and supplementary cementitious materials：A review for sustainable construction[J]. SN Applied Sciences，2019，1（6）：580.

[11] Pan Z，He L，Qiu L，et al. Mechanical properties and microstructure of a graphene oxide-cement composite[J]. Cement and Concrete Composites，2015，58：140-147.

[12] Zhu Y W，Murali S，Cai W W，et al. Graphene and graphene oxide：Synthesis，properties，and applications[J]. Advanced Materials，2010，22（35）：3906-3924 .

[13] Dong L L，Chen W G，Deng N，et al. A novel fabrication of graphene by chemical reaction with a green reductant[J]. Chemical Engineering Journal，2016，306：754-762.

[14] Hou P K，Qian J S，Cheng X，et al. Effects of the pozzolanic reactivity of nanoSiO_2 on cement-based materials[J]. Cement and Concrete Composites，2015，55：250-258.

[15] Adak D，Sarkar M，Mandal S. Effect of nano-silica on strength and durability of fly ash based geopolymer mortar[J]. Construction and Building Materials，2014，70：453-459.

[16] Yu R，Spiesz P，Brouwers H J H. Effect of nano-silica on the hydration and microstructure development of Ultra-High Performance Concrete（UHPC）with a low binder amount[J]. Construction and Building Materials，2014，65：140-150.

[17] Pellenq R J M，Lequeux N，van Damme H. Engineering the bonding scheme in C-S-H：The iono-covalent framework[J]. Cement and Concrete Research，2008，38（2）：159-174.

[18] Massa M A，Covarrubias C，Bittner M，et al. Synthesis of new antibacterial composite coating for titanium based on highly ordered nanoporous silica and silver nanoparticles[J]. Materials Science and Engineering：C，2014，45：146-153.

第4章　氧化石墨烯水泥基复合材料力学及微观性能研究

在大多数工程应用中，力学强度是水泥基材料最重要的性能之一。近年来，许多学者探究了利用GO增强水泥基复合材料力学性能的潜力。研究发现，GO优异的力学性能对水泥基复合材料具有较好的增强作用[1-3]，GO可以加速水泥水化[4-6]、降低孔隙率[7-11]、提高密实度、抑制裂纹扩展。此外，对于再生砂浆，GO的使用可以弥补再生骨料带来的强度下降，有利于推动再生砂浆的应用，从而减轻环境负担。

为了探索GO增强水泥基复合材料力学性能的机理，许多研究者借助各种表征方法和仪器进行了微观研究[10]。近年来GO对水泥基复合材料微观结构的改性，主要集中在水化动力学、C-S-H结构、孔结构和界面结合等方面[1]。本章重点介绍氧化石墨烯水泥基复合材料的水化微观结构及力学性能。首先评估了氧化石墨烯水泥基复合材料的力学性能，分析了GO对水泥净浆、砂浆及混凝土力学性能的影响，探究了GO在再生骨料水泥基复合材料中的作用；随后阐述了GO增强水泥基复合材料的水化过程、水化机理和微观结构行为，通过微观结构测试方法如扫描电子显微镜（SEM）、X射线衍射（XRD）、纳米压痕、热重分析（TGA）等，揭示了氧化石墨烯水泥基复合材料的增强机理。

4.1　试验方案

为了研究GO对不同水泥基材料力学性能的影响，本章分别对不同净浆、砂浆及混凝土进行了抗压实验和三点抗折实验。用于水泥净浆、砂浆抗折强度实验的试样尺寸为40mm×40mm×160mm，抗压强度实验的试样尺寸为40mm×40mm×40mm，通过YZH-300.10恒加载抗压、抗折试验机对试样进行抗折和抗压强度实验，其抗折实验和抗压实验的荷载速率分别为20N/s和2.4kN/s；用于混凝土抗压强度实验的试样尺寸为100mm×100mm×100mm，采用YAW6306微机控制电液伺服MTS压力试验机，并结合DCS-300型全数字闭环测控系统进行测试，抗压强度实验加载速率为0.5～0.8MPa/s。

为进一步研究GO增强水泥基复合材料力学性能的微观及水化机理，分别进行了压汞实验、扫描电镜实验、纳米压痕实验、高分辨率X射线分析和热重分析。

本章采用的压汞仪为 AutoPore IV 95002.14，通过低压分析和高压分析，研究材料内部孔结构的分布。在进行压汞实验之前，为防止试件继续水化，根据所需龄期将其破碎成 5mm×5mm×5mm 的试样，然后用乙醇浸泡大约 2h 停止水化后，再放置于恒温为 80℃烘箱内 12h，保证试件整体干燥，使得汞可直接注入，完成压汞测试。压汞实验分两步进行，第一步为低压进汞模式，第二步为高压进汞模式。在低压运行时，使压力从环境压力增加到 345kPa，将样品的气体排空并充入汞，换高压时在 414MPa 的高压力下充入汞。

本章采用的扫描电镜型号为 Quanta FEG250，微观图像在 20kV 下被放大不同的倍数。能谱仪可以对材料某区域的成分元素和含量进行分析；背散射是通过电子成像后物体不同的色度来分辨物质组成的。本章采用的能谱和背散射配置于电镜仪器内部，在分析电镜图像时，结合能谱和背散射可对试样同时进行化学成分分析。

本章采用德国布鲁克光谱仪器公司生产的 X 射线衍射仪对样品的元素进行分析，衍射仪采用 Cu-Kα 辐射，管电压 40kV，管电流 40mA，样磨成粉末的粒径小于 100μm 的，从 10°～80°的范围内采集数据，增量为 0.02°/步，扫描速度为 0.2s/步。

本章采用德国耐驰 STA409PC 同步热分析仪评估 GO 对水泥水化的影响。样品在氮气环境下，氮气流速为 20mL/min，从室温到 1000℃进行测试，加热速率为 25℃/min。

本章采用两种类型纳米压痕仪。第一类型的纳米压痕实验在光学显微镜下进行（Hysitron Ti-950 纳米压痕仪，图 4-1），在 $20mm^3$ 立方体水泥净浆样品的抛光表面上用 Berkovich 探针进行打点。采用梯形加载法对水泥浆试件进行力控压痕试验，该加载法加载阶段为 12mN/min，持载阶段为 10s，快速卸载阶段为 12mN/min，最

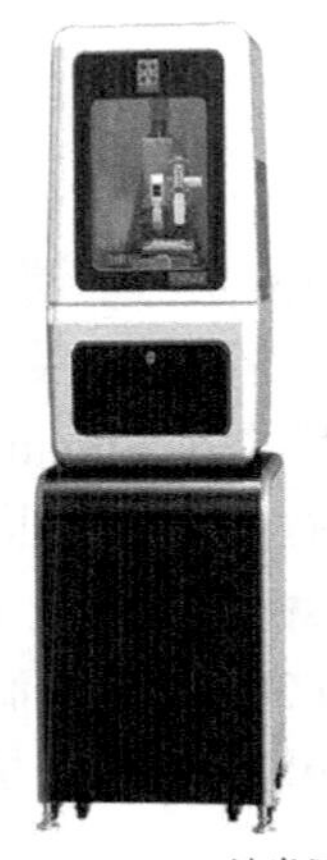

（a）Hysitron Ti-950纳米压痕仪

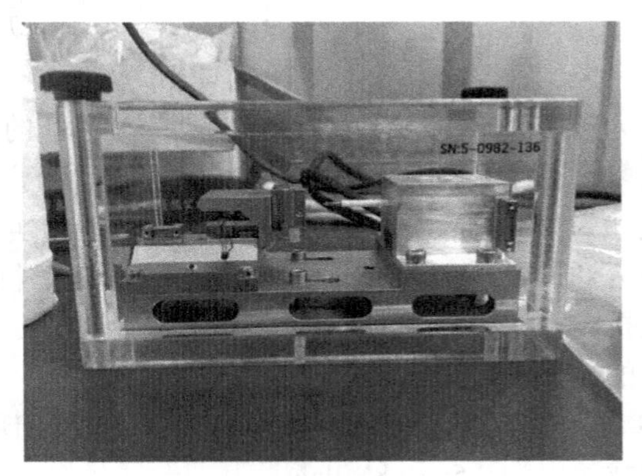

（b）Hysitron PI-850纳米压痕仪

图 4-1　纳米压痕仪器

大压入力设置为 600μN，压入深度基本小于 300nm，该深度小于未反应水泥颗粒和水化相的特征尺寸。设置一个大约 200μm×200μm 网格区域，并在该区域上进行压痕，点间隔 10μm。此外，从抛光样品中切下的切片在背散射电子（BSE）模式下用 Hysitron PI-850 纳米压痕仪在扫描电镜中原位进行压痕，以进一步进行微观性能鉴定。

4.2　氧化石墨烯增强水泥基复合材料力学性能

GO 优异的力学性能对增强水泥基复合材料有很大贡献，GO 可以降低孔隙率、致密微观结构，并在起始阶段抑制裂纹扩展，且 GO/基体界面的化学键可以提高负载转移效率。在一些研究中，GO 悬浮液没有进行分散处理而直接与水泥混合，其力学强度的提高效率受到限制。分散性较好的 GO 表现出更好的增强能力，并导致水泥复合材料的力学性能显著提高。许多研究人员已经研究了 GO 对水泥基复合材料增强效率的影响，发现小掺量的 GO 会增强水泥基复合材料力学性能，而 GO 掺量过多，在基质中出现团聚现象，导致强度降低。此外，还研究了 GO 在其他特殊胶凝材料中的应用，如碱矿渣水泥、天然水硬性石灰和粉煤灰等，发现随着 GO 的加入，各种复合材料的力学性能均有不同程度的提高。本节主要介绍 GO 对水泥净浆、砂浆及混凝土力学性能的影响，以及 GO 在再生骨料水泥基复合材料中的应用。

4.2.1　GO 增强水泥净浆力学性能

本节主要阐述 GO 对水泥净浆力学性能的影响，通过抗压实验、抗折实验探索 GO 掺量对水泥净浆力学强度的影响规律。实验所用 GO 为氧化石墨膏状料经超声处理制备所得，氧化石墨膏状料的固含量为 43%，pH 大于 1.2，碳的质量分数为 47%，氧碳摩尔比为 0.6。具体实验配合比设计如表 4-1 所示，具体实验结果如图 4-2 所示。

表 4-1　GO 增强水泥净浆力学性能实验配合比

样品	水泥的质量/g	水的质量/g	水灰比	GO 的质量/g	GO 的质量分数/%	减水剂与 GO 的质量比
P_1	450	300	0.66	0	0	1.3
P_2	450	300	0.66	0.225	0.05	1.3
P_3	450	300	0.66	0.450	0.10	1.3
P_4	450	300	0.66	0.900	0.20	1.3

注：P 代表水泥净浆。

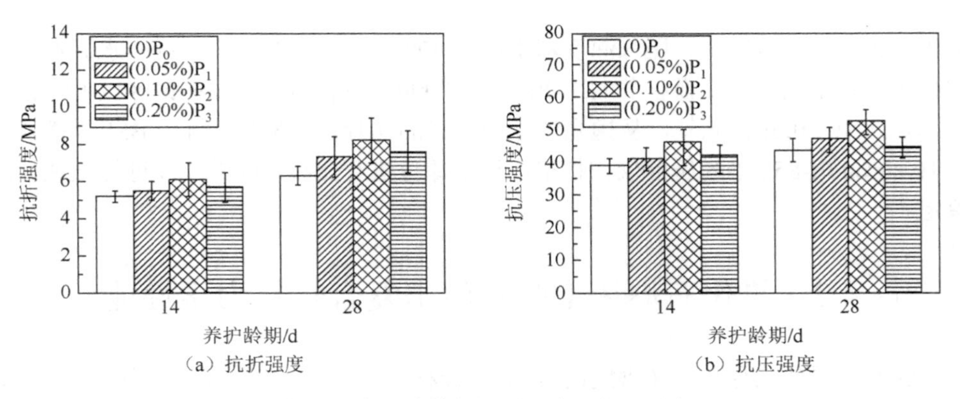

（a）抗折强度 （b）抗压强度

图 4-2 水泥净浆的抗折强度、抗压强度

GO 水泥净浆 P_0、P_1、P_2、P_3（GO 的质量分数分别为 0、0.05%、0.10%、0.20%）在不同养护龄期的抗压强度、抗折强度测试结果如图 4-2 所示。当水泥浆体中掺入一定量的 GO 时，GO-水泥浆体的抗折强度会略有增加，且当 GO 的质量分数为 0～0.1%时，硬化后的水泥浆体在 28d 时的抗折强度增加了 12%～26%。同时，当 GO 的质量分数在 0～0.1%时，水泥浆体的抗压强度随着 GO 含量增加而增强，硬化后的 GO-水泥浆体的抗压强度提高了 2.4%～20.9%。此外，作为纳米材料，均匀分散的 GO 易填充水泥浆体的孔隙并使其致密化，即 GO 能够细化孔径，改善孔结构。然而当 GO 的质量分数为 0.2%时，P_3 的抗压强度、抗折强度对比 P_2 略有降低，这可能是由于掺入过量的 GO 导致其在水泥浆体中凝聚，因此 GO 分散效果变差对于硬化后的水泥浆体有负面影响。

一般而言，纳米材料的分散状态对其使用效率产生较大影响，为了评估分散状态对 GO 增强水泥基复合材料性能的影响，本节阐述了两种不同分散状态的 GO 对水泥浆体力学性能的提升作用，不同的分散状态是通过不同的混合程序实现的。

表 4-2 展示了浆体 1、浆体 2 的 3d、7d、28d 的抗压强度和抗折强度。由表 4-2 可知，对比于浆体 1，浆体 2 在 3d、7d、28d 的抗压强度和抗折强度分别提高了 8%、5%、4%和 27%、26%、19%，且随着龄期的增加，浆体 1 和 2 之间的强度差距减小。原因可能是均匀分散的 GO 促进了水泥的水化进程，填充了硬化水泥浆体的内部孔隙，使得基体的密实度提高。两者间的强度差距随着时间推移而减小，说明分散均匀的 GO 对于水泥浆体早期强度提高更有利。

因此，均匀分散的 GO 能够增强水泥浆体的抗压强度和抗折强度，且对于抗折强度的提高幅度更大。均匀分散的 GO 能进一步提高水泥浆体的力学性能。因此，确保 GO 在添加到水泥浆体后也处于均匀分散是很有必要的。

表 4-2　水泥浆体的抗折强度和抗压强度　　（单位：MPa）

龄期/d	抗压强度			抗折强度		
	浆体 1	浆体 2	增长率/%	浆体 1	浆体 2	增长率/%
3	43.1	46.7	8	2.2	2.8	27
7	58.5	62.0	5	5.0	6.3	26
28	62.3	64.8	4	7.5	8.9	19

注：浆体 1 为 GO 分散不均状态，浆体 2 为 GO 分散均匀状态。

4.2.2　GO 增强水泥砂浆力学性能

本节主要阐述 GO 对水泥砂浆力学性能的影响，通过抗压实验、抗折实验探索 GO 掺量对水泥砂浆力学强度的影响规律。具体实验配合比设计及实验结果如表 4-3 和表 4-4 所示。

表 4-3　GO 增强水泥砂浆抗折强度实验设计与结果

样品	粉煤灰的质量分数/%	减水剂的质量分数/%	GO 的质量分数/%	抗折强度/MPa
GO-SJ1	10	0.24	0.01	9.8
GO-SJ2	10	0.30	0.03	11.2
GO-SJ3	10	0.36	0.05	12.6
GO-SJ4	20	0.24	0.03	10.3
GO-SJ5	20	0.30	0.05	12.1
GO-SJ6	20	0.36	0.01	9.7
GO-SJ7	30	0.24	0.05	11.2
GO-SJ8	30	0.30	0.01	8.0
GO-SJ9	30	0.36	0.03	10.3

注：GO-SJ 代表 GO 水泥复合砂浆。

表 4-4　GO 增强水泥砂浆抗压强度实验设计与结果

样品	粉煤灰的质量分数/%	减水剂的质量分数/%	GO 的质量分数/%	抗压强度/MPa
GO-SJ1	10	0.24	0.01	53.0
GO-SJ2	10	0.30	0.03	57.4
GO-SJ3	10	0.36	0.05	60.2
GO-SJ4	20	0.24	0.03	55.0
GO-SJ5	20	0.30	0.05	57.8
GO-SJ6	20	0.36	0.01	53.3

续表

样品	粉煤灰的质量分数/%	减水剂的质量分数/%	GO 的质量分数/%	抗压强度/MPa
GO-SJ7	30	0.24	0.05	55.8
GO-SJ8	30	0.30	0.01	52.9
GO-SJ9	30	0.36	0.03	55.5

注：GO-SJ 代表 GO 水泥复合砂浆。

表 4-3 展示了 GO 水泥复合砂浆 28d 抗折强度值。随着粉煤灰掺量的不断增加，GO 水泥复合砂浆抗折强度不断减小。在粉煤灰的质量分数为 10%～20%时，GO 的增加对抗折强度的影响强度较大，随着 GO 的增加，抗折强度增加较快；而当粉煤灰的质量分数增加到 30%时，其抗折强度随着 GO 增长的幅度而减缓。

表 4-4 为 GO 水泥复合砂浆 28d 抗压强度值。由表 4-4 可知，GO 的掺量对其抗压强度影响最大，粉煤灰次之，且随着粉煤灰掺量的增加，其抗压强度持续降低。随着粉煤灰掺量的增加，GO 对其抗压强度的增强效果开始减弱，因此，掺入 GO 明显提高了水泥砂浆的力学性能，弥补了粉煤灰对水泥砂浆强度的不利影响。

4.2.3 GO 增强混凝土力学性能

为了评估 GO 对混凝土力学性能的影响，本节测试了不同龄期的 GO 复合自密实混凝土（SCC）的抗压强度，并与其他纳米材料如纳米二氧化硅（NS）、纳米碳酸钙（NC）进行对比。具体配合比设计如表 4-5 所示，具体实验结果如图 4-3 所示。

表 4-5 GO 增强混凝土力学性能实验配合比 （单位：kg/m^3）

样品	水泥	粉煤灰	砂	石	纳米材料			水	减水剂
					NS	NC	GO		
Control	315.0	35	665	813	0	0	0	122.5	5.8
NS-SCC	273.0	70	665	813	7	0	0	122.5	5.8
NC-SCC	308.0	35	665	813	0	7	0	122.5	5.8
GO-SCC	314.9	35	665	813	0	0	0.1	122.5	5.8

注：Control 代表对照组。

如图 4-3 所示，在水化早期，包含 GO 在内的纳米材料的加入提高了 SCC 的早期强度。这可能是由于粉煤灰中的活性钙含量较少，不参与硅酸钙水化物的合成，而早期纳米材料与 CH 发生键合，促使在粉煤灰表面发生水化反应，从而提高强度。GO 对纳米复合 SCC 强度的增强作用在水化中后期更为明显。从图 4-3 中可以看出，与对照组相比，GO-SCC 的 3d 龄期抗压强度提高了约 11%，而 7d 及 28d 龄期抗压强度提高幅度更大。综上所述，GO 的加入，可以显著提高混凝土的后期抗压强度，可能是因为 GO 促进了二次水化，从而增加了水化产物。

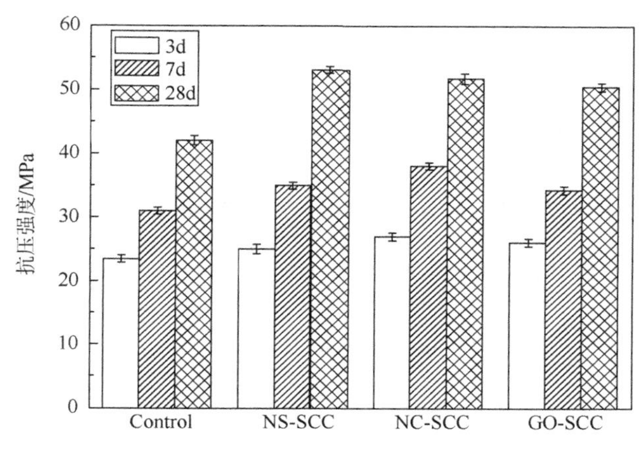

图 4-3　对照组与纳米复合 SCC 的抗压强度

Control 代表对照组。

4.2.4　GO 增强再生骨料水泥基复合材料力学性能

为了明确 GO 在再生骨料水泥基复合材料中的应用，本节主要阐述 GO 对两种再生骨料[再生砂、废弃阴极射线管（CRT）玻璃]砂浆力学性能的影响。实验采用的再生砂符合《混凝土和砂浆用再生细骨料》（GB/T 25176—2010）[12]的要求，细度模量为 2.39，泥浆质量分数为 1.2%，黏土块质量分数为 0.8%，取样及试验方法均按 GB/T 25176—2010 进行。再生砂物理性能见表 4-6，实验所用废弃 CRT 玻璃化学成分列于表 4-7。具体实验配合比设计如表 4-8 所示。

表 4-6　砂的物理性能

物理性能	标准砂	再生砂
粗糙度/μm	0.5	0.7
表观密度/(g/cm^3)	2.63	2.39
质量密度/(g/cm^3)	1.49	1.09
压实密度/(g/cm^3)	1.580	1.352
吸水率/%	0.55	23.70

续表

物理性能	标准砂	再生砂
剪切模量/MPa	1.0	0.8
均匀系数	1.62	1.42

表 4-7　废弃 CRT 玻璃的化学组成

成分	SiO_2	PbO	BaO	MgO	CaO	SO_3	K_2O	Na_2O	Al_2O_3	Cl
质量分数/%	47.01	24.52	7.85	1.27	2.98	0.10	5.87	6.33	4.01	0.06

表 4-8　氧化石墨烯水泥基复合材料微观及力学性能研究净浆、砂浆配合比

样品	河砂的质量/g	废弃 CRT 玻璃的质量/g	再生砂的质量/g	水泥的质量/g	粉煤灰的质量/g	水的质量/g	水灰比	GO 的质量/g	GO 的质量分数/%	减水剂与 GO 的质量比
R_0	0	0	1350	450	0	300	0.66	0	0	—
R_1	0	0	1350	450	0	300	0.66	0.225	0.05	1.3
R_2	0	0	1350	450	0	300	0.66	0.450	0.10	1.3
R_3	0	0	1350	450	0	300	0.66	0.90	0.20	1.3
G_1	500	0	0	160	40	150	0.5	0	0	—
G_2	500	0	0	160	40	150	0.5	0.075	0.05	3.0
G_3	500	0	0	160	40	150	0.5	0.150	0.10	3.0
G_4	350	150	0	160	40	150	0.5	0	0	—
G_5	350	150	0	160	40	150	0.5	0.075	0.05	3.0
G_6	350	150	0	160	40	150	0.5	0.150	0.10	3.0
G_7	200	300	0	160	40	150	0.5	0	0	—
G_8	200	300	0	160	40	150	0.5	0.075	0.05	3.0
G_9	200	300	0	160	40	150	0.5	0.150	0.10	3.0

注：R 代表再生砂浆，G 代表废弃 CRT 玻璃砂浆。

图 4-4（a）显示了不同 GO 含量的再生砂浆在不同龄期的抗折强度的测试结果。未掺入 GO 的再生砂浆在 14d 和 28d 的抗折强度分别为 5.0MPa 和 6.3MPa。从图中可知，对比未掺 GO 再生砂浆（R_0）的抗折强度，GO-再生砂浆（R_1、R_2 和 R_3）的抗折强度大于 R_0，可以看出，再生砂浆的抗折强度随着 GO 掺量的增加而增加。当 GO 的质量分数为 0.2%时，再生砂浆在 14d 和 28d 的抗折强度最大增量分别为 22.0%和 41.3%。

图 4-4（b）中描述了不同掺量 GO 的再生砂浆在 14d 和 28d 的抗压强度，可以看出再生砂浆的抗压强度随着 GO 掺量的增加而增加。此外，再生砂浆试件随

着养护时间越长，其抗压强度越高。GO 质量分数为 0.2%的再生砂浆在 14d、28d 时抗压强度的最大增量分别为 16.4%和 16.2%。

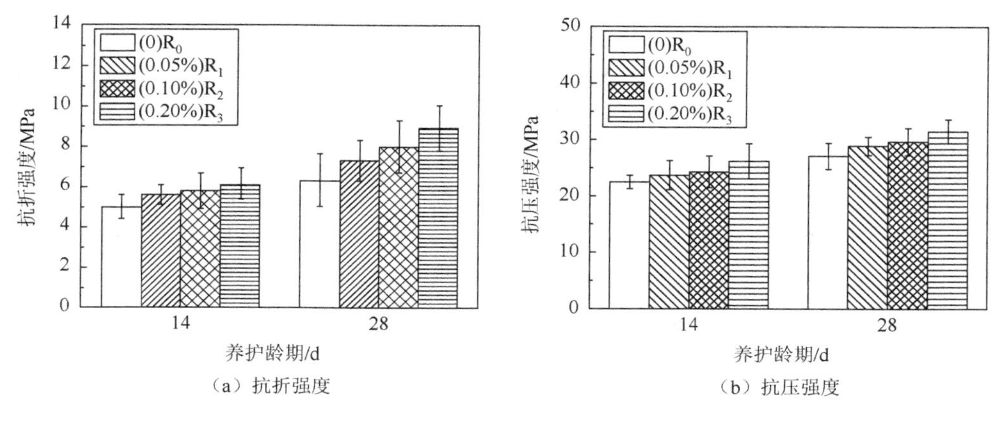

（a）抗折强度　　（b）抗压强度

图 4-4　再生砂浆的抗折强度、抗压强度

表 4-9 展现了荷载作用下，试件 R_0、R_1、R_2 和 R_3 的抗压强度、抗折强度增量对比。从表 4-9 中可以看出，将 GO 掺入再生砂浆中，其 14d 和 28d 的抗压强度、抗折强度均有增加。这表明在荷载作用下，GO 和砂浆之间发生的黏结是有效的，因此 GO 的掺入对水化过程具有积极影响，GO 对砂浆的界面改善明显，直接反应在力学性能的增强上。此外，GO 作为纳米层状材料，易于填充水泥基体的孔隙，并使材料更加致密。但 GO 的密度较低，因此，水泥基复合材料的密度不会发生太大的变化。如果材料能填充基体并使基体的密度增大，基体的力学性能通常会更好。

表 4-9　掺入 GO 试件抗压强度、抗折强度增量

样品	样品数量	抗折强度提高率/%		抗压强度提高率/%	
		14d	28d	14d	28d
R_1	3	12.0	15.9	5.3	6.6
R_2	3	16.0	27.0	8.0	9.5
R_3	3	22.0	41.3	16.4	16.2

废弃 CRT 玻璃富含二氧化硅且具备火山灰活性，是水泥砂浆或混凝土砌块中天然骨料的良好替代物，然而，由于废弃 CRT 玻璃表面光滑，玻璃和水泥浆之间的界面结合减弱，导致所得材料的强度明显降低。由前述章节可知，GO 可以改善水泥基材料的界面过渡区，因此，有望通过 GO 弥补废弃 CRT 玻璃对水泥基材料性能的负面影响。

图 4-5 为 28d 养护龄期不同 GO 及废弃 CRT 玻璃掺量下水泥砂浆的抗压强度及抗折强度。由图可知，在废弃 CRT 玻璃作为细骨料掺量增长的情况下，水泥砂浆的抗压强度及抗折强度均随之降低，碱骨料反应的加重及针状型骨料比例的增加是造成水泥砂浆强度降低的主要两个因素。在 GO 掺量增长的情况下，废弃 CRT 玻璃水泥砂浆的抗压强度及抗折强度均随之显著增长。当废弃 CRT 玻璃质量分数为细骨料的 60%时，质量分数为 0.1%的 GO 的掺入使水泥砂浆的抗压强度及抗折强度显著增加 14%及 58%。当水化相与 GO 提供的晶核点结合时，水泥水化反应会迅速增强，从而提高 GO 活性基团与水泥浆体及骨料之间的界面结合能力[2]。GO 与水泥基体之间的相互作用使得水泥基体中的应力分布更加均匀，可减少水化产物出现局部压力过大的情况发生[13]。因此，本节中 GO 的复掺显著提高力学性能，从而抵消由于废弃 CRT 玻璃掺入造成的强度降低。

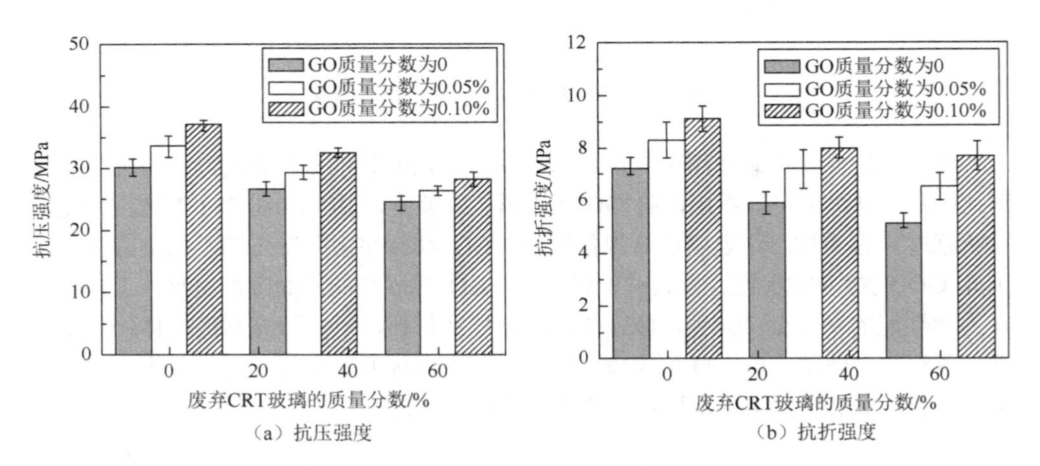

图 4-5　28d 养护龄期 GO-废弃 CRT 玻璃水泥砂浆的抗压强度和抗折强度

4.3　氧化石墨烯增强水泥基复合材料微观性能

为了深入明晰 GO 增强水泥基复合材料力学性能的根源性机理，需要进一步研究氧化石墨烯水泥基复合材料水化过程、微观孔隙结构以及产物构成[1]。研究人员普遍认为，活性 GO 纳米片可以作为水化产物的成核位点[14]，加速水泥水化。然而，由于文献中实验结果不一致，GO 在水化过程中的作用尚不明确。许多研究人员进行了等温量热法，以探索 GO 对水化过程的影响。与普通水泥样品相比，GO 水泥样品的累积水化热明显增强，且没有延缓放热峰值的出现和二次水化反应的时间，说明 GO 在水泥水化过程中直接或间接参与某种吸热反应。此外，GO 可以调控水泥晶体形貌并促进紧密花状、多面晶体结构的形成，使得水泥晶体结构更加密实，进而提高水泥基复合材料的力学性能。GO 在水泥基复合材料中可对其孔隙结构起调控作用，能有效提高水泥基复合材料抗渗性及抗腐蚀性[15]。本节主要通过扫描电镜，介绍了 GO 对混凝土微观形貌、界面过渡区及孔隙结构的影响；通过纳米压痕及图像统计，对水化相的微观弹模进行概率分布统计分析，预测 GO 对水泥水化程度的影响；并通过热重等化学组成分析技术，探究 GO 的掺入对水泥基材料水化产物的影响。

4.3.1 GO 增强水泥基复合材料孔结构分析

图 4-6 为不同纳米材料增强 SCC 的总孔隙率分布曲线，三种纳米材料复合 SCC 的总孔隙率均小于对照组，其中 GO 复合 SCC 的孔隙率最低，比对照组降低 17.3%。图 4-7 表示了不同孔径范围内，四组样品的孔径分布情况，其中 GO 复合 SCC 的无害孔（＜0.02μm）、少害孔（0.02～0.05μm）、有害孔（0.05～0.2μm）及多害孔（≥0.2μm）均小于对照组，尤其是有害孔及多害孔明显减少，不同孔径区间均得到了细化。相比对照组，GO 复合 SCC 的有害孔降低 0.6%，多害孔降低 50.8%，随着 GO 的掺入，多害孔减少最为明显。一方面，GO 对 C-S-H 的成核效应提高了体系的水化速率，产生更多水化产物；另一方面，GO 的高活性加速了水化反应，与 CH 反应生成更多 C-S-H 凝胶填充孔隙，毛细孔的数量也随之减少。值得注意的是，GO 复合 SCC 无害孔数量相比对照组有所增加，掺入 GO 后浆体中的凝胶数量增多，凝胶孔随之增加。此外，由于 GO 粒径小，填充了水泥颗粒之间的孔隙，从而降低了孔隙率。

综上所述，由于 GO 自身的微集料效应、物理填充效应和火山灰反应，加快了水化程度，生成了更多的纳米级水化产物，从而填充了水泥基材料的孔隙，改善了材料的孔隙结构。

4.3.2 GO 增强水泥基复合材料 SEM/EDS 分析

为了明确 GO 对水泥基材料微观形貌、界面过渡区及水化过程的影响，利用扫描电镜下的二次电子、背散射及能谱分析方法对水泥基材料微观结构进行分析。图 4-8 为普通净浆和 GO 增强净浆 7d 龄期 SEM 图像，如图 4-8（a）～（c），从未掺 GO 的水泥浆体 SEM 图中可以看出，C-S-H 中存在许多微孔、微裂纹和密度较低的 C-S-H 区域，值得注意的是，许多微观裂缝贯穿了水化产物。图 4-8（d）～（f）中显示掺入 GO 的水泥净浆在养护 7d 后获得的微观形貌。由于与其他纳米填充材料相比，GO 展现了独特的二维结构，可有效抑制 GO 周围裂纹和裂缝的开展，因此 GO

的掺入有助于阻止细小裂纹，从而提高了基体抵抗荷载的能力。图 4-8（d）、（f）中可发现水泥浆体在养护 7d 后，在其内部不同位置可以观察到层状和针状缠结在一起的不均匀的网络晶体，同时在水泥浆体中掺入 GO 可以观察到高密度 C-S-H，高密度区域的面积会随着 GO 掺量的增加而增大。

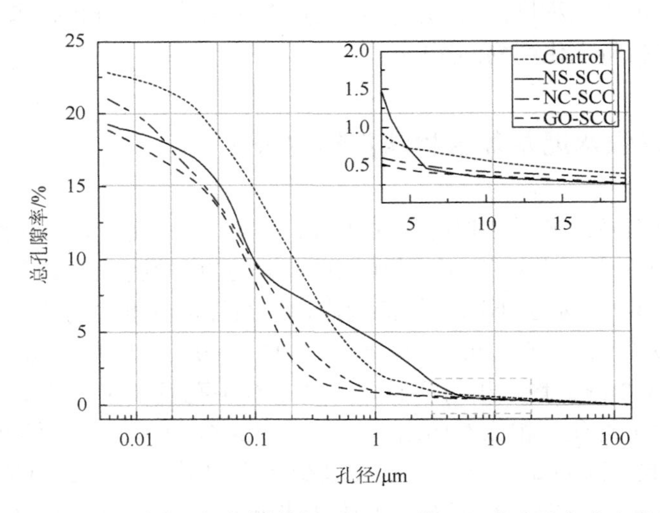

图 4-6 对照组与三种纳米材料复合 SCC 的 28d 总孔隙率分布曲线

Control 代表对照组。

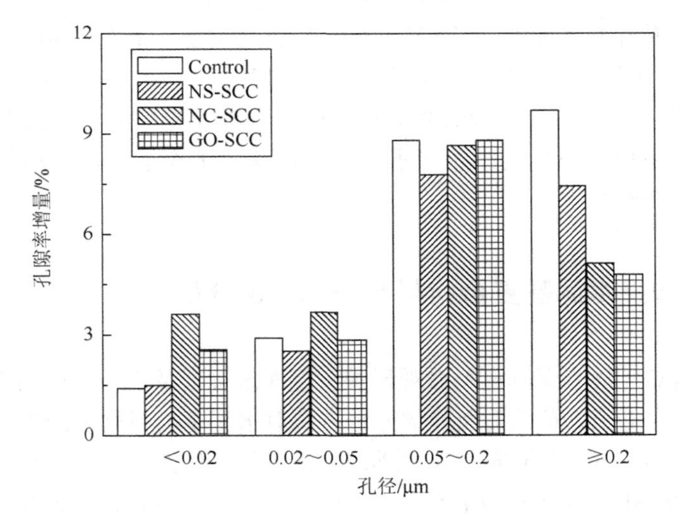

图 4-7 对照组与 NS/NC/GO 复合自密实浆体的 28d 孔径分布图

Control 代表对照组，孔径数据按“上限不在内”原则处理。

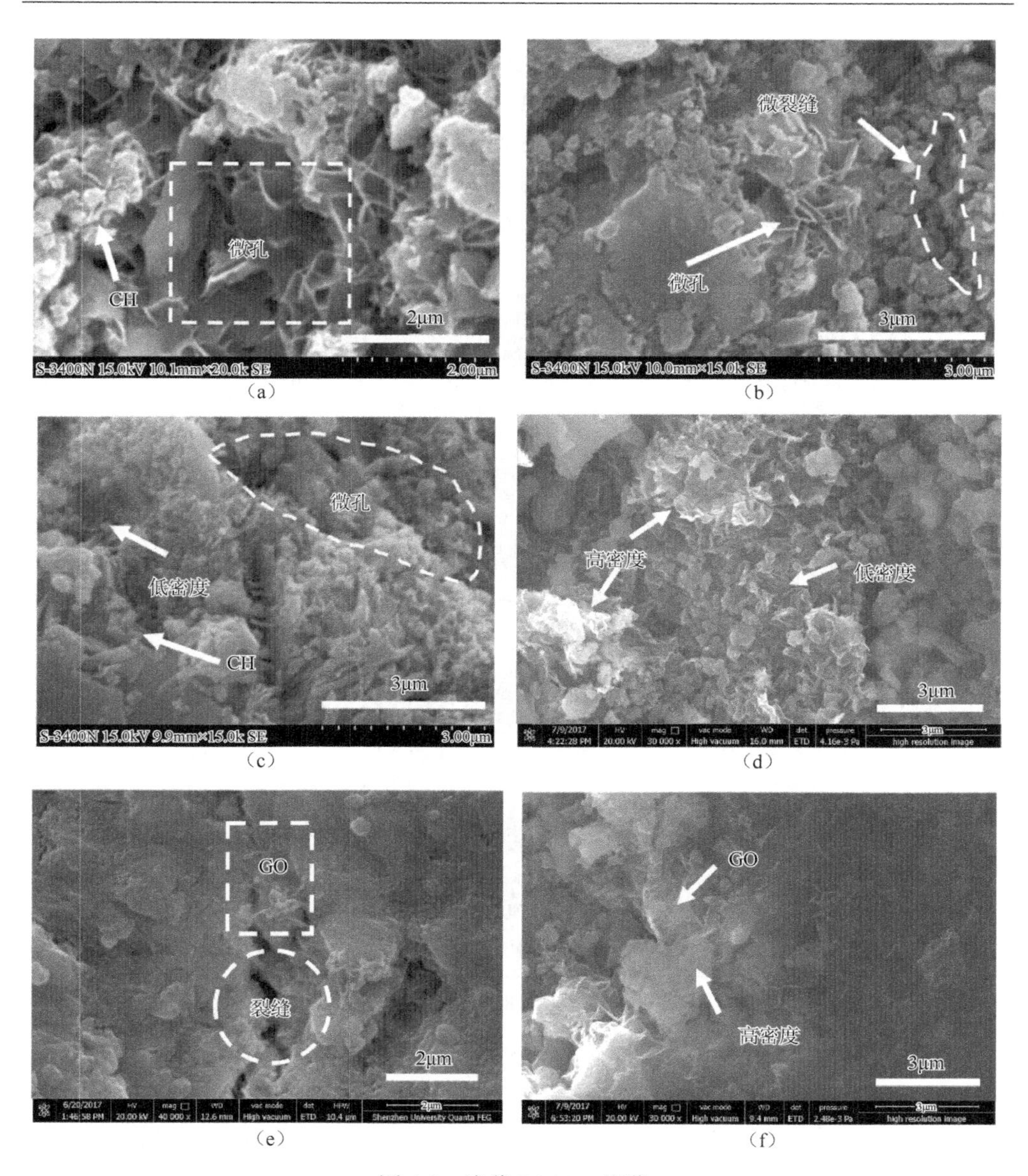

（a）　（b）　（c）　（d）　（e）　（f）

图 4-8　净浆 7d SEM 图像

（a）～（c）为普通净浆，（d）～（f）为 GO-净浆。

水泥浆体中的毛细孔、C-S-H 凝胶密度、水泥水化产物是影响水泥浆体力学性能的主要因素。一般而言，水泥浆体内部存在许多孔隙和裂缝，而 GO 掺入水泥浆体可以细化小孔，改善孔结构，使得水泥浆体内部变得更加密实。

此外，还通过 SEM 对 GO 复合 SCC 浆体区域的微观形态特征进行了表征。如

图 4-9（a）所示，未掺入 GO 的 SCC 浆体区域中，粉煤灰表面的水化产物并不明显，在破损的粉煤灰内并未发现水化产物的填充。在图 4-9（b）的高倍镜下观察时发现，掺入 GO 质量分数为 0.03%的 SCC 浆体区域中，粉煤灰表面破损相对严重且发生解离现象。这可能是因为 GO 的掺入使得粉煤灰与 CH 发生了明显的火山灰反应，粉煤灰表面产生的 C-S-H 凝胶增多且尺寸较小，结构更加均匀致密。

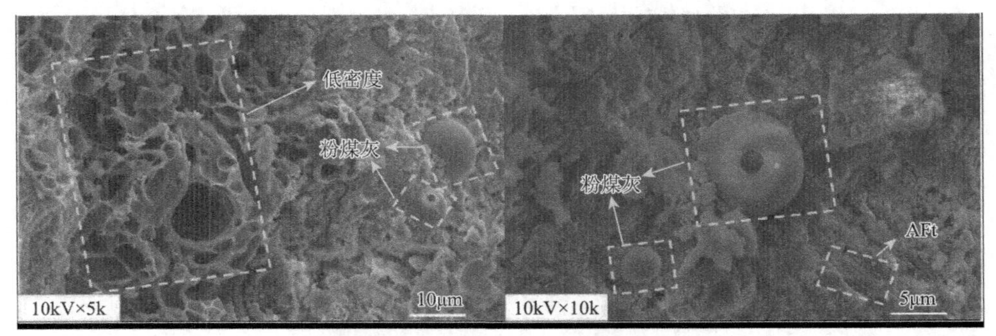

（a）未掺入GO的SCC 28d 的微观形貌

（b）GO-SCC 28d 的微观形貌

图 4-9　对照组与 GO 复合 SCC 在不同倍数下的 28d 微观形貌

在 28d 龄期样品的微观结构观察中，发现 GO-SCC 中产生了大量的水化产物，粉煤灰表面不再均匀，由于二次水化的发生，粉煤灰表面的解离程度开始变大，内部及表面都充满了大量的二次水化产物。GO-SCC 中水化产物的微观形貌大多由片状、针状、花状或纤维状晶体构成，尽管分布杂乱，但其形状规整且密实了水泥基材料，有利于强度的增加。除此之外，适量的 GO 因其具有极大的比表面积，与周围的水化产物键合，在表面形成更多 C-S-H 凝胶，进一步增加了水泥基材料的密度。

BSE 可根据成像区域的亮度确定其组成相，最亮（或白色）部分可分为未水化颗粒，最暗（或黑色）部分可分为空隙、裂缝，灰色至深灰色部分可分为CH、C-S-H或其他水化产物。界面过渡区（ITZ）由于其多孔的结构，被认为是混凝土中最薄弱的区域。该区域结构在某种意义上决定了混凝土的性能，抗压强度的高低与ITZ的性质有关。对照组与GO复合SCC的ITZ的BSE图像见图4-10，对照组的浆体和骨料处的ITZ松散并存在明显的裂缝及孔隙，ITZ结构明显不够密实。与对照组相比，GO-SCC的BSE图像中ITZ的黑色部分明显减少，说明GO可以使ITZ更加致密化。一方面，在ITZ中GO参与水化反应消耗了CH，产生较多C-S-H，使ITZ更加致密；另一方面，由于GO粒径小，在ITZ中发挥了填充作用，从而优化了微观结构。在含有GO的试件中，几乎看不到空隙或者裂缝，高倍镜下可以观察较多的灰色、暗灰色区域，而这些区域通常被认为是水化产物。

（a）对照组的ITZ分别在150和1000倍下28d的BSE图像

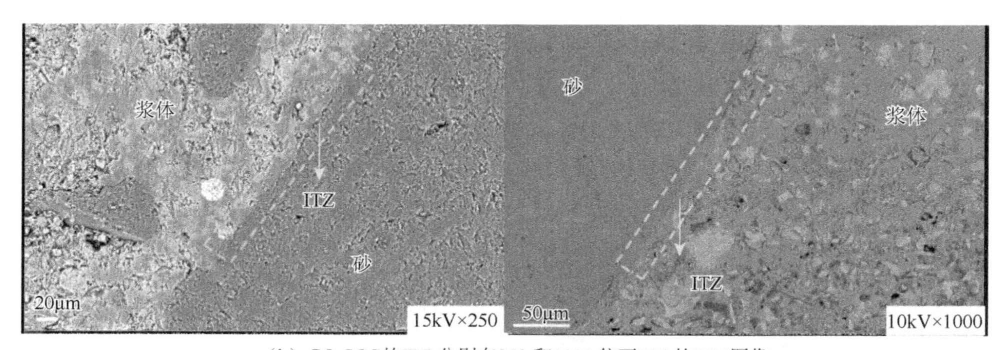

（b）GO-SCC的ITZ分别在250和1000倍下28d的BSE图像

图4-10　28d龄期对照组与GO-SCC的ITZ图像在不同倍数下的BSE图像

此外，通过高分辨率扫描电镜观察了废弃CRT玻璃-浆体界面过渡区的微观结构。图4-11为龄期28d、掺入废弃CRT玻璃质量分数为60%的不同GO含量的水泥砂浆SEM图像，其中图4-11（a）和图4-11（b）分别为未加入GO及GO质量分数为0.1%的水泥砂浆与废弃CRT玻璃之间的界面过渡区的扫描电镜图像。

在未加入 GO 的样品中，观察到的界面过渡区存在较宽的裂缝和气孔，这表明浆体区与废弃 CRT 玻璃之间相对较弱的界面结合，这可能是导致含有废弃 CRT 玻璃的砂浆样品强度降低的原因之一。然而，在 GO 质量分数为 0.1%的试样中观察到更好的界面结合。

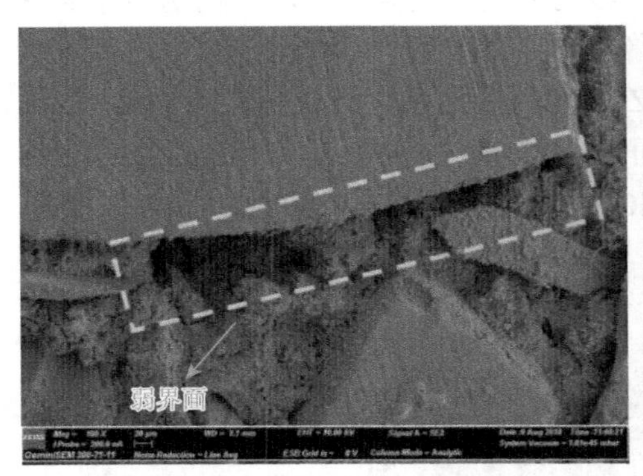

（a）未加入GO的水泥浆体与废弃CRT玻璃之间的界面过渡区（放大率为160×）

（b）GO质量分数为0.1%的水泥砂浆与废弃CRT玻璃之间的界面过渡区（放大率为160×）

图 4-11　龄期为 28d、掺入质量分数为 60%废弃 CRT 玻璃、不同 GO 含量的水泥砂浆 SEM 图像

水化产物的元素组成及含量对硬化性能产生较大影响，为了定量分析不同 GO 含量水泥净浆中各水化相的含量，以及水化产物中各元素含量，分别对不同水泥砂浆和水泥净浆进行了背散射实验。

图 4-12 显示了水泥砂浆养护 28d 时其断面的表面形态背散射电子成像图像，展示了水泥砂浆中的再生细骨料、孔隙、缝隙和未水化的水泥。其中图 4-12（a）、（c）、（e）、（g）为不同 GO 掺量的水泥砂浆背散射电子成像图像，图 4-12（b）、（d）、（f）、（h）中显示的黑色区域表示水泥砂浆中未水化的水泥颗粒，而水泥砂浆中的

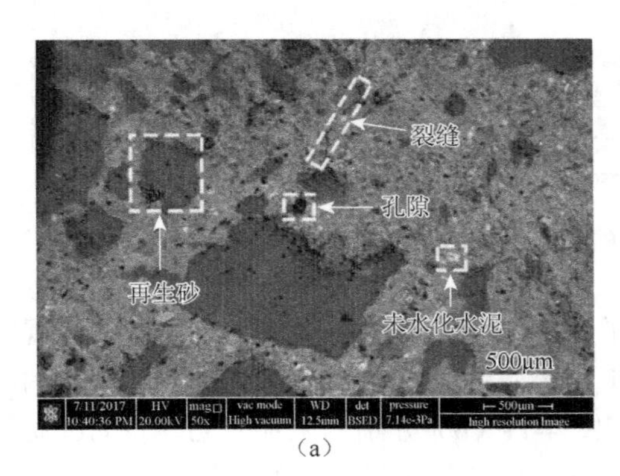

（a）

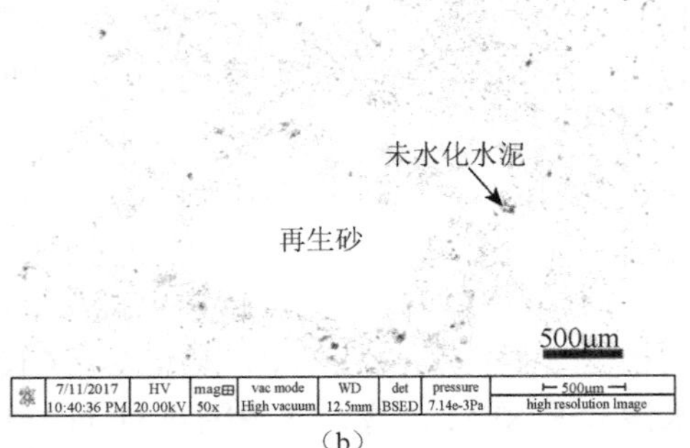

（b）

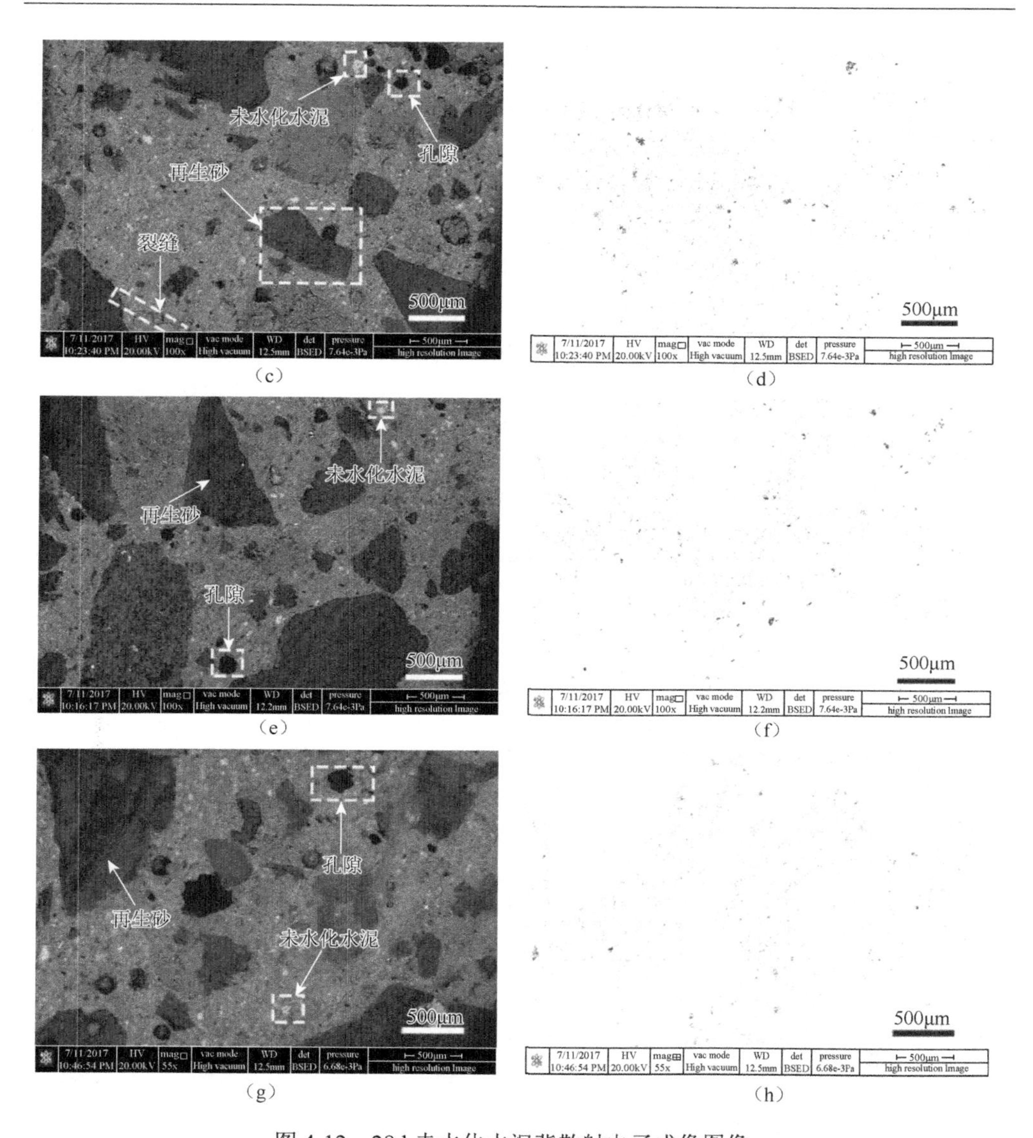

图 4-12　28d 未水化水泥背散射电子成像图像

(a)～(b) GO 质量分数为 0，(c)～(d) GO 质量分数为 0.05%，(e)～(f) GO 质量分数为 0.10%，(g)～(h) GO 质量分数为 0.20%。

白色区域是孔隙和再生细骨料。为了证明 GO 的存在会影响水泥的水化作用，未水化水泥颗粒的面积分数用 Image J2x 评估。当 GO 质量分数分别为 0、0.05%、0.10%、0.20%时，未水化水泥面积分数的计算结果分别为 1.0%、0.8%、0.5%、0.4%。

图 4-12 所示的背散射电子成像图像合理解释了当在水泥砂浆中添加 GO 时未

水化水泥颗粒的面积分数的减少，而且随 GO 添加量增加，未水化水泥颗粒的面积分数降低。在之前的研究中，证明未水化的水泥颗粒与水泥水化程度有关，因此，GO 的添加可以促进水泥的水化作用，并且可提高水泥基复合材料的早期强度，使得水泥基复合材料更加密实。

图 4-13 为龄期 28d 不同 GO 质量分数的水泥净浆 SEM-BSE 图像及其渲染图像。在水灰比为 0.5 条件下，硬化水泥浆体的 SEM-BSE 图像中灰色范围从暗到亮

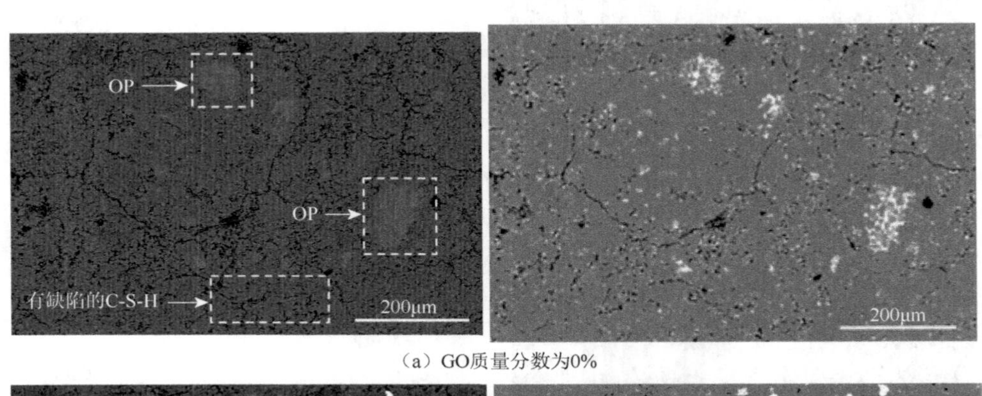

（a）GO质量分数为0%

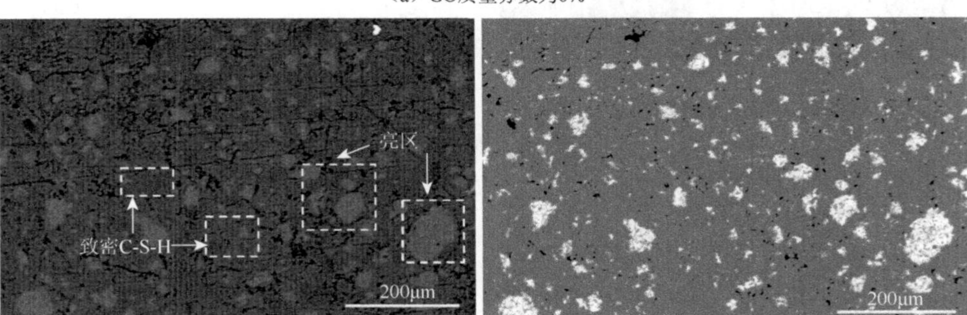

（b）GO质量分数为0.05%

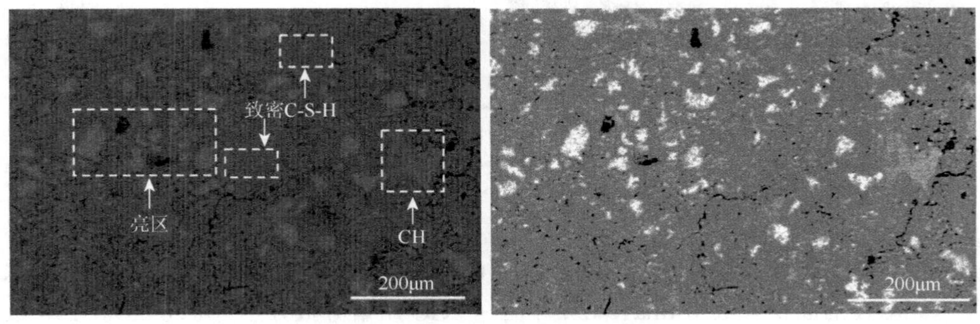

（c）GO质量分数为0.10%

图 4-13　龄期为 28d 不同 GO 质量分数的水泥净浆 SEM-BSE 图像（左）及其渲染图像（右）（后附彩图）

对应于孔隙、“C-S-H”（C-S-H 和其他相的混合）、CH 和未反应颗粒，分别对应于渲染图像中黑色、紫色、灰色和白色区域。通常情况下，“C-S-H”可进一步分为外部产物（OP）和内部产物（IP），OP 通常在水化初期产生，IP 随着水化过程在未反应的水泥颗粒边缘产生。然而，由于 OP 和 IP 的灰色范围相似，且在水灰比为 0.5 下 IP 的数量较少，很难区分它们的灰色阈值。

通过在每一组中对超过 20 多张 SEM-BSE 图像进行灰度统计分析量化每个水化相的面积分数，得出 28d 龄期不同 GO 质量分数的水泥净浆中各水化相比例，如表 4-10 所示。与对照组相比，GO_1 和 GO_2（GO 质量分数分别为 0.05%和 0.10%）中的孔隙明显减少。结果表明，GO_1 和 GO_2 的 CH 体积分数（7.46%和 7.50%）大于不掺 GO 的 OPC（6.42%），而 GO_1 和 GO_2 的高亮度区域比例（8.13%和 9.10%）明显大于 OPC（4.20%）。通过 SEM-BSE 分析表明，GO 可提高水泥浆体的水化程度。然而，在 GO_1 和 GO_2 中高亮度区域的体积分数增加，因此，存在的高亮度区域需进行进一步鉴别。

表 4-10　基于 SEM-BSE 统计 28d 龄期不同 GO 质量分数水泥净浆中各水化相比例（单位：%）

试样	孔	C-S-H	CH	未水化水泥颗粒占高亮度区域的比例
OPC	9.41	79.97	6.42	4.20
GO_1	4.40	80.01	7.46	8.13
GO_2	3.09	80.31	7.50	9.10

注：OPC 中无添加 GO，GO_1 代表 GO 质量分数为 0.05%的水泥净浆，GO_2 代表 GO 质量分数为 0.10%的水泥净浆。

图 4-14 为龄期 28d、GO 质量分数为 0.1%的 SEM-EDS 分析图，其中对于不同灰度区域进行 EDS 打点。点 1 至点 5 在高亮度区域进行，点 6 至点 8 在暗区域进行。表 4-11 为龄期 28d、GO 质量分数为 0.1%的 SEM-EDS 各对应点元素比例。由表可知，无论是高亮度区域还是暗区域，大多数点都检测到 C 原子，说明氧化石墨烯分散于水泥浆体中。同时结果表明，各点的 SEM-EDS 的 O 原子总量均小于 0.68。SEM-EDS 中氧化物总量小于 0.68 对应于 C-S-H，其含水量超过 $1.8CaO \cdot SiO_2 \cdot 4.2H_2O$ 的含水量，C-S-H 和 AFt 的混合物的 O 原子质量约为 0.54[16]。因此，对于没有 C 原子的点，亮区的点 2 可能对应于 C-S-H 和 AFt，而暗区的点 7 和点 8 则对应于 C-S-H。此外，对于亮区有 C 原子的点，点 1 和点 5 对应于 GO 和 C-S-H 的混合物，而点 3 和点 4 则对应于 GO、C-S-H 和 AFt 的混合物。与暗区的 SEM-EDS 分析结果相比，亮区的钙和铝的强度较高，而 O 的强度明显降低。此结果表明，氧化石墨烯水泥基复合材料中存在 GO、C-S-H、AFt 混合物，导致 Ca、Al 的强度较高，且在扫描电镜 BSE 模式下难以区分。

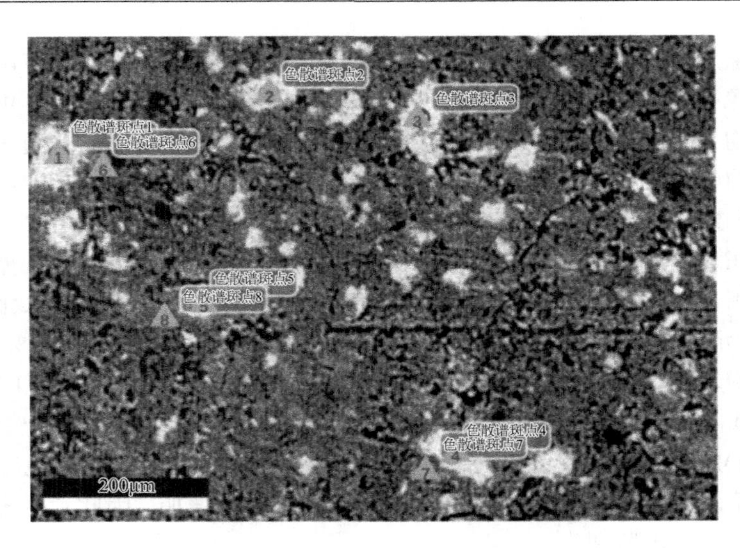

图 4-14 龄期为 28d、GO 质量分数为 0.1%的 SEM-EDS 分析图

表 4-11 龄期为 28d、GO 质量分数为 0.1%的 SEM-EDS 各对应点元素比例

点	1	2	3	4	5	6	7	8
I_C	13.22	—	14.22	7.68	16.90	15.59	—	—
I_O	51.07	57.64	51.43	55.79	47.21	60.99	67.9	67.87
I_{Al}	—	6.91	4.87	7.19	—	1.15	—	—
I_{Si}	7.90	6.19	5.40	3.64	7.82	4.52	8.45	9.10
I_{Ca}	27.81	29.25	24.07	25.71	28.07	17.75	23.65	23.03

4.3.3 基于纳米压痕的水化产物分析

为了明确 GO 对水泥基复合材料水化产物的影响，在光学显微镜下用纳米压头对 400 个压痕进行了水化相的定量分析。纳米压痕测试技术是研究材料微观力学性能的有力手段之一，已广泛应用于表征水泥基复合材料的弹性性能。本节分别对三种净浆材料进行纳米压痕实验。

图 4-15 为 28d 龄期不同 GO 含量水泥净浆的弹性模量概率分布曲线，其中每个样品纳米压痕打点为 400 点，作图打点间距选取 1GPa。本节中假设高斯分布曲线符合各水化相弹性模量区间的概率分布。无论有无加入 GO，所有概率曲线分布图可观察到四个特征峰，因此，本节选取高斯分布的四个区间，利用反褶积技术可以进一步得到各水化相的平均弹性模量，蒙特卡罗模拟与二次偏差最小化应用于本节曲线统计分析[17-18]。

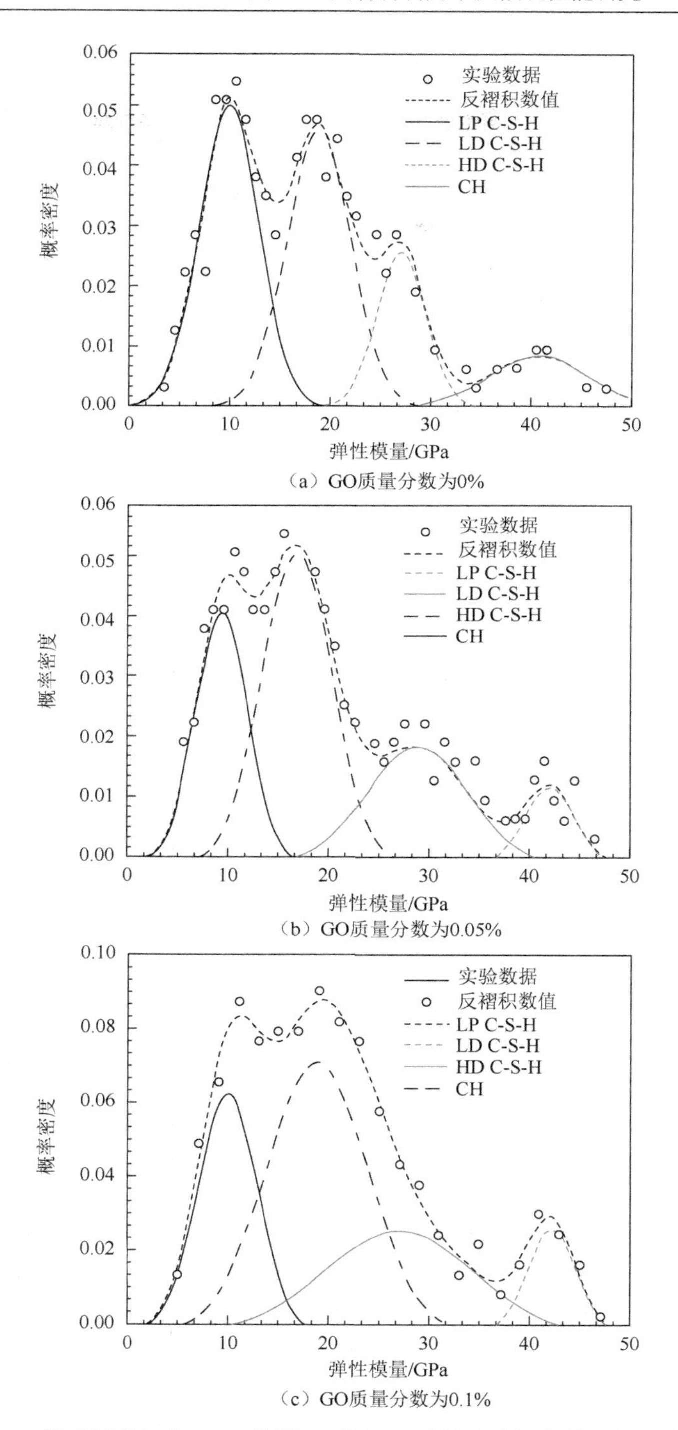

（a）GO质量分数为0%

（b）GO质量分数为0.05%

（c）GO质量分数为0.1%

图 4-15　基于压痕打点、28d 龄期、不同 GO 含量的水泥净浆概率分布曲线

在图 4-15 中，本节分别使用实线和虚线显示四个水化相区间及整体区间。同时需说明的是，考虑误差，本节去除具有异常曲线及模量大于 50 GPa 的缺陷压痕点。因此，本节是在弹性模量等于或小于 50GPa 的条件下，进行概率分布曲线建模。水泥净浆的纳米压痕特征峰通常由浆体的水灰比决定。图 4-15 中从左到右，最低弹模特征峰为排列松散的 C-S-H（LP C-S-H），该区域存在较多的毛细孔隙。通常情况下，在高水灰比条件下，LP C-S-H 的压痕较为明显，而在低水灰比下，LP C-S-H 的压痕则为少数。概率分布曲线中的第二及第三峰则归因于低密度 C-S-H 相（low density C-S-H，LD C-S-H）和高密度 C-S-H 相（high density C-S-H，HD C-S-H），在浆体区中高比例的 LD C-S-H 和 HD C-S-H 有利于水泥基复合材料的宏观性能[19]。弹性模量最高的固相是不规则分散在硬化水泥中的 CH 相[20]。

表 4-12 为基于压痕打点、28d 龄期、不同 GO 含量的水泥净浆概率分布统计分析。当 GO 质量分数分别为 0.05%和 0.10%时，HD C-S-H 的体积分数（26%和 27%）明显高于 OPC（16%），而 LP C-S-H 的体积分数（24%和 21%）则低于 OPC（40%）。结果表明，在水灰比为 0.5 时，GO 对促进 HD C-S-H 的形成有显著的作用，并对 LP C-S-H 的形成有不利影响，这有助于提高水泥基复合材料的宏观性能。基于水泥基体系的非均质性，很难明确水泥与 GO 之间的化学反应。然而，通过压痕统计分析，推断 GO 可以改变水泥基复合材料的水化产物比例。

表 4-12 基于压痕打点 28d 龄期不同 GO 含量水泥净浆的概率分布统计分析

晶体		LP C-S-H	LD C-S-H	HD C-S-H	CH
OPC	弹性模量/GPa	9.88	18.82	27.01	40.70
	体积分数%	40	38	16	6
GO_1	弹性模量/GPa	9.29	16.77	28.81	42.01
	体积分数%	24	42	26	6
GO_2	弹性模量/GPa	9.97	18.72	27.03	42.28
	体积分数%	21	43	27	7

注：OPC、GO_1 和 GO_2 总打点均为 400 点；OPC 有效点为 324 点，GO_1 有效点为 359 点，GO_2 有效点为 366 点；OPC 中无添加 GO，GO_1 代表 GO 质量分数为 0.05%的水泥净浆，GO_2 代表 GO 质量分数为 0.10%的水泥净浆。

由表 4-12 可知，GO_1 的 HD C-S-H 平均弹性模量比 OPC 高 1.8GPa，而 GO_1 的 LD C-S-H 平均弹性模量比 OPC 低 2.05GPa。C-S-H 是由形状不规则但体积相当的胶状颗粒组成的，因此，区分 LP C-S-H、LD C-S-H 和 HD C-S-H 主要是层间空间和 C-S-H 内部的小凝胶孔量。由于 GO 只能使各相的平均弹性模量略有变化，这就意味着 GO 不能明显改变水化产物的内部结构。HD C-S-H 平均弹性模量的提高和 LD C-S-H 平均弹性模量的降低，可能是由于 GO 改变水化产物比例所致。

根据上述分析，在水泥浆体中识别出四个相，即孔隙、C-S-H、CH 和 GO/C-S-H/AFt 混合物。通过对压痕数据的统计分析，将 C-S-H 进一步分为 LP C-S-H、LD C-S-H 和 HD C-S-H 三个阶段，但光学显微镜下的压痕无法观察和识别硬化水泥浆体的各个水化相。在对浆体大面积打压痕点进行统计分析的基础上，利用扫描电镜原位压痕技术，对水化相的微观力学识别作进一步的研究，以了解 GO 对水化产物的影响。

图4-16为GO质量分数为0.1%的水泥净浆在SEM-BSE模式下的压痕打点图，图像上半部分的深灰色三角形区域是 Berkovich 探针。基于灰度和形貌的不同，本节对四种类型的压痕进行分类。点类型 1 和点类型 2 分别为有缺陷的灰色区域和较大的光滑灰色区域。点类型 3 为灰色和白色区域交错的区域，点类型 4 为沿着裂缝隔开的未反应颗粒。基于此分类，本节对 GO 质量分数为 0.1%的水泥净浆进行每种类型的 10 个压痕打点。表 4-13 为扫描电镜下压痕打点 28d 龄期 GO 质量分数为 0.1%及 0.2%的水泥净浆微观弹性模量。点类型 1 和点类型 2 的弹性模量在 3～7GPa 和 7～18GPa 范围内。可以推断，LP C-S-H 相与缺陷的灰色区域相对应。另外，光滑的灰色区域主要是 LD C-S-H 相，一般认为 LD C-S-H 相与 OP 相对应，因此，有缺陷的灰色区域和样品的光滑灰色区域可能与 SEM-BSE 图像中松散的堆积和密度较大的 OP 相对应。此外，点类型 3 的弹性模量在 14～36GPa。由前所述，HD C-S-H 相在 GO_1 和 GO_2 中的比例增加，而高亮度区域的比例也在 GO_1 和 GO_2 中增加。一般认为，高亮度区域主要对应于未反应的水泥颗粒，其弹性模量通常大于 50GPa。但是，点类型 3 的弹性模量远小于 50GPa。因此，可以推断，点类型 3 的区域可能是 GO/C-S-H/AFt 混合物，对应于纳米压痕数据的 HD C-S-H 相。这也造成 SEM-BSE 结果中很难区分未反应的颗粒和 GO/C-S-H/AFt 混合物。此外，点类型 4 的弹性模量大于 50GPa，表明未反应颗粒对应于压痕数据的离散较高值。

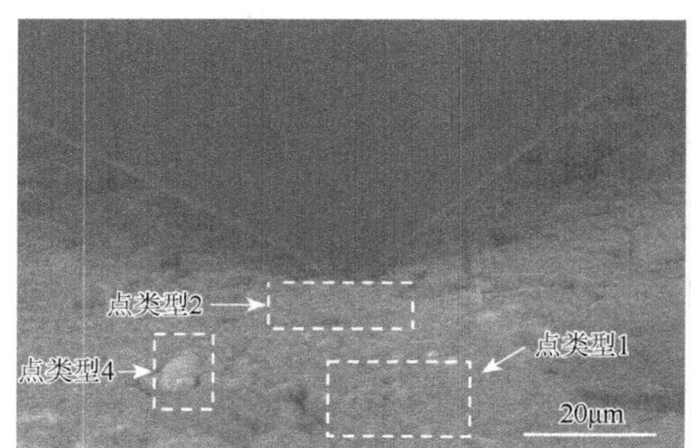

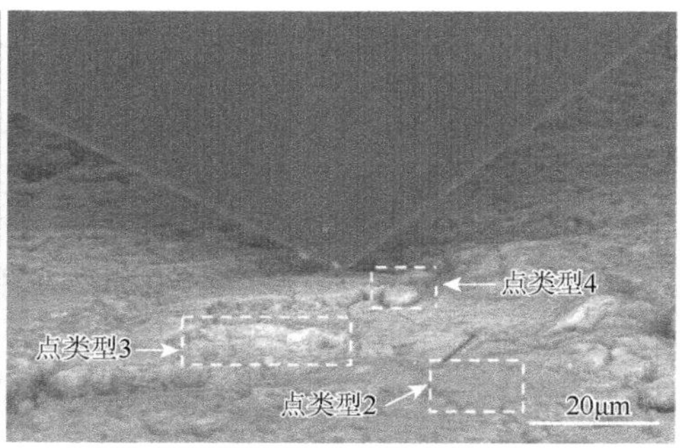

图 4-16　GO 质量分数为 0.1%的水泥净浆在 SEM-BSE 模式下的压痕打点图

表 4-13　SEM 下压痕打点、28d 龄期、GO 质量分数为 0.1%及 0.2%的水泥净浆微观弹性模量

		点类型 1	点类型 2	点类型 3	点类型 4
GO_1	范围	4～6	7～16	18～36	16～88
	平均	5.84	12.09	25.71	53.33
GO_2	范围	3～7	8～18	14～29	8～59
	平均	5.88	13.71	24.03	47.62

4.3.4　GO 增强水泥基复合材料 XRD 分析

不同水化产物，如 CH，C-S-H+CC，CCA[①]+CH 和 CC 的含量表明了材料的水化程度。采用德国布鲁克光谱仪器公司生产的 X 射线衍射仪对样品的元素进行分析。不同 GO 质量分数（0，0.01%，0.05%，0.10%）的水泥浆体的 X 射线衍射图如图 4-17 所示。CH、C-S-H+CC、CCA+CH 的相分别具有位于 18°、29°、48°附近的特征峰。

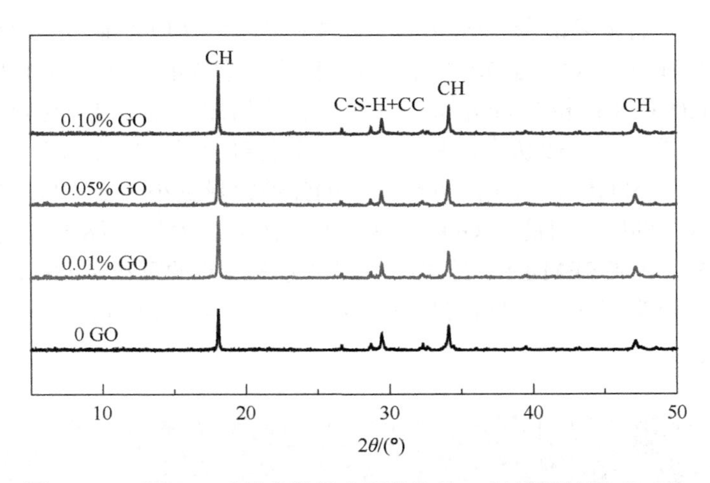

图 4-17　不同 GO 质量分数的水泥浆体的 X 射线衍射图（28d）

从图 4-17 中可得知：由于在水泥浆中使用 GO 的质量分数很小，X 射线衍射图中没有出现对应的 GO 峰。因此，在不同 GO 掺量的水泥基复合材料的衍射图中没有看到明显的波峰差异。由此可知，掺入 GO 并不会改变水化产物的类型组成，然而与水泥水化副产物相对应的峰值会伴随着—COOH 官能团与 C_2S，C_3S

① CCA 是碳酸铝水合物，C 表示氧化钙，C 表示碳酸根，A 表示氧化铝。

相的反应而增加。早期 CH 的量可以评价水泥水化程度和 C-S-H 产生的量，而非晶相被认为是力学性能增强的主要原因。

4.3.5　GO 增强水泥基复合材料 TGA

为了进一步评估 GO 对水泥水化的影响，采用德国布鲁克光谱仪器公司生产的 ToniCal Trio 7338 热重分析仪对水泥砂浆的水化进程进行测试，测试结果如图 4-18 所示。样品在氮气环境下，氮气流速为 20mL/min，从室温到 10 000℃进行测试，加热速率为 250℃/min。

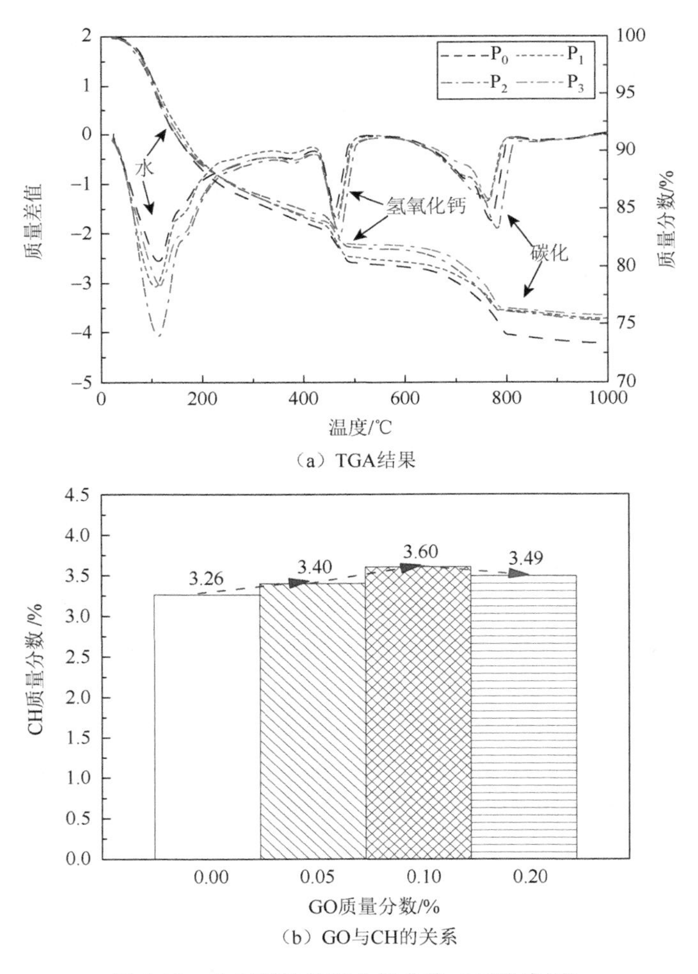

（a）TGA结果

（b）GO与CH的关系

图 4-18　水泥基的热重分析曲线（后附彩图）

定量分析 28d 龄期水化与强度之间的关系，如图 4-18 所示。在该图中，微商热重分析（DTG）呈现明显的拐点，显示了水泥基中各种物质成分随温度产生的变化。TGA 能准确反映 CH 的含量，根据前人的研究结论可知，40～120℃蒸发水和部分结合水逸出；150～400℃CH 分解；650～800℃碳酸钙分解。由图 4-18（b）可知，随着 GO 的掺量增加，CH 的含量也增加，这也证明了 GO 的掺入可促进水化反应的进行。

4.4 小 结

本章研究了氧化石墨烯水泥基复合材料的水化微观结构性能及力学性能。首先通过微观结构测试方法，如纳米压痕下的水化产物分析、扫描电镜下 BSE 及 EDS 分析、热重分析、XRD 分析等，揭示了氧化石墨烯水泥基复合材料的水化过程；然后，从微观形貌分析、界面过渡区分析、孔隙结构分析等方面研究了氧化石墨烯水泥基复合材料的微观结构；最后，开展了氧化石墨烯水泥基复合材料的力学性能研究，探究了 GO 对水泥净浆、砂浆和混凝土的力学性能的影响，及不同分散状态的 GO 对水泥浆体力学性能的影响。本章的主要结论如下：

①GO 通过促进水泥的水化，填充基体的孔隙和限制裂缝的发展，提高了水泥基的强度。GO 的质量分数在 0.05%～0.10%时，水泥净浆的力学性能显著提升，与未掺 GO 的水泥净浆相比，抗压强度、抗折强度在 28d 时最大分别提升了 20%、26%。当 GO 的质量分数为 0.2%时，水泥净浆的抗压强度、抗折强度的增长趋势下降。

②再生砂浆的力学性能随着 GO 掺量增加而增强，抗压强度、抗折强度最大提升了 16%、41%；废弃 CRT 玻璃掺量增加可加重碱骨料反应，同时废弃玻璃中含有较大比例的针状型骨料，可造成水泥砂浆强度的降低，而本章中 GO 的复掺显著提高力学性能，从而抵消由于废弃 CRT 玻璃掺入造成的强度降低。

③相对于团聚的 GO，均匀分散的 GO 更能增加水泥浆体的抗折性能，在 3d、7d 龄期时，浆体中包含均匀分散 GO 的抗折强度比包含团聚 GO 的分别高 27%和 26%。

④通过氧化石墨烯水泥基复合材料孔结构分析，发现加入 GO 后，有害孔和多害孔明显降低，由于 GO 自身的微集料效应、物理填充效应和火山灰反应，加快了水化程度，生成了更多的纳米级水化产物，从而填充了水泥基材料的孔隙，改善了材料的孔隙结构。

⑤通过氧化石墨烯水泥基复合材料界面过渡区分析，发现加入 GO 后的 BSE 图像中 ITZ 区域的黑色部分明显减少，说明 GO 可以使 ITZ 更加致密化。一方面，GO 参与水化反应消耗了 CH，产生较多 C-S-H，使 ITZ 更加致密；另一方面，由于 GO 粒径小，在 ITZ 中发挥了填充作用，从而优化了微观结构。

⑥通过基于纳米压痕的水化产物分析，发现在水灰比为 0.5 时，GO 对促进 HD C-S-H 的形成有显著的作用，并对 LP C-S-H 的形成有不利影响，这有助于提高水泥基复合材料的宏观性能。

⑦通过 SEM 下的 BSE 分析，发现在水泥基材料中添加 GO 时，未水化水泥颗粒的面积分数减少，CH 体积分数增多，而且随 GO 添加量增加，这种趋势更为明显，说明 GO 的加入可以促进水泥的水化作用，TGA 的分析结果也证明了这一点；通过 XRD 分析，发现掺入 GO 并不会改变水化产物的类型组成，然而与水泥水化副产物相对应的峰值会伴随着—COOH 官能团与 C_2S、C_3S 相的反应而增加；此外，通过 EDS 分析可知，氧化石墨烯水泥基复合材料中存在 GO/C-S-H/AFt 混合物，导致 Ca、Al 含量较高。

⑧通过氧化石墨烯水泥基复合材料的微观形貌分析，发现掺入 GO 的水泥净浆在养护 7d 后，在其内部不同位置可以观察到层状和针状缠结在一起的不均匀的网络晶体，同时在水泥浆体中掺入 GO 可以观察到高密度 C-S-H，高密度区域的面积会随着 GO 掺量的增加而增大。与其他纳米填充材料相比，GO 展现了独特的二维结构，可有效抑制 GO 周围裂纹和裂缝的开展。

参考文献

[1] Zhao L，Guo X L，Song L G，et al. An intensive review on the role of graphene oxide in cement-based materials[J]. Construction and Building Materials，2020，241：117939.

[2] Long W J，Wei J J，Ma H Y，et al. Dynamic mechanical properties and microstructure of graphene oxide nanosheets reinforced cement composites[J]. Nanomaterials，2017，7（12）：407.

[3] Long W J，Zheng D，Duan H B，et al. Performance enhancement and environmental impact of cement composites containing graphene oxide with recycled fine aggregates[J]. Journal of Cleaner Production，2018，194：193-202.

[4] Horszczaruk E，Mijowska E，Kalenczuk R J，et al. Nanocomposite of cement/graphene oxide：Impact on hydration kinetics and Young's modulus[J]. Construction and Building Materials，2015，78：234-242.

[5] Long W J，Gu Y C，Xing F，et al. Microstructure development and mechanism of hardened cement paste incorporating graphene oxide during carbonation[J]. Cement and Concrete Composites，2018，94：72-84.

[6] Long W J，Wei J J，Xing F，et al. Enhanced dynamic mechanical properties of cement paste modified with graphene oxide nanosheets and its reinforcing mechanism[J]. Cement and Concrete Composites，2018，93：127-139.

[7] Long W J，Gu Y C，Ma H Y，et al. Mitigating the electromagnetic radiation by coupling use of waste cathode-ray tube glass and graphene oxide on cement composites[J]. Composites Part B：Engineering，2019，168：25-33.

[8] Pan Z，He L，Qiu L，et al. Mechanical properties and microstructure of a graphene oxide-cement composite[J]. Cement and Concrete Composites，2015，58：140-147.

[9] Long W J，Ye T H，Li L X，et al. Electrochemical characterization and inhibiting mechanism on calcium leaching of graphene oxide reinforced cement composites[J]. Nanomaterials，2019，9（2）：288.

[10] Long W J，Cu Y C，Xiao B X. Micro-mechanical properties and multi-scaled pore structure of graphene oxide cement paste：Synergistic application of nanoindentation，X-ray computed tomography，and SEM-EDS analysis[J].

Construction and Building Materials，2018，179：661-674.

[11] Zhao L，Guo X L，Liu Y Y，et al. Hydration kinetics，pore structure，3D network calcium silicate hydrate，and mechanical behavior of graphene oxide reinforced cement composites[J]. Construction and Building Materials，2018，190：150-163.

[12] 中国国家标准化管理委员会. 混凝土和砂浆再生细骨料：GB/T 25176—2010[S]. 北京：中国标准出版社，2010.

[13] Lu Z Y，Hou D H，Meng L S，et al. Mechanism of cement paste reinforced by graphene oxide/carbon nanotubes composites with enhanced mechanical properties[J]. RSC Advances，2015，5（122）：100598-100605.

[14] Long W J，Fang C L，Wei J J，et al. Stability of GO Modified by Different Dispersants in Cement Paste and Its Related Mechanism[J]. Materials，2018，11（5）：834.

[15] Long W J，Ye T H，Gu Y C，et al. Inhibited effect of graphene oxide on calcium leaching of cement pastes[J]. Construction and Building Materials，2019，202：177-188.

[16] Taylor H F W. Cement chemistry[M]. London：Thomas Telford Ltd，1997.

[17] Constantinides G，Ulm F J. The effect of two types of C-S-H on the elasticity of cement-based materials：Results from nanoindentation and micromechanical modeling[J]. Cement and Concrete Research，2004，34（1）：67-80.

[18] Němeček J，Šmilauer V，Kopecký L. Nanoindentation characteristics of alkali-activated aluminosilicate materials[J]. Cement and Concrete Composites，2011，33（2）：163-170.

[19] Hu C L，Gao Y Y，Zhang Y M，et al. Statistical nanoindentation technique in application to hardened cement pastes：Influences of material microstructure and analysis method[J]. Construction and Building Materials，2016，113：306-316.

[20] Constantinides G，Chandran K S R，Ulm F J，et al. Grid indentation analysis of composite microstructure and mechanics[J]. Materials Science and Engineering：A，2006，430（1-2）：189-202.

第5章　氧化石墨烯水泥基复合材料耐久性能研究

众所周知，氯离子引发的钢筋锈蚀是导致混凝土结构耐久性劣化的主要原因。尤其是在海洋服役环境下，氯离子引起的钢筋锈蚀更是不可忽视的问题。在服役期间，外部的水、氯离子会向结构内部渗透，随着服役时间的延长，水和氯离子会渗透至钢筋表面，最终会引起钢筋的锈蚀，最终导致结构破坏。由此可见，钢筋混凝土结构的服役寿命与其抗氯离子渗透能力有着重要的关系[1-3]。

当外部环境中的氯离子向混凝土内部开始侵蚀时，其通常被定义为3种存在形式，一部分是被胶凝材料中的水化产物（C-S-H）物理吸附的氯离子，一部分是被胶凝材料水化产物化学固化的氯离子[通常为F盐（Friedel's salt，其化学式为$Ca_4Al_2(OH)_{12}Cl_2\cdot 4H_2O$）及K盐（Kuzel's salt，其化学式为$Ca_4Al_2(OH)_{12}Cl(SO_4)_{0.5}\cdot 5H_2O$）]，其余的氯离子就是以自由氯离子的形式存在于混凝土的孔隙溶液中[4-6]。并且，前两部分氯离子的存在形式统称为被固化的氯离子，水泥基材料固化氯离子的能力由总氯离子固化量衡量。然而，通常引起钢筋发生锈蚀的就是孔隙溶液中的自由氯离子，自由氯离子会逐渐向内部渗透至钢筋表面，在其浓度达到一定浓度范围时，会引起钢筋脱钝，破坏钢筋表面的钝化膜，引起钢筋锈蚀。当水泥基材料的氯离子固化能力增大时，孔隙中的自由氯离子浓度就会降低，钢筋锈蚀的风险就会被大大降低。由此可见，除了混凝土结构抗水及氯离子渗透能力之外，水泥基材料本身对于氯离子的固化能力也是影响钢筋锈蚀的重要因素，同时也是评定混凝土结构耐久性的重要指标[1, 6-11]。研究表明，在氯离子进入水泥基材料中时，铝酸三钙（C_3A）的水化物AFm会与氯离子及游离的钙离子结合生成F盐。因此，水泥基材料的氯离子固化能力受水泥基材料中的铝相化合物影响。为了提高水泥基材料的氯离子固化能力，一般采用富含铝相的辅助胶凝材料（矿渣，粉煤灰，偏高岭土）作为掺合料[12-13]。然而，辅助胶凝材料具有较强的火山灰活性，在水化过程中，会率先结合水泥基材料中的钙离子生成水化产物，这大大限制了F盐的生成及辅助胶凝材料对氯离子固化能力的提升[13]。因此迫切需要寻找一种新的材料来提高普通水泥基材料的氯离子固化能力。

氯离子的侵蚀会影响混凝土结构的耐久性，混凝土的碳化也会一定程度上对混凝土的耐久性产生影响，混凝土的碳化是混凝土所受到的一种化学腐蚀。空气中CO_2气体通过硬化混凝土细孔渗透到混凝土内，与其碱性物质$Ca(OH)_2$发生化学反应后生成$CaCO_3$和水，使混凝土碱性降低的过程称为混凝土碳化，又称作中性化。碳化对混凝土的危害是连锁的。开始，混凝土碳化使混凝土收缩增大，导致混凝土表面开裂，混凝土开裂之后水和二氧化碳进入到混凝土的内部，碳化作用进一步加剧，恶性循环，混凝土的逐步碳化使混凝土的碱度降低，慢慢失去了对混凝土中钢筋的保护作用，导致钢筋锈蚀膨胀，进一步破坏混凝土对钢筋的保护作用，混凝土碳化影响的是主要是混凝土结构的耐久性。因此，应采取措施提高混凝土的抗碳化能力。

在混凝土结构自然服役期间，除了氯离子的侵蚀和混凝土的碳化会影响混凝土结构耐久性，混凝土中的钙溶蚀也会对其耐久性指标造成影响。在各类的耐久性问题中，钙溶蚀是一种较为普遍的腐蚀现象，其主要发生在软水环境中，即离子含量或浓度较低的水环境中，如地下水、雨水。就其作用部位而言，溶蚀会发生在桥墩、大坝、地下水管道、蓄水池等基础设施中。此外，研究者们也报道了溶蚀在垃圾填埋场、核废料封装设施等特殊基础设施发生的情况。通常来说，水泥基复合材料的钙溶蚀表现为材料内部的钙离子流失，可分为以下两步：①由于水泥浆体孔溶液与外界水环境的离子浓度差较大，形成了钙离子浓度梯度，因此孔溶液中的钙离子会随着梯度方向向外界溶液迁移；②由于水泥浆体孔溶液中的钙离子流失，孔溶液中钙离子的浓度降低，因此水泥基复合材料内部的钙的固液平衡被打破，导致水化产物 CH 和 C-S-H 凝胶溶解，为孔溶液提供钙离子。由于水化产物溶解，溶蚀通常会引起材料内部孔隙增加、整体强度下降等负面问题，不仅显著削弱材料在复杂使用环境下的抵抗能力，还会缩短建筑或基础设施的设计使用寿命。目前，传统水泥基复合材料（主要指硅酸盐水泥基复合材料）的溶蚀性能已得到了广泛的研究；然而，高性能水泥基复合材料的溶蚀行为研究还未见系统报道。

目前纳米技术在水泥基复合材料中的应用是水泥基材料超高性能化的主要研究方向之一，纳米技术在水泥基材料领域的渗透，打破传统水泥基材料的局限，极大地扩展水泥基材料在工程中的应用领域，其性质和性能的变化都存在和发生于多尺度范围内（从纳米、微米级到毫米级），每一个尺寸上的结构特性都源于更小一级尺寸上的结构特性。纳米材料基于其小尺寸效应、量子效应、表面及界面效应等优异特性，应用于水泥基材料中可显著提高或改善其微观、力学、抗碳化及耐久性能，进而可延长其使用寿命。氧化石墨烯作为一种二维纳米材料，在高性能水泥基复合材料领域中具有重要的科研价值及广阔的应用前景，因此有必要研究其在 OPC 上的抗氯离子侵蚀性能、抗碳化性能、抗溶蚀性能。

本章的研究主要有以下三个方面组成：①探究 GO 对于 OPC 抗氯离子侵蚀能力提升效果，其中主要研究 GO 对于 OPC 固化氯离子能力的提升及其受外界侵蚀环境下（pH 改变），GO 对于 OPC 固化氯离子稳定性的改变；②探究 GO 对于 OPC 抗碳化能力的提升效果及其提升机理；③揭示 GO 复合 OPC 的抗溶蚀机理。

5.1　GO 复合 OPC 氯离子固化性能研究

5.1.1　材料准备以及试块制备

本节所用水泥为国标 PI 52.5 硅酸盐水泥，水泥物理特性和化学组成分别见表 5-1 和表 5-2，粒径分布见图 5-1。所用的氧化石墨的外观及特性分别见图 5-2 和表 5-3。所用的减水剂为聚羧酸系高效减水剂（P-HRWR）。所用的 NaCl 为化学分析纯，实验中所用的溶液均用去离子水配置。

表 5-1　水泥的物理特性

比表面积/(m^2/g)	密度/(g/cm^3)	凝固时间/min		抗折强度/MPa		抗压强度/MPa	
		初凝	终凝	3d	28d	3d	28d
410	3.16	161	219	7.1	8.9	39.9	64.6

表 5-2　水泥的化学组成

组成	CaO	SiO_2	Al_2O_3	Fe_2O_3	MgO	SO_3	K_2O	Na_2O	LOI
质量分数/%	62.79	19.96	4.52	3.69	2.48	2.4	0.82	0.31	1.06

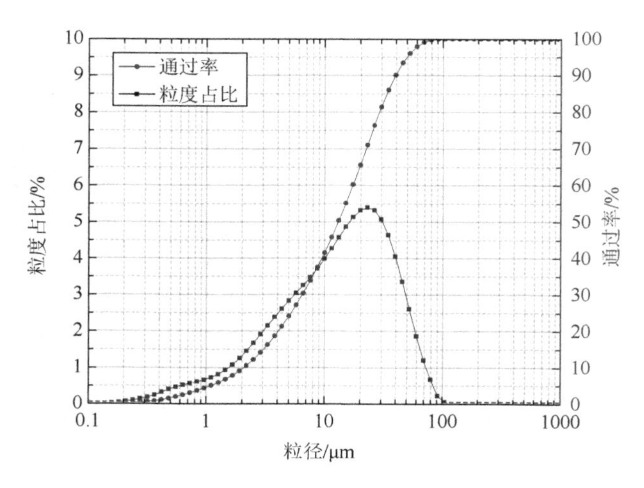

图 5-1　水泥颗粒粒径分布

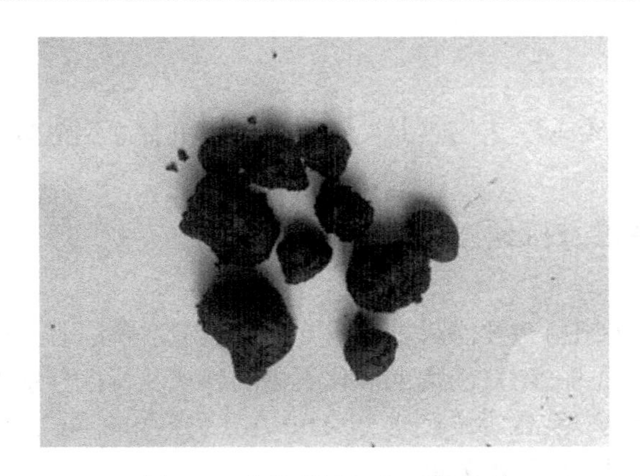

图 5-2　本节所用氧化石墨外观

表 5-3　氧化石墨特性

形貌	固体质量占比（质量分数/%）	pH	黏稠度	吸光度比值 A230/A600	碳的质量分数/%	氧碳摩尔比
棕色糊状物	43±1	1.80～2.30	≥2000	≥45	51±3	0.6±1

选取一定量的氧化石墨胶状颗粒，溶解于去离子水中，充分搅拌 30min 使得胶状颗粒解体，得到氧化石墨溶液，如图 5-3（a）所示。将氧化石墨溶液置于超声分散仪器中进行超声分散，超声时的参数设置为：功率 600W，超声频率 20Hz，在每一个超声循环中超声 2s，间隔 4s。超声 2h 后，得到分散性良好的 4mg/mL 的 GO 分散液，如图 5-3（b）所示。

（a）超声分散前

（b）超声分散后

图 5-3　本节制备的 GO 分散液

将分散好的 GO 溶液进行 SEM 以及 TEM 表征，图 5-4 是进行超声分散后 GO 的 SEM 表征图，可以看出 GO 表面有褶皱区及平坦区。图 5-5 是 GO 的 TEM 表征图，可以看出 SEM 和 TEM 的表征结果相同，TEM 图像也可以看出 GO 表面同时存在平坦区及褶皱区。根据已有研究可以得知，GO 表面的褶皱现象是由于 GO 纳米片表面含有大量的含氧官能团所造成的。

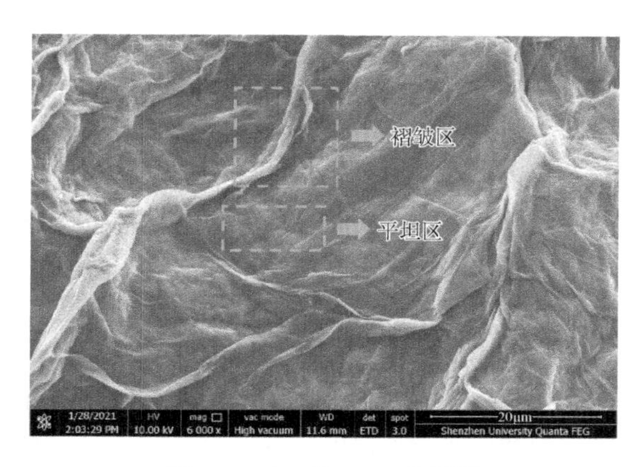

图 5-4　GO 的 SEM 表征图

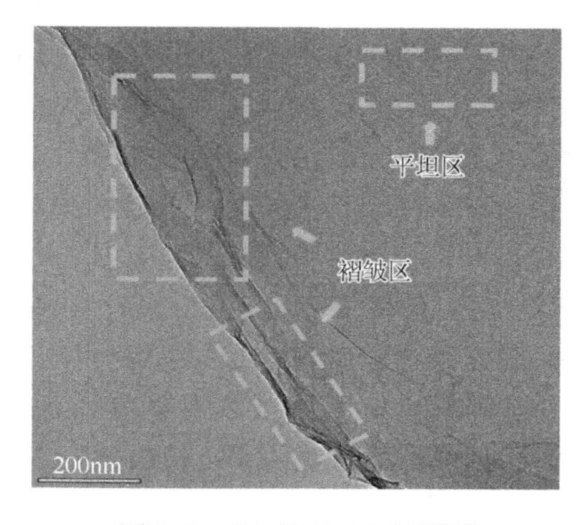

图 5-5　GO 的 TEM 表征图

5.1.2　试验方案

本节中将已经超声分散好的 GO 溶液与 OPC 混合制备用于后续实验的水泥净浆试块，本节中所用水灰比为 0.5，GO 的质量分数为 0.1%、0.2%，P-HRWR 与 GO 的质量比为 2，具体实验配合比详见表 5-4。

表 5-4　实验配合比

样品	水泥的质量/g	水灰比	GO 的质量分数/%	P-HRWR 与 GO 的质量比
OPC	500	0.5	0	2
G_1	500	0.5	0.1	2
G_2	500	0.5	0.2	2

首先将 P-HRWR 与分散好的 GO 溶液进行混合，搅拌 30s。随之将配合比中需要的水加入 P-HRWR 和 GO 的混合溶液中，搅拌 30s。将所得溶液均匀加入到水泥中，先低速搅拌（62r/min±5r/min）120s，再高速搅拌（125r/min±10r/min）90s。最终，将所得水泥净浆浇筑在 15mm×15mm×15mm 的模具中，并附有塑料膜硬化 24h。硬化 24h 后脱模并放于标准养护室中（温度：20℃±2℃，湿度＞98%）养护 28d。

1. GO 提升 OPC 氯离子固化能力试验方案

将养护 28d 的水泥试样研磨成均匀的粉末，利用筛子筛出尺寸小于 0.15mm 的水泥粉末用于测试其氯离子固化能力[14-15]。同时将其中少量糊状物进一步研磨至小于 74μm 的粒度，用于分析水合相组装（XRD、TGA）。随后，为了最大限度地减少试验过程中水泥试样碳化的可能性，粉状水泥净浆在 50℃±2℃下在干燥器中用真空干燥 1 周[12]。测试氯离子固化能力过程中所用的含有氯离子的浸泡液由 NaCl 溶解于去离子水中配置而成，制成氯离子浓度为 3mol/L 的 NaCl 溶液。试验过程中，将 5g 粉末与 50mL 配置好的 NaCl 溶液装于 100mL 离心管中，然后用不锈钢细针仔细搅拌混合物，确保固液混合物充分接触。将装有固液混合物的离心管在 25℃±1℃下保存 14d。

氯离子浸泡 14d 后，将混合物以 3500r/min 的转速在高速离心机中离心 5min，提取 1mL 上清液。随后，用自动电位滴定仪器以浓度为 0.1mol/L 的硝酸银滴定测试上清溶液中剩余的氯离子浓度（分别测试以下浸泡时间：1d、3d、5d、7d、9d、12d、14d），每个样品滴定 8 次以确保准确度实验数据。

在氯化物结合测试之后，使用去离子水将湿粉状糊状物洗涤两次以除去残留的痕量 NaCl 溶液。随后，湿粉末在干燥器中在 40℃±2℃下真空干燥 1 周，并进一步研磨至 74μm，用于后续微观分析。同时将剩余的粉状糊状物加入特定体积的不同 pH 的去离子水中，用于氯离子稳定性测试。水泥基材料固化的总氯离子含量用以下公式进行计算[16]：

$$C_{\mathrm{b}}^{\mathrm{total}}=\frac{(c_0-c_1)\times V_{\mathrm{sol}}\times M_{\mathrm{cl}}}{m_{\mathrm{paste}}} \tag{5-1}$$

公式（5-1）中 C_b^{total} 是水泥基材料固化的总氯离子质量（mg/g），c_0 和 c_1 分别代表浸泡溶液初始和最终的浓度（mol/L），V_{sol} 代表浸泡液的体积（mL），m_{paste} 代表加入到浸泡液中水泥净浆粉末质量（g），M_{cl} 代表氯元素的分子质量（35.45g/mol）。

将水化 28d 及进行氯离子固化实验后的水泥净浆磨粉至 74μm，即得到微观产物测试所需的样品。利用 DX2500 型高分辨率 X 射线分析仪对加入 GO 前后的水泥净浆的水化产物进行分析，同时通过表征各组分在进行氯离子固化能力后的微观产物来分析 GO 的加入对水泥基材料氯离子固化能力的影响。测试的衍射角度为 $3° \leqslant 2\theta \leqslant 80°$，测试电压 40kV，测试电流 40mA，扫描步长 0.02°，每一步扫描时间 0.2s。

利用 STA 8000、SQ8T 型综合同步热分析仪测得硬化水泥浆体及氯离子固化实验后水泥浆体的热重–差热（TG-DTG）曲线。测试粉末的粒径大小与 XRD 实验中一致。均为 74μm。工作环境为氮气，加热范围 25～1050℃，升温速率 10℃/min。利用热分析得到各微观产物的失水峰，峰值的大小代表产物含量的多少。对于氧化石墨烯水泥基复合浆体的热分析峰值，可以用来分析 GO 的加入对于水泥基材料水化进程的影响。对于进行氯离子固化实验后的水泥浆体，热分析峰值可以用来分析 GO 对于水泥基材料氯离子固化能力的影响机理，并且对于浸泡 NaCl 溶液后的浆体，热分析可以得到 F 盐失水分解峰。在 DTG 曲线中，F 盐的分解峰与其六个主层水分子受热释放有关，一般在 230～410℃范围内可以被观测到。并且根据 F 盐的热分解峰可以定量计算出 F 盐的质量分数及 F 盐所固化的氯离子的含量，其计算公式如下[16]：

$$m_{Fs} = \frac{M_{Fs}}{6 \times M_H} m_H \tag{5-2}$$

$$C_b^{Fs} = 20 M_{cl} \frac{m_{Fs}}{M_{Fs}} \tag{5-3}$$

式（5-2）中，m_H 是通过 TGA 测得的 F 盐失水的质量；M_{Fs} 是 F 盐的分子的质量（561.3g/mol）；m_H 是水分子的摩尔质量（18.02g/mol）；C_b^{Fs} 是被 F 盐固化的氯离子的质量（mg/g）。式（5-3）中，20 是由 F 盐的质量分数（m_{Fs}）计算 F 盐固化氯离子质量（mg/g）时的转换系数。结合计算出的 F 盐固化氯离子质量 C_b^{Fs}，以及加入水泥基材料固化的总氯离子质量（C_b^{total}），可以计算出由水化产物（C-S-H）物理固化的氯离子质量（C_b^{total}），计算公式如下[16]：

$$C_b^{C\text{-}S\text{-}H} = C_b^{total} - C_b^{Fs} \tag{5-4}$$

利用 FEI Quanta 200 型扫描电镜对氯离子固化实验后的微观产物进行表征，并且利用 EDS 对元素进行打点分析，进一步分析 GO 对 F 盐生成的影响。扫描电镜工作电压为 15kV。

2. GO 提升 OPC 固化氯离子稳定性试验方案

在进行水泥试样固化氯离子稳定性测量前，将分析用的 NaOH 溶解在去离子水中，以制备各种 pH 的暴露溶液。用移液管吸取 1mL 0.1mol/L NaOH 溶液，滴入 100mL 去离子水中。每 30min 由 pH 检测器检测和记录溶液的 pH，并调整加入去离子水中的 NaOH 含量和浓度。最后，计算不同 NaOH 浓度及含量所到达的 pH，并取平均值。根据实验所需浸泡液的用量，配制 pH 为 9、10、11 的溶液。氯离子固化稳定性是将氯离子固化后的 5g 水泥粉末加入到 50mL 不同 pH 的浸泡液中。与氯化物结合试验相似，将混合物置于相同数值的带盖离心管中。试管在 25℃±1℃下储存 28d。

浸泡 28d 后，在高速离心机中以 3500r/min 离心 5min，取上清液，用自动电位滴定仪器以浓度为 0.1mol/L 的硝酸银滴定（分别测试以下浸泡时间：1d、3d、5d、7d、14d 和 28d）。随后，将湿粉在真空干燥机中干燥，并进一步研磨至 74μm 用于后续微观分析。

结合稳定测试后的滴定数据可以得出在 pH 改变时，由于固化氯离子稳定性降低所溢出的氯离子的总量（C_D^{total}），同时将进行稳定性测试后的水泥粉末进行 TGA 实验，可以计算出稳定测试后粉末中仍含有的 F 盐的质量，由此可以计算出稳定测试后粉末中由 F 盐固化的氯离子的质量（C_R^{Fs}），结合在氯离子固化稳定性测试前由 F 盐固化的氯离子总量（C_b^{Fs}），可以得出在水泥基材料固化氯离子稳定性降低导致的 F 盐分解所溢出的氯离子量 C_D^{Fs}：

$$C_D^{Fs} = C_b^{Fs} - C_R^{Fs} \tag{5-5}$$

结合由于固化氯离子稳定性降低所溢出的氯离子的总量（C_D^{total}）及 F 盐分解所溢出的氯离子量（C_D^{Fs}），可以计算出水泥基材料固化氯离子稳定性降低导致的 C-S-H 吸附氯离子溢出量：

$$C_D^{C\text{-}S\text{-}H} = C_D^{total} - C_D^{Fs} \tag{5-6}$$

5.1.3 GO 对 OPC 氯离子固化性能的影响

由实验数据可以得到图 5-6 和图 5-7 的氯离子固化量数据。可以看出，水泥浆体对氯离子的固化能力随着 GO 的加入而增强。在固化 14d 时，OPC、GO_1 和 GO_2 样品的氯离子固化含量分别为 12.57mg/g、16.53mg/g 和 18.31mg/g。可以计算出添加了 OPC 质量分数为 0.2%的氯离子固化能力提高了 46%。

通常可知，C-S-H 和 F 盐是影响水泥复合材料中氯离子固化能力的主要成分。

C-S-H 和 F 盐结合的氯离子分别与物理吸附和化学结合过程有关[8]。此外，已有文献证明添加的 GO 可以促进水泥基体的水化过程，导致 C-S-H 的产生更多[17]。增加 C-S-H 的量可以增加水泥基材料对氯离子的物理吸附量，因此添加 GO 可以显著提高水泥基材料对氯离子的物理吸附能力。因此，其氧化石墨烯水泥基复合材料的氯离子结合能力增强的原因与添加 GO 之后的 C-S-H 产量增加有关。此外，F 盐对氯离子的化学结合能力通常高于 C-S-H。因此，氯离子结合能力的显著增强也与 GO 的添加促进了 F 盐的生成有关。

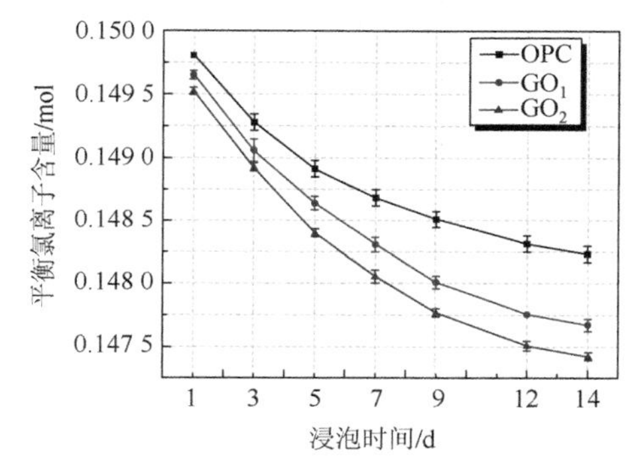

图 5-6　不同龄期溶液中含有的氯离子含量

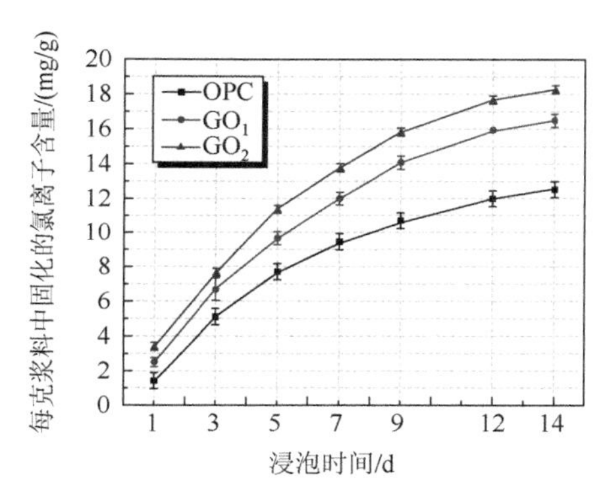

图 5-7　不同龄期固化氯离子的含量

同时，根据 5.1.2 节中提到的对于氯离子固化量的计算公式可以得到图 5-8，从图 5-8 可以看出，随着 GO 的加入，总固化氯离子量及由 F 盐和 C-S-H 固化氯离子的量均增多。与 OPC 的相比，组分 GO_1 和 GO_2 中的氯离子固化总量分别提升了 31.5%和 45.7%。由图 5-8 中的数据也可以得到，OPC、GO_1 和 GO_2 中由 F 盐固化的氯离子量分别为 9.75mg/g、11.96mg/g 和 13.49mg/g，这说明 GO 的加入对水泥基材料中的 F 盐的生成有明显的改善，从而增强了水泥基材料对于氯离子的化学固化能力。同时由图 5-8 数据还可以看出与 C-S-H 相关的物理吸附的氯离子含量也有一定的增加。由此可知，GO 的添加可以显著提高对氯离子的物理吸附。综合以上分析可知，随着 GO 的加入，C-S-H 以及 F 盐固化氯离子的含量均有所上升。可以得出将 GO 加入水泥基材料对于氯离子的物理固化及化学固化能力均有提高，并且通过促进 C-S-H 及 F 盐两部分生成提升水泥基材料氯离子固化能力。

对在 NaCl 溶液中浸泡了 14d 的各组分进行 XRD 测试，图 5-9 为氧化石墨烯水泥基复合材料养护 28d 后的微观产物分析。由图可以看出，各组分的主要衍射峰产物为 AFt，CH 及 CC。并且从图中可知，随着 GO 的添加，CH 的衍射峰强度显著增加，证明 GO 明显促进了水泥基材料的水化进程。这也证明了 GO 的加入会通过促进水化进程来促进 C-S-H 水化产物的生成，该结果也间接地证明了氧化石墨烯水泥基复合材料对于氯离子的物理固化效果会有显著提升。

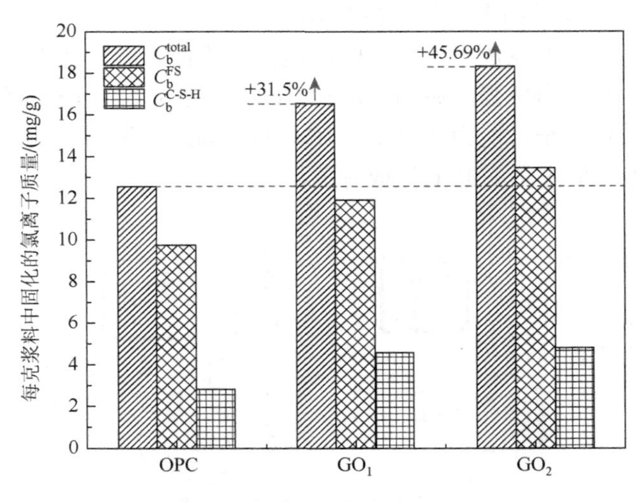

图 5-8　各成分固化氯离子质量

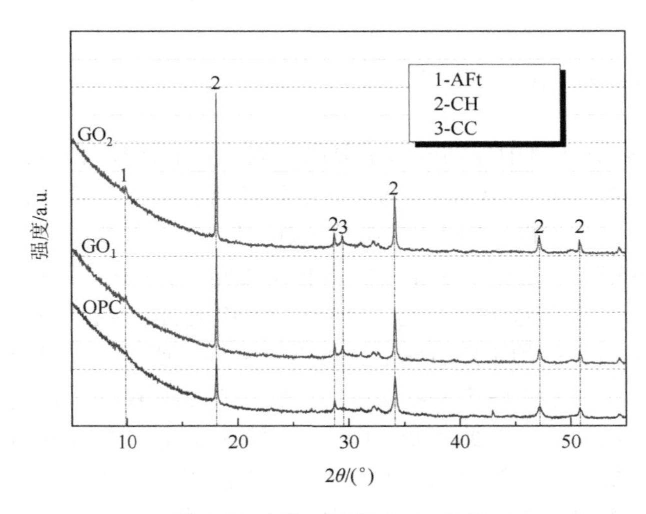

图 5-9　水化 28d 的 XRD 分析

图 5-10 是各组分在 NaCl 溶液中浸泡 14d 后的微观产物分析，由图 5-10 可以明显看出，各组分在浸泡 14d 后均有 F 盐的生成，并且添加了 GO 的组分 F 盐的衍射峰强度明显高于其他组，即 F 盐的生成量高于其他组。图 5-10 的结果从微观产物的角度证明了 GO 会促进水泥基材料 F 盐的生成，增多的 F 盐生成量会提升其对氯离子的化学固化能力。因此，通过 XRD 对氧化石墨烯水泥基复合材料的

微观产物分析可以证实 GO 的加入会促进 C-S-H 以及 F 盐的生成，并且这两种产物的生成量增加会显著提升水泥基材料对于氯离子的固化能力。

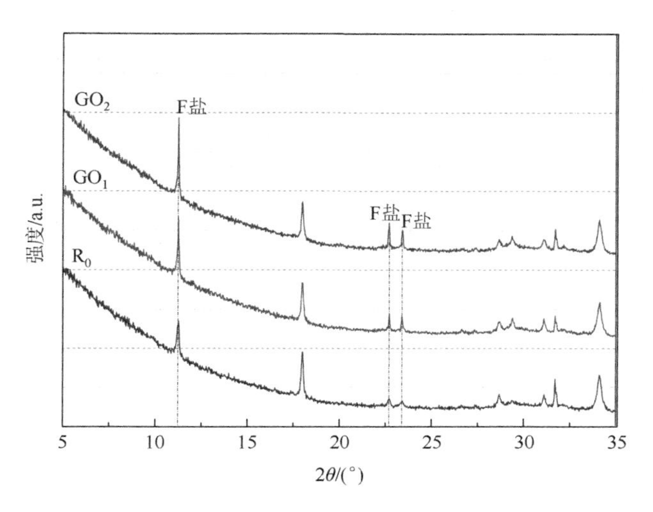

图 5-10　浸泡 NaCl 中 14d 后的 XRD 分析

为了进一步阐述 GO 增强 OPC 氯化物结合能力的机理，利用 TGA 对水化 28d 及在 NaCl 浸泡 14d 后的氧化石墨烯水泥基复合材料的微观产物进行分析。试样的 DTG 曲线如图 5-11 所示。如图 5-11 所示，DTG 曲线中三个主要质量损失为 $CaCO_3$（520～760℃）、硅酸盐（410～520℃）和 C-S-H（30～230℃），并且观察

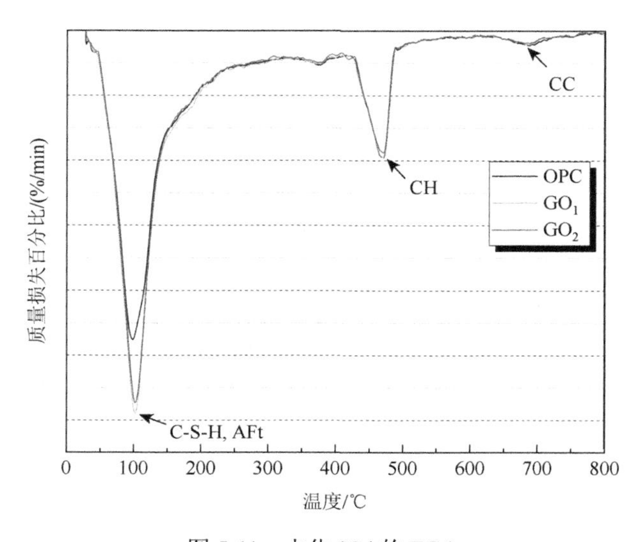

图 5-11　水化 28d 的 TGA

到水化 28d 的氧化石墨烯水泥基复合材料与 C-S-H（～100℃）和硅酸盐（～460℃）分解相关的峰远高于 OPC，这反映了 GO 的添加促进了水化过程，并且可以看出，所有试样都呈现出相似的 DTG 曲线，这与 XRD 分析一致。

利用 TGA 对在 NaCl 浸泡 14d 后的氧化石墨烯水泥基复合材料的微观产物进行分析。F 盐主要在 230～410℃时进行分解[6, 18]。由图 5-12 可以看出，各组分在该温度段均有 F 盐的分解峰，并且随着 GO 的加入，F 盐的热分解峰显著增大。TGA 实验所得到的热分解峰值的高低可以代表该产物的含量，因此可以得出 GO 的加入显著地提升了 F 盐的生成量，这与 XRD 分析所得到的结果一致。

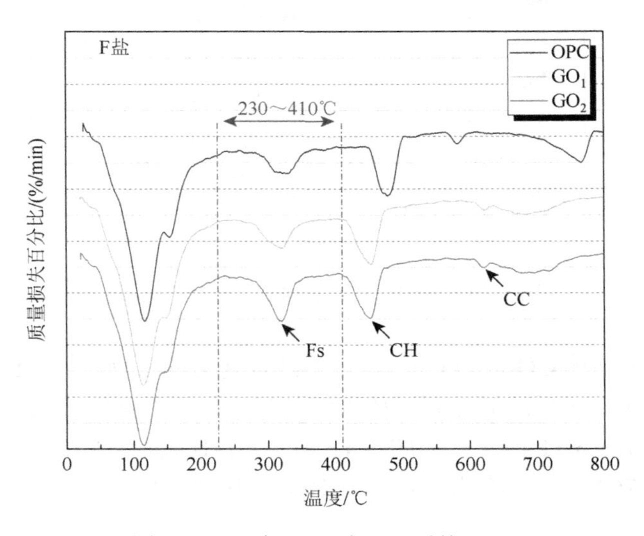

图 5-12　浸泡 NaCl 中 14d 后的 TGA

为了探究 GO 的加入对于 F 盐生成情况的影响，同时将浸泡了 NaCl 溶液的实验组以及对照组的试样进行 SEM/EDS 分析，所得到的电镜图片及打点结果如图 5-13 所示，由图可见，添加了 GO 后，OPC 中生成的 F 盐量明显增多，这与氯离子固化实验结果以及微观分析结果一致，且可以互相印证。

从图中可以看出，所有样品均形成六边形片状晶体薄片，并在 SEM 图像中均匀分布。由已经发表的文献可以证明，小尺寸的六方片状晶体薄片就是 F 盐，与 AFt 和 CH 晶体相比，F 盐的晶体更薄。且研究人员描述了 F 盐的微观晶体形状，其由主层（带正电）和夹层（带负电）组成，呈六角片状，表现为层状双氢氧化物晶体[19-20]。EDS 结果可以进一步证明该晶体薄片是 F 盐的证据，相应的 EDS 报告如表 5-5 所示，且 EDS 结果与已发表的研究相似[21]。因此，基于外观表征和 EDS 数据，可以得出结论，SEM 图像中发现的六边形片状晶体切片是 F 盐。此外，如图可知各组分中均发现了相同的晶体。如图 5-13（b）所示，对比 OPC 组分，添加了 GO 的水泥基材料中 F 盐的形成已经发生了明显的变化，其呈现出更加密集的生产情况。这种现象与从 XRD 和 TGA 获得的氯化物结合实验和分析的结果一致。可以得出结论，GO 的添加明显促进了水泥基材料中 F 盐的生成，因此，GO 纳米片的添加可以显著提高水泥基材料的氯离子固化能力。

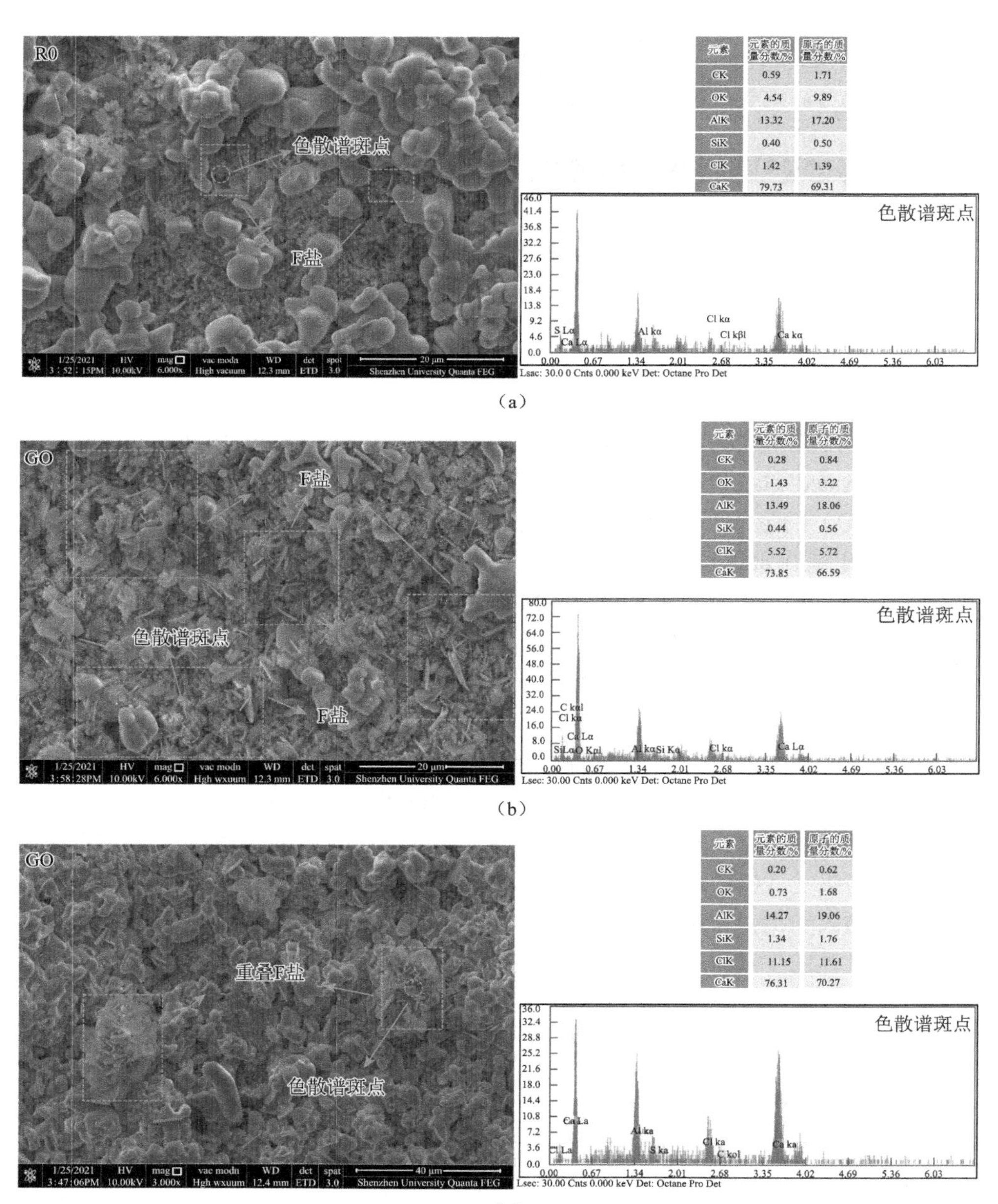

元素	元素的质量分数/%	原子的质量分数/%
CK	0.59	1.71
OK	4.54	9.89
AlK	13.32	17.20
SiK	0.40	0.50
ClK	1.42	1.39
CaK	79.73	69.31

（a）

元素	元素的质量分数/%	原子的质量分数/%
CK	0.28	0.84
OK	1.43	3.22
AlK	13.49	18.06
SiK	0.44	0.56
ClK	5.52	5.72
CaK	73.85	66.59

（b）

元素	元素的质量分数/%	原子的质量分数/%
CK	0.20	0.62
OK	0.73	1.68
AlK	14.27	19.06
SiK	1.34	1.76
ClK	11.15	11.61
CaK	76.31	70.27

（c）

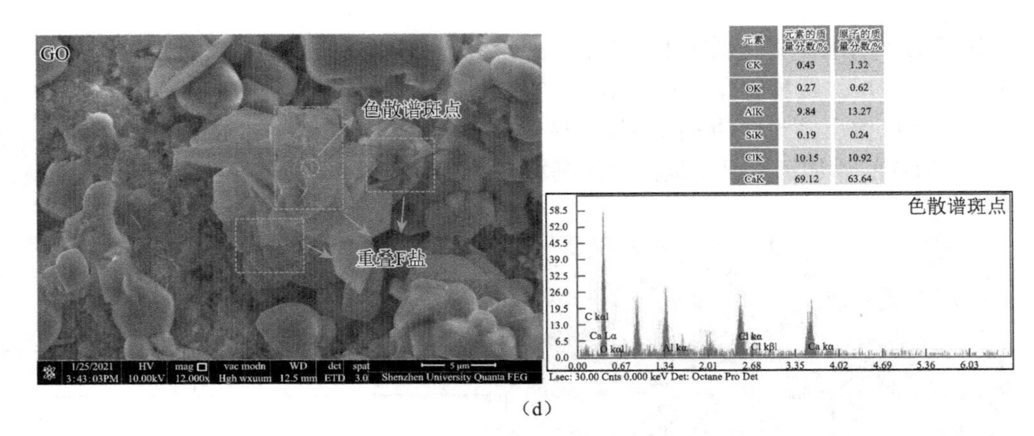

（d）

图 5-13　浸泡 14d 后的电镜图片及 EDS 数据

此外，从图 5-13（c）和图 5-13（d）可以看出，在添加了 0.2%的 GO 组分中，除了产生了大量的六边形片状晶体 F 盐外，还可以观察到花状重叠片状晶体。此外，相应的 EDS 报告显示，该晶体的组成为 F 盐。加入 GO 导致 F 盐微观形状改变的情况与已有研究的发现相似[22]。已有研究报道了添加的 GO 可以促进碱矿渣（alkali activated slag，ASS）水泥中层状双氢氧化物（LDHs：$Mg_6Al_2(—CO_3)(OH)_{16}·4H_2O$）的形成[22]。此外，通过扫描电镜观察到 LDHs 的花状晶体与添加 GO 有关。矿渣在水化过程中会产生大量的 Mg^{2+}和 Al^{3+}，在添加了 GO 的 AAS 水泥浆体中，由于 GO 表面带负电荷，Mg^{2+}和 Al^{3+}等正离子容易聚集到 GO 上，随后，在连续反应过程中，LDHs 在 GO 纳米片上产生了明显的花状晶体。此外，GO 和 LDHs 的微观结构相似，均由带正电的主层和带负电的中间层组成，因此微观形状相似[19-20, 23]。因此，图 5-13（c）和图 5-13（d）中所观察到的花状重叠片状晶体均为 F 盐晶体。GO 表面官能团和阳离子（二价和三价）之间形成化学交联，导致 GO 表面 LDH 相原位生长[24]，即 GO 可以为二价和三价阳离子提供了大量的成核位点，从而增加了氧化石墨烯上纳米 LDHs 的形成[24-25]。F 盐的形成需要二价阳离子（Ca^{2+}）。结合上述分析，GO 促进 F 盐的形成，主要是因为 GO 纳米片为钙离子提供了成核位点。GO 的加入会极大地促进水泥基材料在受氯离子侵蚀后 F 盐的生成，以此增强了水泥基材料对于氯离子的化学固化能力。

表 5-5　EDS 数据

元素	图 5-13（a）的 EDS 结果		图 5-13（b）的 EDS 结果		图 5-13（c）的 EDS 结果		图 5-13（d）的 EDS 结果	
	质量/%	原子比/%	质量/%	原子比/%	质量/%	原子比/%	质量/%	原子比/%
C	0.59	1.71	0.28	0.84	0.20	0.62	0.43	1.32
O	4.54	9.89	1.43	3.22	0.73	1.68	0.27	0.62

续表

元素	图 5-13（a）的 EDS 结果		图 5-13（b）的 EDS 结果		图 5-13（c）的 EDS 结果		图 5-13（d）的 EDS 结果	
	质量/%	原子比/%	质量/%	原子比/%	质量/%	原子比/%	质量/%	原子比/%
Al	13.32	17.20	13.49	18.06	14.27	9.06	9.84	13.27
Si	0.40	0.50	0.44	0.56	1.34	1.76	0.19	0.24
Cl	1.42	1.39	5.52	5.72	11.15	11.61	10.15	10.92
Ca	79.73	69.31	7.85	66.59	76.31	70.27	69.12	63.64

5.1.4　GO 增强 OPC 氯离子固化性能机理

通过以上分析可以看出，GO 的加入主要通过两个方面影响普通水泥基材料固化氯离子的能力。一方面，GO 纳米片的加入促进了水化过程，增加了 C-S-H 相的结晶量，从而增加了氯离子的物理吸附量。另一方面，GO 的加入可以促进 F 盐的生成，从而增加了化学结合氯离子的数量。

根据已有的研究可知，在水泥基材料中加入 GO 后，GO 为水泥基材料中的钙离子提供了大量的成核位点，使 C-S-H 生长更加稳定，从而促进水化进程及水化产物的生成[26-28]。在氧化石墨烯水泥基复合材料与溶液中的氯离子相遇时，大量的水化产物就会为水泥基材料提供较强的氯离子物理吸附能力。另外，已有研究表明，当水泥基材料浸泡在含有氯离子的溶液时，溶液中的阳离子也会影响水泥基材料中 F 盐的生成，即含氯离子溶液中的阳离子会影响水泥基材料的氯离子固化能力[16]。实验证明与浸泡在 NaCl 溶液中生成的 F 盐相比，在 $CaCl_2$ 溶液中生成的 F 盐显著增加，这可能是由于溶液中有充足的钙离子，充足的钙离子可以与 AFm 以及氯离子结合形成 F 盐，钙离子的结合效率提升，导致 F 盐的生成效率提高。因此可以看出当水泥基材料浸泡在含有氯离子的溶液中时，氯离子的含量及结合效率会影响 F 盐的生成，进而影响水泥基材料的氯离子固化能力。

普通水泥基材料水化过程中内部体系不稳定，水化反应复杂，导致水泥基材料在 NaCl 溶液中浸泡时，钙离子不能与 AFm 充分反应生成 F 盐。然而，当水泥基材料中掺加了 GO 后，GO 表面基团带负电会吸附水泥基材料中的钙离子，为钙离子提供稳定的成核位点，在后面遇到氯离子后，氯离子会结合 GO 表面的钙离子生成 F 盐，导致 F 盐的生成率提高，F 盐的生成量也因此上升。

综上所述，GO 通过促进水泥基材料水化进程促进了 C-S-H 的生成，因此 GO 改善了水泥基材料对于氯离子的物理吸附能力，同时 GO 提高了为 F 盐的生成提供了稳定的成核位点，提高了 F 盐的生成率，因此 GO 提升了水泥基材料对于氯离子的化学固化能力，且 GO 促进 OPC 中 F 盐生成的机理图如图 5-14 所示。

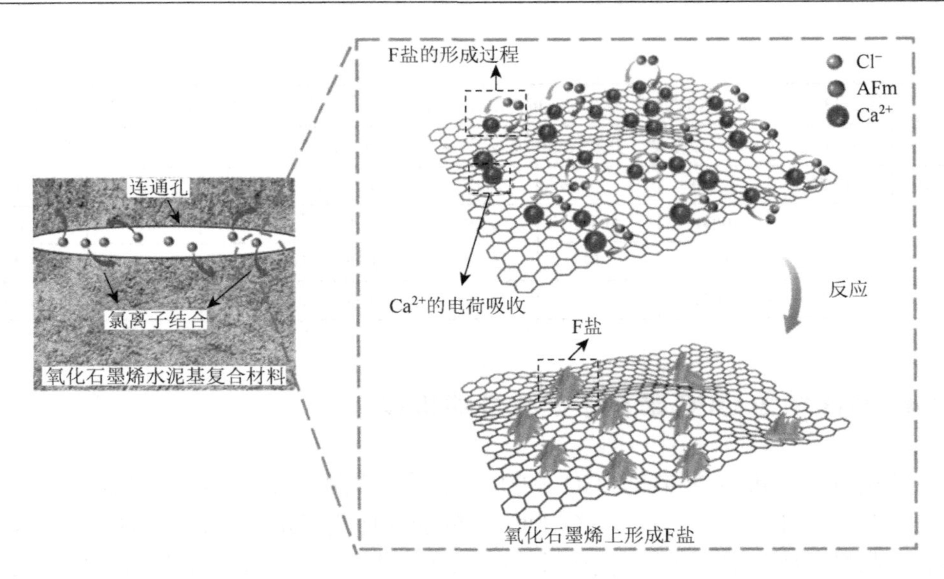

图 5-14 GO 促进 OPC 中 F 盐生成的机理

5.1.5 GO 对 OPC 氯离子固化稳定性的影响

GO 对 OPC 固化氯离子稳定性测试的结果如图 5-15 所示。本节分析的所有样品都是经过第一阶段的氯离子固化试验后获得的，每个样品都是在高速离心下用去离子水清洗，避免过量的氯离子残留在样品表面影响试验结果。可以发现，水泥浆体中被固化的氯离子的再次析出受溶液 pH 的影响。从图 5-15（d）可以看出，随着 pH 的降低，样品中氯离子的析出情况逐渐加剧。可以看出，各组分在 pH = 9 的溶液中浸泡 28d，OPC 中氯离子的析出量为 11.10mg/g。与氯离子固化试验得到的氯离子固化量为 12.57mg/g 相比，氯离子脱附率达到 88%。这说明在低 pH 条件下，水泥浆体对氯离子的固化能力有限，这与已发表的文献中观察结果一致[29-30]。当 pH 低于 12 时，氯离子的结合能力显著下降，在 pH = 9 时接近于零。研究表明，当含氯离子的水泥浆体转移到较低的 pH 溶液时，部分结合的氯离子会重新析出[12]。

但从图 5-15（a）～（c）可以看出，随着 GO 的加入，pH 降低导致脱附的氯离子量明显降低。例如，样品 GO_2 在 pH = 9 的溶液中，氯离子的析出量为 6.97mg/g，脱附率是 38%。因此，与样品 OPC 相比，氯离子的重新析出受到明显的抑制。

研究表明，水泥基材料的结合氯离子主要由两部分组成：一部分是由于电荷之间的相互吸引而被 C-S-H 物理吸附的氯离子，另一部分是被 F 盐化学结合氯离子。因此，在低 pH 环境下，GO 可以通过抑制氯离子在这两部分的析出来影响水泥基复合材料对氯离子固化的稳定。此外，在这两部分被固化的氯离子中，F 盐在低 pH 环境下表现出不稳定性[30]。因此，F 盐的分解可能会导致大量氯离子的释放。结合实验数据分析可知，GO 的添加可通过抑制 F 盐的分解来抑制低 pH 环境下氯离子的重新析出。

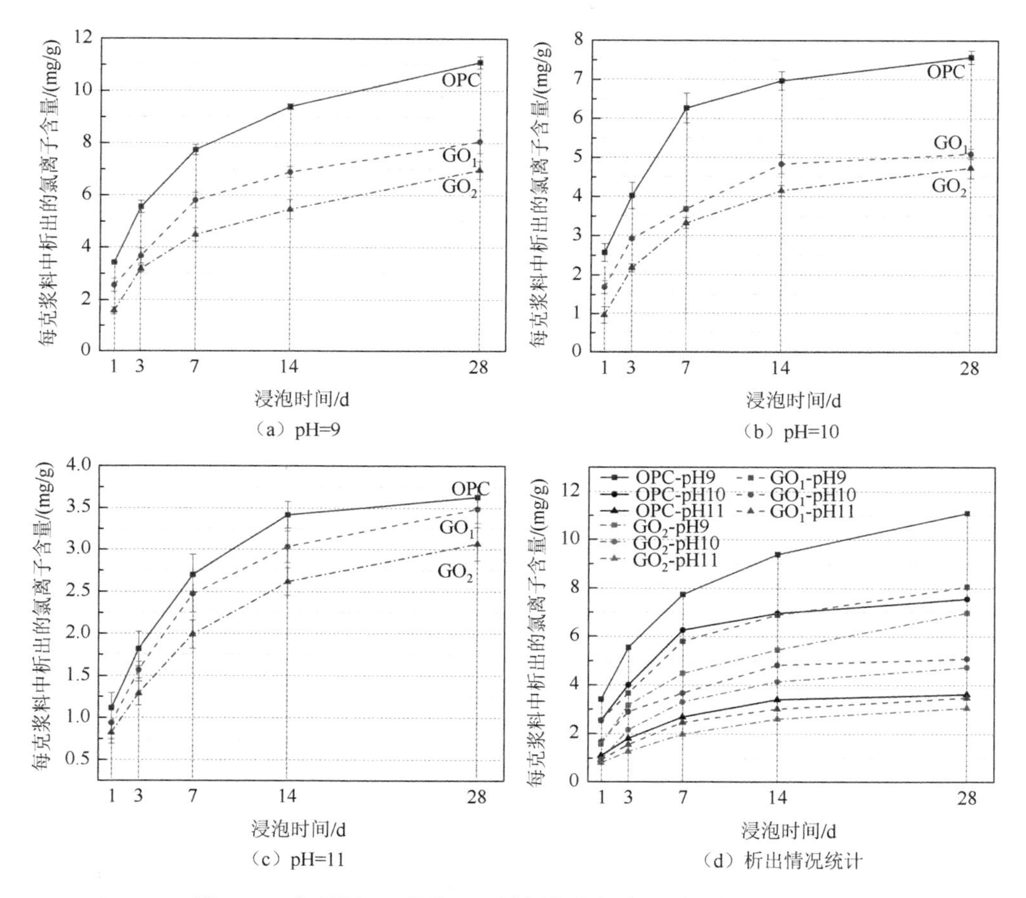

图 5-15 在不同 pH 条件下，被固化的氯离子重新析出的情况

为了进一步了解 GO 改善 OPC 在低 pH 环境下固化氯离子稳定性的机理，图 5-16 为各组分在不同 pH 溶液中浸泡后的 XRD 图。结果表明，各组分中 F 盐的衍射峰随 pH 的降低而减小。如图 5-16（a）所示，样品 OPC 的 F 盐衍射峰强度下降幅度最大，反映了 OPC 在低 pH 环境下的 F 盐分解情况严重。由此可以得到，F 盐在低 pH 条件下的不稳定性是导致被固化氯离子重新释放的原因之一。这与氯离子固化稳定性试验的结果一致。

此外，如图 5-16（d）所示，在 pH 降低的情况下，加入 GO 显著缓解了 F 盐衍射峰强度的降低。因此，结合氯离子固化稳定性实验及 XRD 图的结果可见，在低 pH 条件下，GO 的加入可以抑制 F 盐的分解来降低被固化氯离子的重新析出量。

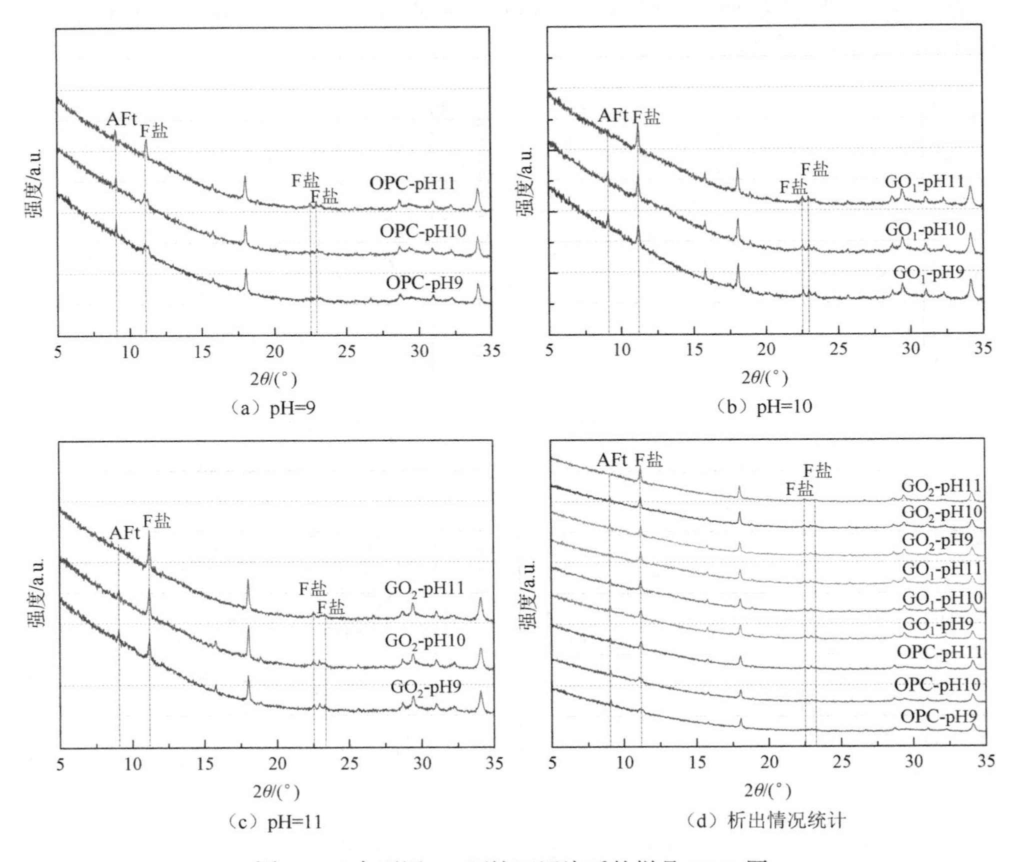

图 5-16　在不同 pH 环境下浸泡后的样品 XRD 图

含氯样品浸泡于不同 pH 溶液 28d 的 DTG 曲线如图 5-17 所示，通过 TGA 实验分析 F 盐的含量变化，以确定不同 pH 对氯离子固化稳定性的影响。与 5.1.3 节中的 DTG 曲线相似，各组分均可以观察到与 F 盐相关的失水峰。由图 5-17 可以看出，各组分随着 pH 的逐渐降低（从 12 降至 9），F 盐的失水峰值显著下降，这与所有样品氯离子固化稳定性的数据一致。特别是在 OPC 样品中，当 pH = 9 时，F 盐的失水峰明显下降，这反映了 F 盐的大量分解情况。然而，由图 5-17（b）、（c）可以看出，F 盐的分解情况随着 GO 的添加受到明显的抑制。结合氯离子固化稳定性实验数据可以看出，在 pH = 9 时，OPC 和 GO_2 样品的氯离子脱附率分别为 88%和 38%。这说明加入 GO 后，F 盐的分解受到了明显的抑制，氯离子的脱附率显著降低。此外，从图 5-17（d）可以看出，随着 GO 含量的增加，对 F 盐分解的抑制作用逐渐增强。

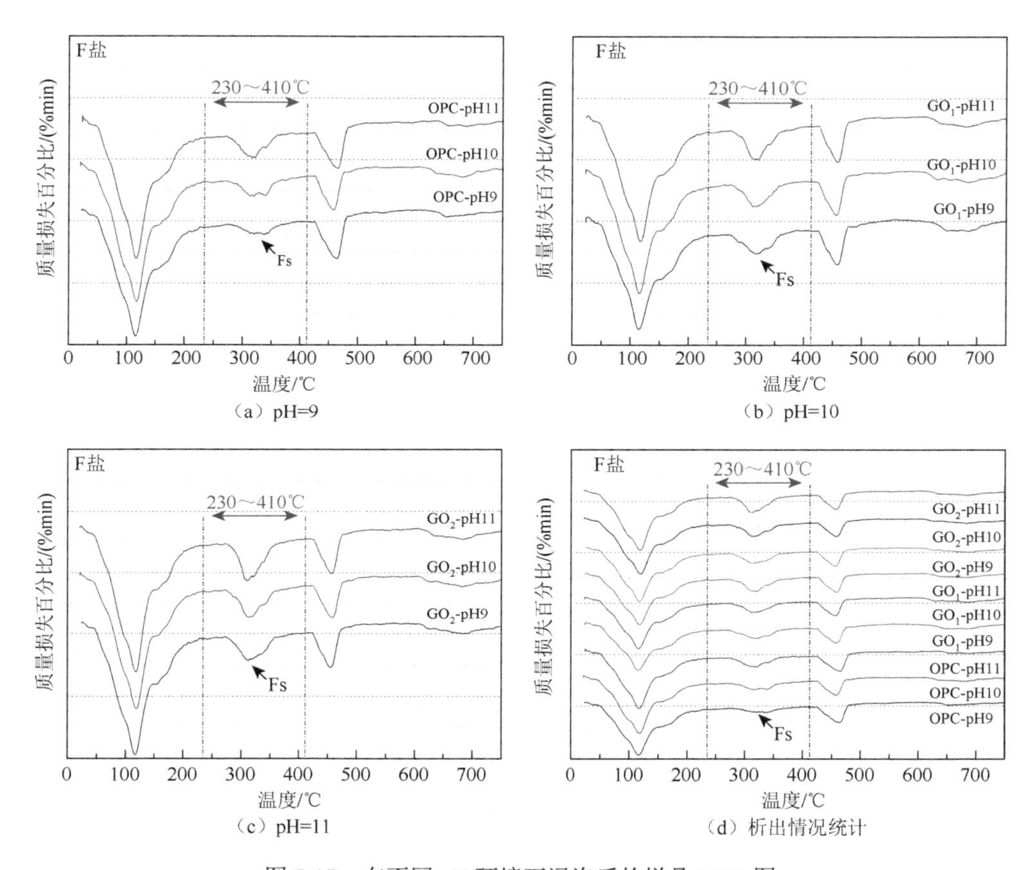

（a）pH=9　（b）pH=10

（c）pH=11　（d）析出情况统计

图 5-17　在不同 pH 环境下浸泡后的样品 DTG 图

结合 5.1.2 节中 C-S-H 及 F 盐各部分脱附氯离子的定量分析计算公式，可得到氯离子的脱附情况如图 5-18 所示。从图中可以看出，含有氯离子样品的氯离子脱附随 pH 的降低而加剧。pH＝9 时，OPC、GO_1 和 GO_2 的氯离子脱附总量分别为 11.10mg/g、8.06mg/g 和 6.97mg/g。说明在 pH=9 时，GO 的加入有效地减弱了 OPC 的氯离子的重新析出，这与上述分析结果一致。

此外，如图 5-18 所示，可以发现随着 pH 的降低，F 盐中重新的氯离子逐渐增多。这说明 pH 的降低导致了 F 盐的分解。此外，在 pH=9 时，OPC、GO_1 和 GO_2 的由 F 盐分解导致的氯离子重新析出量分别为 8.78mg/g、5.50mg/g 和 4.14mg/g，这表明 GO 在低 pH 环境下减缓了 F 盐的分解。

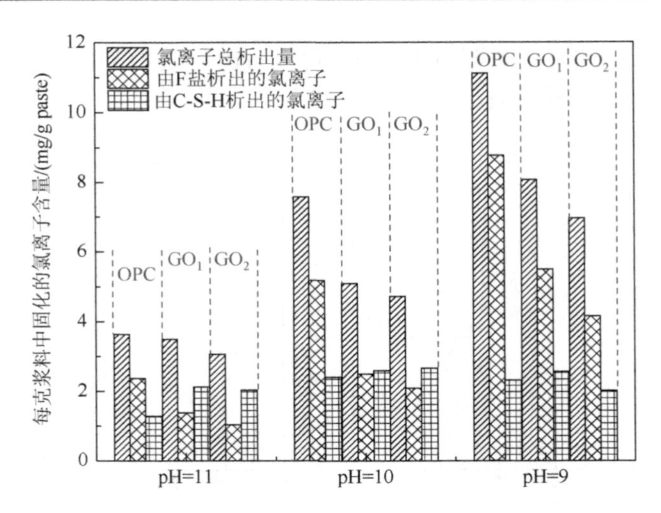

图 5-18　不同 pH 环境下氯离子重新析出情况

5.1.6　GO 增强 OPC 氯离子固化稳定性机理

由以上实验数据可以看出，GO 的加入对低 pH 环境下的 F 盐的分解有明显的抑制作用。由前述小节分析可知，钙离子的含量会影响 F 盐的形成。同时已有文献也认为 F 盐在低 pH 环境下会分解，其分解式如下[6, 27]：

$$Ca_4Al_2(OH)_{12}Cl_2 \cdot 4H_2O \xleftarrow{\text{分解}} 4Ca^{2+} + 2AlO_2^- + 4OH^- + 2Cl^- + 8H_2O \quad (5\text{-}7)$$

F 盐的分解主要是由于钙离子的浸出，使 F 盐不稳定，使被结合氯离子重新释放为游离氯离子[6, 31]。因此，如果能有效抑制钙离子的浸出，就可以改善 F 盐的分解情况。

在 5.1.5 节中，图 5-18 显示了含氯样品的氯离子的重新析出情况，尤其是在 pH = 9 时，氯离子的重新释放情况最严重。此外，从图 5-18 中可以看出，随着 pH 的变化，加入 GO 后 C-S-H 所吸附的氯离子含量也有重新释放的情况，但各试样由于 C-S-H 重新释放的氯离子量相近。由此可见，F 盐的分解引起的氯离子重新释放是被固化的氯离子析出的主要原因。此外，从图 5-18 可以看出，随着 pH 的降低，由于 F 盐的分解所析出的氯离子逐渐增多。由此可以推断，pH 的降低导致了 F 盐的分解。但加入 GO 后，这种情况有所改善，说明 GO 在低 pH 环境下减缓了 F 盐的分解。因此，可以得出结论，GO 抑制了 F 盐的分解，从而降低了含氯离子的水泥浆体在低 pH 环境下氯离子的解吸。

此外，由于带正电的 Ca^{2+} 与 GO 之间具有很强的电荷吸附力，因此在水泥基复合材料中加入 GO 后可以为 C-S-H 的生成提供大量的成核位点，以此促进了

C-S-H 的生成，C-S-H 可以形成更稳定的结构。F 盐的生成也需要钙离子，因此，由于 GO 对 Ca^{2+}的强电荷吸附作用，其也会为 F 盐的生成提供成核位点，因此在 GO 生成的 F 盐结构也更加稳定。可以得出，在低 pH 环境下，GO 可以抑制 F 盐的分解主要是由于 GO 与 Ca^{2+}之间的强电荷吸附作用抑制了 F 盐中钙离子的浸出。因此，在低 pH 环境下，GO 可以通过减弱水泥基复合材料中 F 盐的分解来减少因 F 盐的不稳定性所导致的氯离子重新析出量。其机理图如图 5-19 所示。

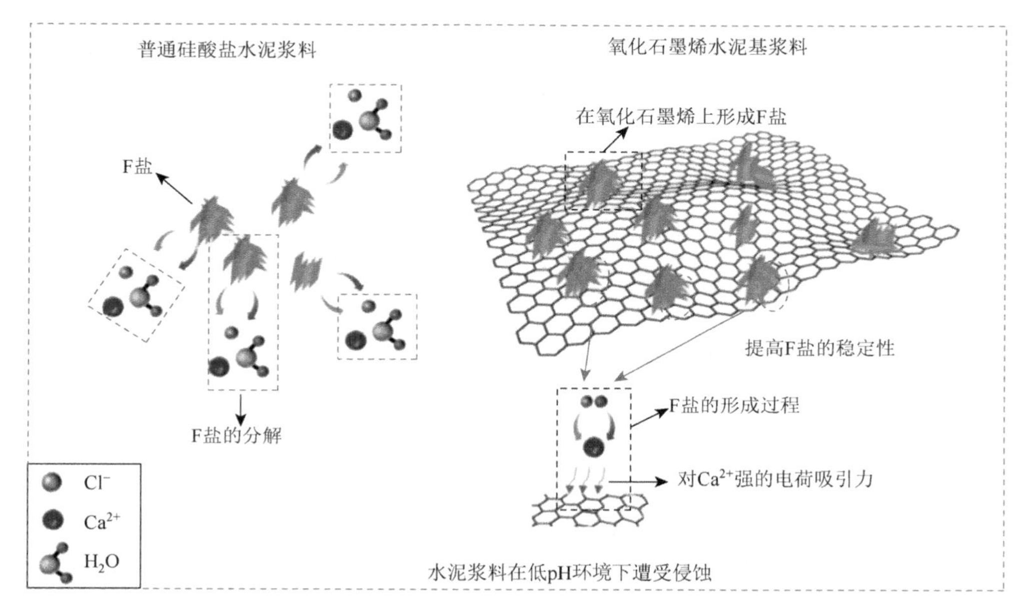

图 5-19　GO 抑制 F 盐分解的机理

5.2　GO 复合 OPC 抗碳化性能研究

5.2.1　试验方案

通过使用电化学阻抗谱（EIS）技术评估了加速碳化条件下含 GO 复合材料中离子的扩散和传输。由于水泥基复合材料的孔隙结构会显著影响其运输性能，因此会导致碳化，因此采用压汞仪（MIP）来评估孔隙结构。此外，使用 TGA 技术研究了 GO 添加对 C-S-H 和 CH 碳化的影响。使用配备有能量色散 X 射线谱（EDS）模块的 SEM，对所产生的混合水合产物对所研究材料碳化的屏障效应进行了表征。通过协同进行电化学、化学和微观结构实验，获得了描述含 GO 的水泥基材料碳化行为的系统分析结果。

5.2.2　碳化试验试块制备

在氧化石墨烯水泥复合净浆的制造过程中，使用了不同质量分数的减水剂与不同质量分数的 GO 配比，以确保所有样品的流动性相似。首先，充分搅拌含有一半水分散体的减水剂混合物。之后，将水泥添加到减水剂和水分散体的混合物中，并使用混合器混合 1min。然后再添加水分散体的剩余一半并再混合 1min。最后，将所得氧化石墨烯水泥净浆浇注到两个尺寸分别为 10mm×10mm×10mm 和 30mm×30mm×30mm 的模具中。脱模后，试样在 20℃和 95%相对湿度的潮湿室内固化 28d。各水泥净浆试块的配合比如下表 5-6 所示。

表 5-6　水泥净浆试块的配合比

样品	水泥的质量/g	水的质量/g	水灰比	GO 的质量/g	减水剂与 GO 的质量比
OPC	100	50	0.5	0	0
GO_1	100	50	0.5	0.125	3.2
GO_2	100	50	0.5	0.250	6.4

5.2.3　碳化试验测试方法及参数

将尺寸为10mm×10mm×10mm和30mm×30mm×30mm的水泥净浆试样养护28d后，放入温度为60℃的烤箱中 1d，去除表面水分。其次，将样品置于特殊碳化加速室内进行碳化试验，加速碳化包括以下条件：二氧化碳浓度为20%，温度为29～31℃，湿度为65%～70%。其中尺寸为 10mm×10mm×10mm 的试样用于微观测试实验，尺寸为 30mm×30mm×30mm 的试样用于碳化深度及电化学交流阻抗测试。本节根据《普通混凝土长期性能和耐久性试验方法标准》（GB/T 50082—2019）试验方法测定水泥净浆试样的碳化深度。将分析样本分割成两部分，并立即清洁两部分的横向截面，喷洒酚酞 pH 指示剂溶液。后者是通过将 1g 酚酞和 80mL 95.0%乙醇水溶液的混合物用蒸馏水稀释到 100mL 来制备的。每个样品的碳化深度采用数字卡尺测量，测量精度为 0.01mm。每组取 3 份样品进行检测，每份样品沿截面取 3 点测量，通过平均 9 个测试点的结果，计算不同碳化时期的碳化深度。

本节采用的电化学阻抗谱仪，探究实验测试尺寸为 30mm×30mm×30mm 的试样在外加交流电场下的电化学阻抗响应。EIS 测试原理在于水泥基材料中不同水化相内电荷转移对应的电化学响应可由施加在不同频率的交流电流信号确定。基于水泥基复合材料的整体导电率与孔隙结构相关，且孔隙网络内碱性溶液离子浓度会影响不同阶段的电化学相应。因此，在交流阻抗测试之前，不同的试样首先浸泡于不同的溶液中，以保持孔隙网络中相同的碱离子浓度。对于碳化试样，在 EIS 测试之前，所有样品都浸在去离子水中（样品与水的体积比为 1∶3），以确保样品的导电性；而对于 28d 的废弃 CRT 玻璃水泥砂浆则浸泡于饱和石灰水，以维持孔隙网络中相同的碱离子浓度。二者浸泡 24h 后，将样品夹在置于模具内的两个平行电极之间，在 1～10MHz 的频率范围内进行 EIS 测试，并根据得到的 EIS 实验结果，选择等效电路模型进行拟合，从而计算出等效电路中的电路元件值。最后，基于不同的实验分析该电路中各电路元件的数值，评价水泥基复合材料离子在各水化相及不同浆体—骨料界面间的运输及扩散。

本节采用 AutoPore IV 9500 压汞仪对试样孔结构进行孔隙粒径范围为 0.006～5.24μm 的检测。MIP 测量孔隙分布原理是基于汞在多孔材料中的压入体积取决于所施加的压力大小。因此，在本节中采用能够检测孔径在 0.006～21μm 的孔隙度计，最大和最小施加压力对应于 414MPa 和 345kPa。本实验中的样品由 30mm×30mm×30mm 的模具浇筑而成，在 MIP 实验进行之前，将 30mm×30mm×30mm 的试件用精密切割机切成尺寸大约为 10mm×10mm×10mm 的试样，随后用酒精浸泡并将其放于 105℃烘干箱中 6h，使试件整体干燥，便于汞的注入。MIP 测试主要分为两步骤：第一步为低压模式下进汞，使环境压力逐渐增加到 345kPa，将样品的气体排空并充入汞；第二步为高压模式下进汞，使环境压力逐渐增加到 414MPa 下充入汞。

本节所采用的热重分析仪为 Netzsch STA 409 PC。TGA 是通过测定 30～1000℃加热过程中热重试样的质量损失，测定所研究胶凝材料的组成，即 CH 和 CC 含量。本实验使用材料的质量约为 20mg，升温速率为 10℃/min，氮气的流量为 50mL/min。本实验中的试样由 20mm×20mm×20mm 的模具浇筑而成，在实验之前首先将试样在 60℃下干燥 48h，接着将干燥的样品粉碎和研磨，并使其可通过 315μm 筛网。根据多项研究表明，当加温至 400～500℃时，热重测定的质量损失是 CH 分解成的 H_2O。此外，在 550～900℃范围内测量的质量损失与碳酸钙分解成 CaO 和 CO_2 相对应。

SEM 是介于透射电镜和光学显微镜之间的一种微观观测技术手段，利用二次电子信号成像，从而放大观察样品表面的微观形态。本节采用的电镜型号为 Quanta FEG250，微观图像在 20kV 下可放大不同的倍数。能谱仪可以对材料某区域的成分元素和含量进行分析，背散射是通过电子成像后物体不同的色度来分辨物质组成的。本节采用的能谱和背散射配置于电镜仪器内部，在分析电镜图像时，结合能谱和背散射可对试样同时进行化学成分分析。在此微观测试中，水泥净浆碳化样品由 10mm×10mm×10mm 的模具浇筑而成，废弃 CRT 玻璃砂浆样品由 30mm×30mm×30mm 的模具浇筑而成。在进行扫描电镜、能谱分析和背散射实验之前，根据实验目的，在试件所在龄期，将试样用精密切割机切成尺寸大概为

5mm×5mm×5mm 的试样，对用于背散射实验的样品随后再进行抛光，并用酒精超声清洗 10min。接着所有试样放于 60℃烘干箱中 12h，随后进行微观实验。进行微观实验时，试样用双面胶固定于黄铜实验台上，用 Balzer 喷射镀膜机在样本表面喷上一层 20～25Å 厚的金膜，以增加其导电性，从而提高对试件进行高倍观察和分析时的清晰度。

XRD 分析是通过 X 射线对材料进行衍射，分析所得到的图谱，从而可以判定材料的成分组成。本节所采用的 XRD 分析仪的型号和厂家分别为 X'Pert Pro MPD PW 3040/60 X-ray（PANalytical），衍射仪配备的 Cu-Kα 辐射为 40kV 和 40mA。试样磨成粉末的粒径小于 100μm 的，在 2θ 情况下，从 10°～80°的范围内采集数据，增量为 0.02°/步，扫描速度为 0.2s/步。本节所采用的试件由 10mm×10mm×10mm 的模具浇筑而成，养护 28d 后置于碳化箱。在进行 XRD 实验之前，根据实验目的，在试件所在碳化时期，将碳化试样破坏，并将其放于 80℃烘干箱中 12h，而后用研磨皿磨细至粒径小于 100μm。

5.2.4　GO 增强 OPC 抗碳化性能机理

表 5-7 为不同碳化时期 GO 的质量分数分别为 0、0.05%及 0.10%的水泥净浆碳化深度。由表可知，随着 GO 掺量的增加，不同碳化时期的碳化深度随之降低，尤其对于 GO 质量分数为 0.10%时，7d 及 14d 的平均碳化深度分别为 1.32mm 及 3.09mm，而未加 GO 的对照组 7d 及 14d 的平均碳化深度分别为 3.08mm 及 6.33mm。结果表明，GO 可抑制水泥基材料的碳化进程。已有的研究表明，GO 可抑制水泥基材料中氯离子的传输及扩散。由此可推断，GO 可抑制水泥基复合材料中离子的传输及扩散。

表 5-7　不同碳化时期 GO 水泥净浆的碳化深度

碳化时间/d	碳化深度/mm		
	OPC	GO_1	GO_2
0	0	0	0
7	3.08±0.34	1.94±0.29	1.32±0.13
14	6.33±0.77	3.37±0.52	3.09±0.38
28	6.82±0.54	4.83±0.46	4.01±0.29

注：OPC 中无添加 GO，GO_1 代表 GO 质量分数为 0.05%的水泥净浆，GO_2 代表 GO 质量分数为 0.10%的水泥净浆。

通过对所研究水泥浆体的电化学和微观结构性能进行协同分析，可以得出 GO 增强 OPC 抗碳化性能机理。在最初，CO_2 溶解发生在暴露于气态 CO_2 的表面周围的孔隙内。这一阶段，二氧化碳的扩散和运输受到明显阻碍，主要是由于水化程度的增加和添加 GO 后的致密结构，有效地缓解了 CH 的溶解和 C-S-H 的脱钙。在此阶段，形成了覆盖有碳化层和 GO/C-S-H 或 GO/CH 复合材料的水合相，这也增加了抗碳化能力。在较长的碳化时间内，CH 的溶解和 C-S-H 的脱钙都会加速，尽管水泥浆体试样在没有 GO 的情况下碳化更严重。这是因为 CH 的持续消耗降低了水泥体系的 pH，从而加速了水泥浆体的碳化。由于暴露表面上的 CO_2 浓度相对较高，有 GO 和无 GO 水泥浆体的碳化速率随着 CO_2 渗透程度的降低而降低。

图 5-20 为碳化过程中不同 GO 含量的水泥净浆的 DTG。未碳化水泥试样主要可观察到三个主峰。100～300℃的峰值可归因于水的解吸和 C-S-H 及硫酸钙相的脱水；300～500℃的峰值可归因于 CH 的分解；500～900℃的峰值则归因于 CC 的脱碳化[①]。未碳化样品中 CC 的存在可能是由于初始水泥和混合水成分中原本存在 CC，或是在 28d 养护期间试样发生一定的碳化，而随后试样进行研磨成粉体也会造成一定的碳化。

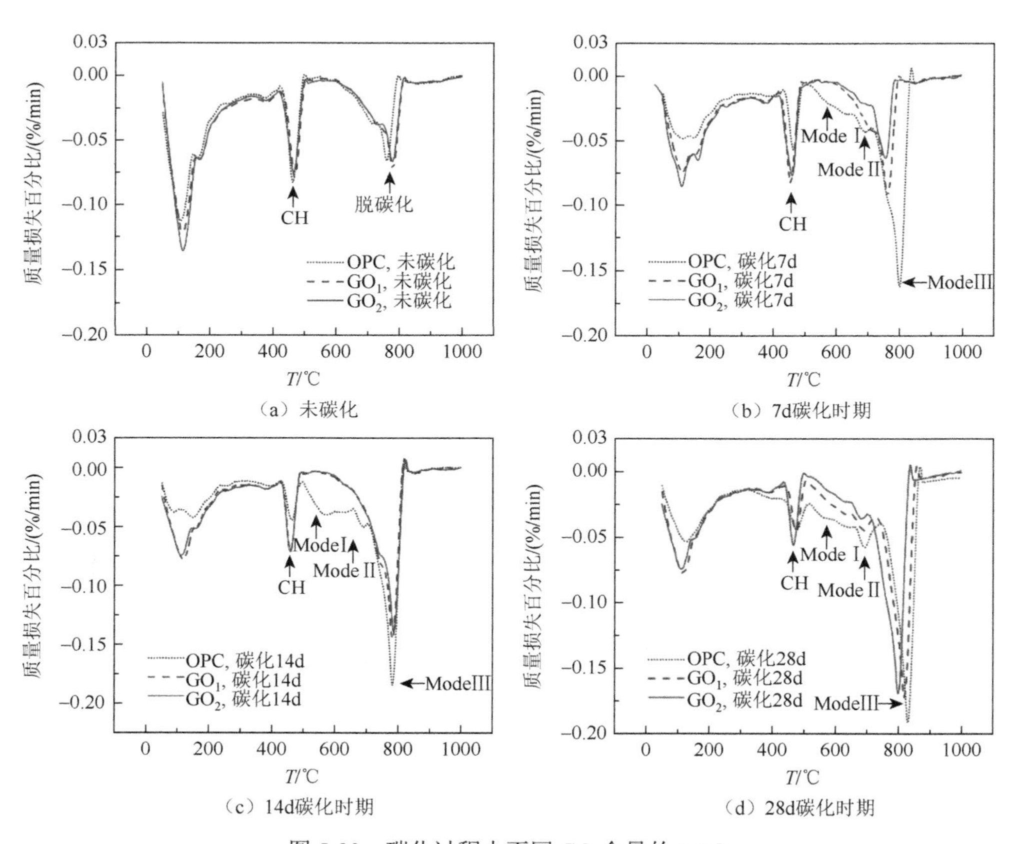

图 5-20　碳化过程中不同 GO 含量的 DTG

① 温度数据遵循“上限不在内”原则。

正如预期，试样进行加速碳化时间越长，与 CH 分解相关的峰值越小，而 CC 脱碳产生的峰值则越大。根据多项研究发现，在碳化过程中观察到在 500～900℃存在三个局部峰值[32-36]。在本节中，加速碳化 7d 后，对照组在 500～900℃明显存在三个局部峰值，并且随着碳化时间的增加，CC 的存在变得更加明显。然而，7d 加速碳化后，GO_1 和 GO_2 样品仅观察到 750～900℃的峰值，而另外两个 500～750℃的峰值即使加速碳化 28d 后也不明显。

1. GO 复合水泥净浆碳化产物热重表征

已有研究曾分析位于 500～900℃的三个峰值代表的化学组成。在 500～650℃的第一个峰（Mode I）是由碳酸钙的同素异形体转变为亚稳态碳酸钙形式造成的，即球霞石和文石[37]。然而，后者（Mode II）很容易在较低的温度范围（650～900℃）内分解，导致第二个 DTG 峰值。第三个 DTG 峰值（Mode III）通常归因于结晶良好碳酸钙的分解。此外，在 XRD 图谱中检测到碳酸钙各晶体形式，如图 5-21 所示。未加速碳化的 GO_1 样品的 CH 晶体强度远高于 28d 碳化后的对照组及 GO_1 样品。另外，28d 碳化的对照组样品的碳酸钙各晶体相强度显著高于 GO_1 样品，而 CH 晶体的强度则低于 28d 碳化的 GO_1 样品。

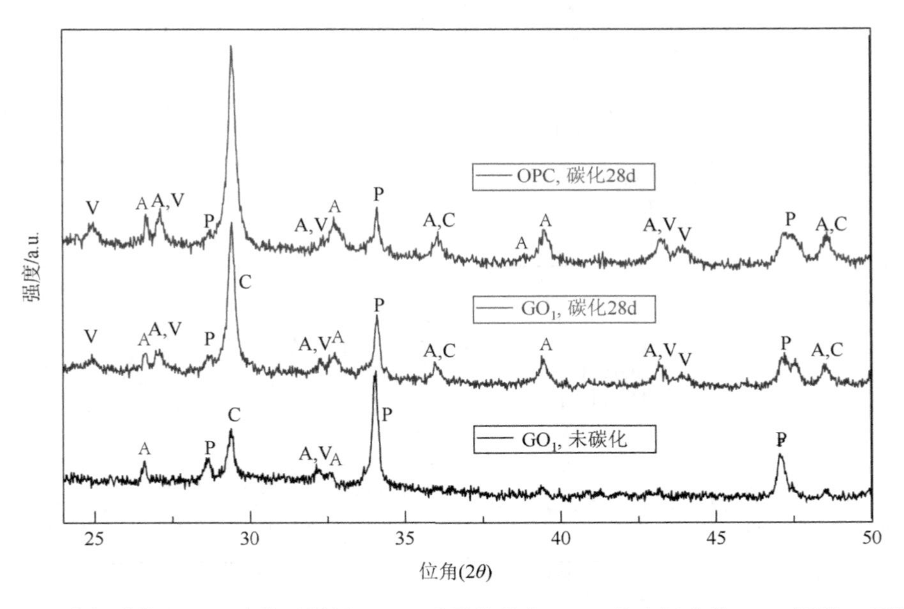

图 5-21　未经碳化及 28d 碳化对照组及 GO 质量分数为 0.05%的水泥净浆 XRD 图谱；标注为不同形式的碳酸钙（A 代表文石；V 代表球霞石；C 代表方解石；P 代表波特兰石）

已有研究表明，在碳酸钙沉淀过程中，当 pH 大于 11 时，会形成亚稳态碳酸钙化合物[38-39]。另有研究表明，当孔隙内溶液的 pH 低于 9 时，则会促进非晶态碳酸钙化合物的形成，同时非晶态碳酸钙化合物由于溶解-再沉淀过程会逐渐转化为稳定的碳酸钙[40]。此外，该研究表明相对湿度及二氧化碳气体浓度对水泥基材料碳化作用的影响，在相对湿度为 20%～80%的范围内通常会形成亚稳态的碳酸钙化合物[40]。同时，有学者指出表明，在碳化较为严重的水泥浆体中较易形成亚稳态的碳酸钙化合物[41-42]。

在本节中，加速碳化试验在相对湿度在 65%～70%进行，这有利于形成碳酸钙化合物。此外，从热重分析结果可以推断，在初始阶段，由于严重的加速碳化作用，形成对照组中亚稳态的碳酸钙化合物。然而，在 GO_1 和 GO_2 样品中，由于 GO 的加入起抑制离子转移和扩散的作用，因此，在初始阶段它们的碳化被有效抑制，从而抑制亚稳态碳酸钙化合物的形成。

2. 随碳化时间 GO 对水泥净浆碳化产物的影响

基于未碳化水泥净浆样品中含有初始的碳酸钙（在样品制备过程中形成），热重分析中由碳化过程导致碳酸钙分解量（ΔWL_{CaCO_3}）引起的相对质量损失可通过以下方法确定：

$$\Delta WL_{CaCO_3}(\%) = WL_{CaCO_3[t]}(\%) - WL_{CaCO_3[0]}(\%) \tag{5-8}$$

式中，$WL_{CaCO_3[t]}$ 表示碳化 7d、14d 和 28d 后检测到的质量损失；$WL_{CaCO_3[0]}$ 表示初始碳化阶段测得的质量损失。此外，碳酸钙分解引起损失的相对质量即由初始成分（主要是 C-S-H，$\Delta WL_{C\text{-}S\text{-}H[CaCO_3]}$）碳化所得，也是由 CH 与 CO_2 之间的化学反应所得（$\Delta WL_{CH[CaCO_3]}$）。由于碳酸钙主要是由于 CH 和 C-S-H 组分的碳化作用形成的，因此可通过减去初始阶段对应的量来确定相对质量，如下所示：

$$\Delta WL_{CH}(\%) = WL_{CH[0]}(\%) - WL_{CH[t]}(\%) \tag{5-9}$$

$$WL_{CH}(\%) = \Delta WL_{CH}(\%)\frac{MW_{CH}}{MW_{H_2O}} \tag{5-10}$$

$$\Delta WL_{CH[CaCO_3]}(\%) = WL_{CH}(\%)\frac{MW_{CaCO_3}}{MW_{CH}} \tag{5-11}$$

$$\Delta WL_{C\text{-}S\text{-}H[CaCO_3]}(\%) = \Delta WL_{CaCO_3}(\%) - \Delta WL_{CH[CaCO_3]}(\%) \tag{5-12}$$

式中，ΔWL_{CH} 表示热重分析中由碳化过程导致 CH 分解而引起的质量损失；$WL_{CH[t]}$ 表示样品碳化 7d、14d 和 28d 后热重分析测得的质量损失；$WL_{CH[0]}$ 表示初始碳化阶段测得的质量损失；WL_{CH} 表示 CH 的量；MW_{CH}、MW_{H_2O} 和 MW_{CaCO_3} 表示 CH、H_2O 和 $CaCO_3$ 的相对分子质量。

图 5-22 为热重分析测定的各试样 CH 质量[见图 5-22（a）]及由碳化过程导致

CH 分解而引起的质量损失[见图 5-22（b）]。根据研究表明，GO 水泥浆体中形成反应核后，有助于水化程度增加，使得 CH 质量增加[43]。由图 5-22（a）、（b）可知，加速碳化前含 GO 试样的 CH 质量高于对照组，表明 GO 的掺入提高了水泥浆体的水化程度。通常情况下随着碳化进程，水泥中 CH 质量不断下降。尽管含 GO 水泥试样的 CH 质量较高，但 GO 质量分数为 0.1%和 0.2%的水泥试样的 CH 消耗量远低于 7d 碳化过程中对照组的测量值。造成这一现象的主要原因可能是 GO 的加入使得水化程度提高，这有效地阻碍离子传输与扩散。然而，在碳化 7d 后测量的 GO 质量分数为 0.1%和 0.2%的水泥样品的 CH 消耗量则高于对照组。在此阶段，当二氧化碳溶解于孔隙液后，含 GO 的水泥试样的离子扩散阻力降低，而因其较对照组高的 CH 质量和低孔隙液 pH，CH 则得到进一步消耗。此外，相关研究表明，样品中的 CO_2 不均匀：试样表面孔隙液浓度高于内部孔隙液浓度[41-42]。因此，在 CH 连续消耗过程中，其碳化作用将逐渐减弱，故对于所有的试样，在经过 14d 的加速碳化后，碳化逐渐趋于停止。

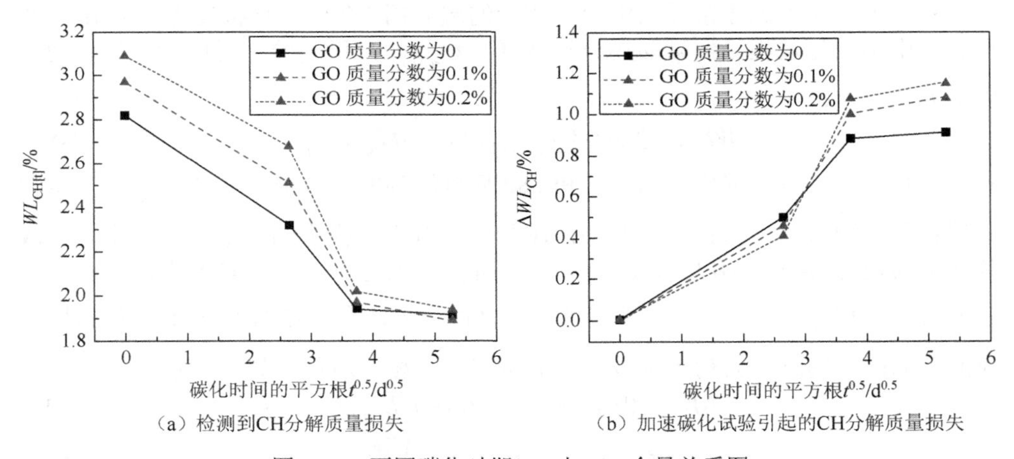

（a）检测到CH分解质量损失　　（b）加速碳化试验引起的CH分解质量损失

图 5-22　不同碳化时期 GO 与 CH 含量关系图

图 5-23 为 C-S-H 分解质量关系图，即检测到 C-S-H 分解质量损失[图 5-23（a）]及加速碳化试验引起的 C-S-H 分解质量损失[见图 5-23（b）]。为了消除未碳化前原有碳酸钙对加速碳化过程中碳酸钙测量精确度的影响，根据式（5-12）可知从碳酸钙测量总量中减去未碳化前原有碳酸钙测量值。由热重分析可知，GO 的加入使得水泥净浆由于碳酸钙脱碳而出现的质量损失值较低，说明掺入 GO 能有效地提高水泥的抗碳化性能。特别是在碳化 7d 内，由于对照组、GO 质量分数为 0.1%、0.2%的样品的 CH 和 C-S-H 碳化而产生的碳酸钙质量损失分别为 5.75%、1.19%和 1.03%，这表明 GO 的加入有效抑制前期 7d 的碳化。在减去 CH 碳化导致生成的碳酸钙后，GO 质量分数为 0.1%和 GO 质量分数为 0.2%的水泥净

浆脱碳过程中碳酸钙质量损失分别为 0.18%和 0.13%。结果表明，GO 的加入能有效地抑制 C-S-H 在初始阶段的碳化作用，而碳酸钙主要是由于 CH 的碳化作用产生的。

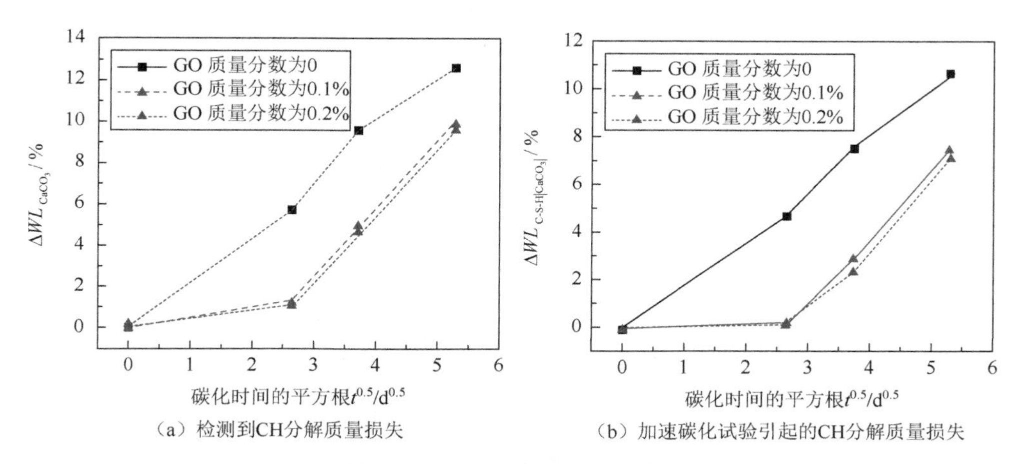

（a）检测到CH分解质量损失　（b）加速碳化试验引起的CH分解质量损失

图 5-23　C-S-H 分解质量关系图

然而，在碳化 7d 后，GO 质量分数为 0.1%和 GO 质量分数为 0.2%的试样的碳化速率增加，而对照组碳化速率降低。在孔隙液内二氧化碳连续溶解过程中，CH 的加速消耗降低了 GO 水泥净浆的 pH，也促进 C-S-H 的后期碳化，从而证明 GO 的加入可延迟水泥净浆的碳化，从而提高其抗碳化能力。

3. SEM-EDS 微观及元素表征

图 5-24 为碳化 7d 后的 OPC 和 GO_2 水泥浆体的扫描电镜照片，而表 5-8 为与扫描电镜结果相对应的点 1～12 的元素组成，图 5-25 为碳化 7d 后与水泥浆体的扫描电镜照片相对应的部分 EDS 曲线。图 5-24（a）显示水泥浆碳化区域的典型特征，包括不规则多面体和具有粗糙表面的球形。点 1～3 的 EDS 分析产生相对强的峰值，这归因于 C、Si 和 Ca 原子的存在。因此，可推测碳化过程中 C-S-H 的脱钙过程可能导致碳酸钙和无定形硅胶的形成。尽管从热力学角度来看，所有的 CH 都会在 C-S-H 发生碳化前溶解，但由于部分 C-S-H 处在有利的碳化位置，CH 和 C-S-H 碳化反应通常同时进行。因此，由于水泥净浆中 CH 含量明显低于 C-S-H，图 5-24（a）中描述的碳化产物主要来源于 C-S-H 的碳化。

图 5-24（b）～（d）为碳化 7d 后 GO 质量分数为 0.2%的水泥净浆微观结构。与 OPC 样品相似，GO_2 水泥浆体呈现不规则多面体和表面粗糙的球形状碳化产物。此外，还观察到部分水化物表面覆盖碳化产物，如图中的色散斑谱点

4～6 所示。然而，这些点的 EDS 分析结果如图 5-25 所示，Si 元素对应的峰值不明显，这表明 GO 水泥净浆在初始碳化阶段的碳化产物主要来源于 CH 的碳化作用。多项研究表明，水化产物表面碳酸钙层的形成可抑制进一步的内部碳化[34, 44]，在本节中，水化物表面覆盖碳化产物亦降低 GO 水泥净浆的碳化速率。有学者指出，GO 分子容易与 C-S-H 和 CH 形成强烈的共价键[25, 45]。如表 5-8 所示，与在碳化区域色散谱斑点 4～6 相比，色散谱斑点 7～9 的 EDS 分析 C、O 和 Si 峰值更强。同时，研究表明 GO/水化产物复合物呈现平整面的形状，5.3.2 节亦从高分辨率电镜中观察到层状结构的 GO/水化产物复合物[46]。因此，可推测图 5-24（c）中 7～9 点区域是碳化后的 GO/C-S-H 或 GO/CH 复合物。

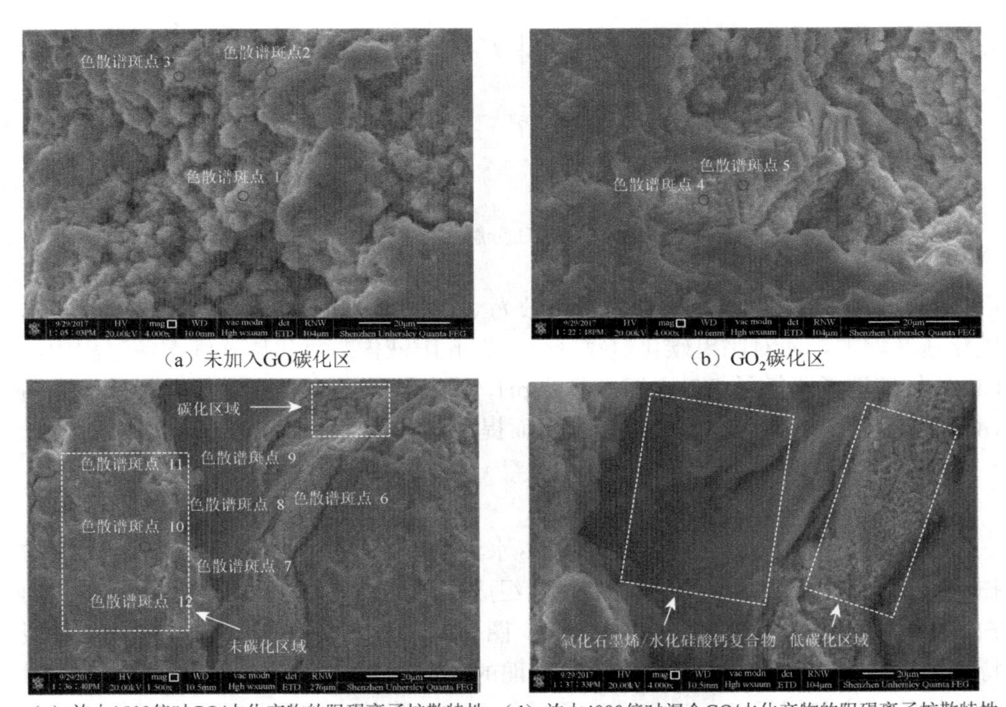

图 5-24　碳化 7d 后的 OPC 和 GO_2 水泥浆体的扫描电镜照片

表 5-8　与扫描电镜结果相对应的色散谱斑点 1～12 的元素组成　（单位：%）

色散谱斑点		C	O	Si	Ca
区域 1	1	35.02	45.07	5.99	13.92
	2	28.92	47.91	6.56	16.61
	3	26.62	49.66	3.20	20.52

续表

色散谱斑点		C	O	Si	Ca
区域 2	4	4.55	35.23	—	64.21
	5	5.75	52.21	—	42.04
	6	3.87	48.35	1.02	46.76
区域 3	7	17.14	42.31	4.12	36.43
	8	10.09	52.94	5.01	31.97
	9	9.27	41.40	4.13	45.20
区域 4	10	—	61.65	10.80	27.56
	11	—	41.61	9.54	48.85
	12	—	48.69	11.62	39.69

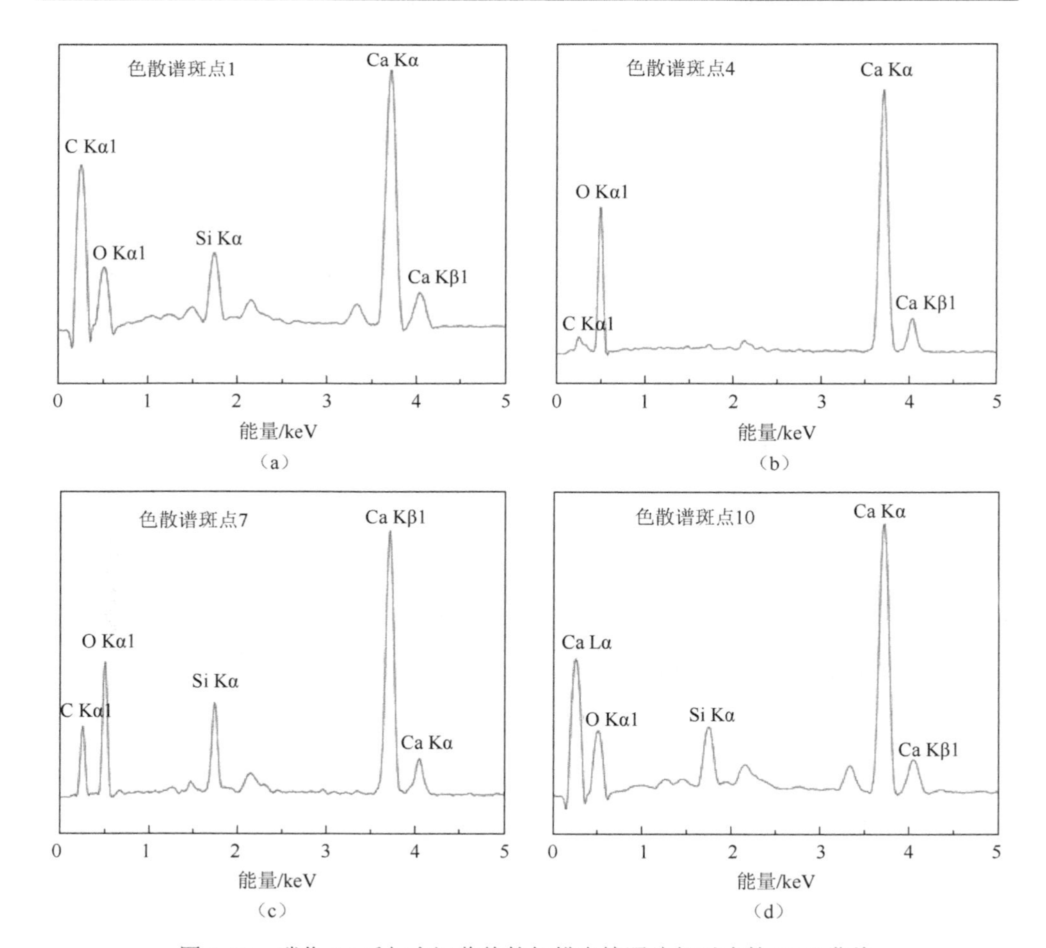

图 5-25　碳化 7d 后与水泥浆体的扫描电镜照片相对应的 EDS 曲线

此外，对靠近碳化区的色散谱斑点 10～12 也进行 EDS 分析，与色散谱斑点 11 和 12 相比，碳化区更靠近接触二氧化碳气体的表面。此处 EDS 光谱中不含 C 峰值，说明 GO 与 C-S-H 或 GO 与 CH 的复合材料的存在可能抑制碳化过程。

4. 孔结构分析

水泥基材料的碳化作用使其孔隙结构发生显著变化，在掺入 GO 后，在未进行加速碳化实验前水泥样品的孔隙率降低[见图 5-26（a）]，表明 GO 的加入可提高水泥浆体的密实度。此外，由图可知，随着碳化时间的增加，无论样品有无加入 GO，其孔隙率均降低，尤其是在碳化的前 7d，对照组的孔隙率显著降低，并且远低于同一时期 GO 质量分数为 0.1%和 GO 质量分数为 0.2%的试样的孔隙率。图 5-26（b）为未碳化和碳化 28d 后 GO 质量分数为 0.2%的试样的孔径分布。与未碳化的 GO 质量分数为 0.2%的试样相比，在碳化 28d 时，GO 质量分数为 0.2%的试样在 6～400nm 范围内的增量孔隙明显减小，而在 0.4～120μm 范围内，增量孔隙没有明显变化。研究表明，由于 CH 的碳化作用，碳化过程显著降低水泥基材料的毛细孔隙体积，最终堵塞孔隙结构[47]。然而，有学者指出，C-S-H 脱钙通常发生暴露于二氧化碳后，从而导致 C-S-H 的碳化，形成摩尔体积小于 C-S-H 的碳化产物，最终导致孔堵塞[41-42]。因此，对照组（与 GO 质量分数为 0.1%和 GO 质量分数为 0.2%的试样相比）的孔隙度明显较低，这可能是由于其 C-S-H 组分严重碳化所致。

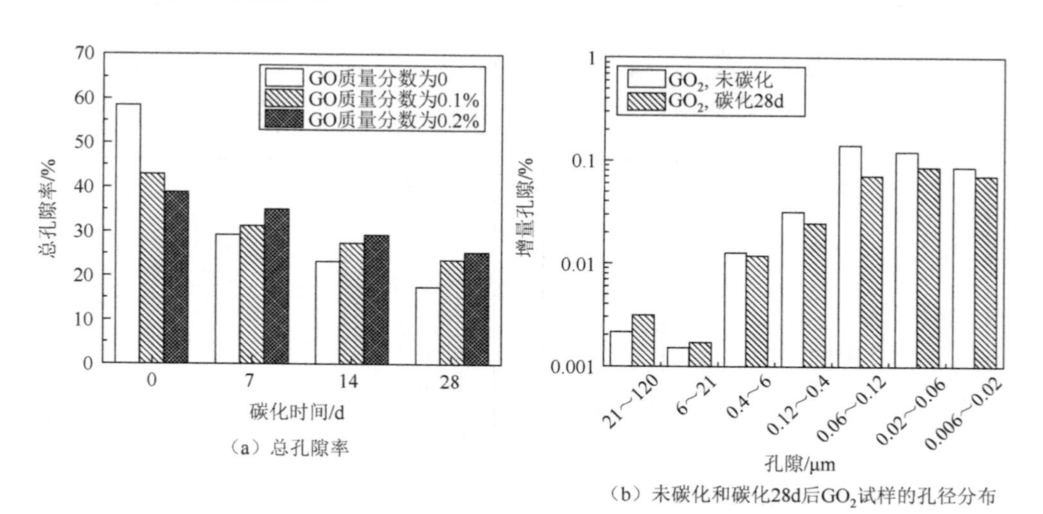

（a）总孔隙率

（b）未碳化和碳化28d后GO_2试样的孔径分布

图 5-26　在不同的碳化龄期随不同 GO 含量的孔隙变化

孔隙数据按“上限不在内”原则处理

5.3 GO 复合 OPC 抗溶蚀性性能研究

5.3.1 试验方案

通过 ICP-MS、XRD、TGA、MIP 和 SEM 等实验技术手段，研究去离子水浸泡后溶蚀对 GO 复合水泥净浆的离子浸出浓度、化学组成、孔隙结构和微观结构的影响，初步表征 GO 对水泥净浆的抗溶蚀性能的增强效应；其次通过溶蚀深度试验、电化学特性试验（EIS）、抗压强度试验、SEM 等手段探究 6mol/L 氯化铵溶液浸泡后溶蚀对 GO 复合水泥净浆的溶蚀深度、抗压强度、电化学特性和微观结构的影响，揭示溶蚀下 GO 复合水泥净浆的电化学特性变化，建立基于电化学理论的溶蚀深度和抗压强度损失的预测模型。

根据前期文献综述可知，浆体的溶蚀在自然界中是一个相当缓慢的过程。为了能够在实验室中观察到短期现象，往往需要在实验测试过程中采用加速测试的办法。目前，常用的加速手段有：去离子水浸泡法、6mol/L 硝酸铵溶液浸泡法、6mol/L 氯化铵溶液浸泡法等。考虑硝酸铵是制备易爆化学产品的基础材料，使用 6mol/L 硝酸铵溶液浸泡法进行加速溶蚀实验具有相当大的安全风险。因此，本书采用了去离子浸泡法和 6mol/L 氯化铵溶液浸泡法进行加速溶蚀实验。对于 GO 复合硅酸盐水泥净浆，首先在液体与样品质量比为 1000 的条件下使用去离子水浸泡样品 0d、14d 和 28d，再通过使用电感耦合等离子质谱仪检测浸出液中离子浓度，通过使用 X 射线衍射仪、热重分析仪、MIP、SEM 进行样品化学组成和微观结构检测。同时，在液体与样品体积比为 20 的条件下使用 6mol/L 氯化铵溶液浸泡样品 0d、7d、14d、21d、28d 和 35d，再通过恒载抗压试验机、酚酞试剂、电化学工作站和扫描电镜进行样品溶蚀行为的宏观-微观表征和电化学特性表征。对于含 Pb 的矿渣基碱激发净浆，在液体体积与样品表面积比为 6.0cm±1.0cm 的条件下使用去离子水浸泡样品 0d、7d、14d、21d、28d 和 35d，再通过使用电感耦合等离子质谱仪检测浸出液中离子浓度，通过使用 X 射线衍射仪、热重分析仪、核磁共振谱仪、MIP 和电化学工作站进行样品化学组成、微观结构、电化学特性检测。所有的加速溶蚀实验皆在密封的容器内进行，环境温度为 20℃±2℃。

溶蚀涉及孔溶液中钙离子的流失和含钙水化产物的溶解。作为溶蚀的结果，浆体的碱度会不断降低。因此，酚酞试剂成为了初步检测溶蚀深度的有效措施，其原理是遇酸性或中性溶液不变色，遇碱性溶液变红色。具体操作方法如下：第一，通过使用去离子水将 1g 酚酞和 90mL 的 95.0%乙醇水溶液的混合物稀释至 100mL 来制备酚酞试剂。第二，将浸出样品横向切分成两部分。第三，立即清洁其中一个暴露的新鲜表面，并用酚酞溶液喷涂。第四，使用数字游标卡尺确定样品的四个浸出前沿，测量精度为 0.01mm。每个前沿都在三个适当的点进行了测试，如图 5-27 所示。计算公式如下所示：

$$d=\frac{1}{12}(d1+d2+d3+d4+d5+d6+d7+d8+d9+d10+d11+d12) \tag{5-13}$$

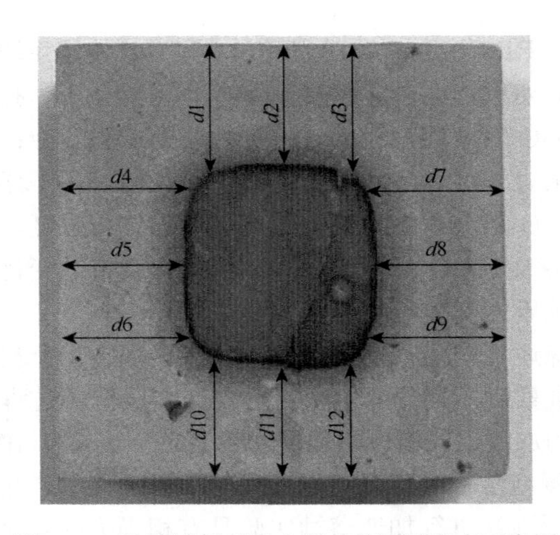

图 5-27　酚酞试剂对浸出样品的测试取点示意图

5.3.2　试验试块制备

通过使用不同配合比制备 GO 复合水泥净浆以考察不同溶蚀条件下浆体的溶蚀行为。第一，如表 5-9 所示，第一批次的 GO 复合水泥净浆的配合比条件如下：水灰比为 0.5；GO 质量分数为 0、0.1%和 0.2%；每加入 0.1g GO 对应加入 0.32g P-HRWR。制备完成后，将第一批次试块置于标准养护室中，于 20℃±2℃和大于 95%相对湿度的条件下养护 28d；而后，以液体与试块质量比为 1000 的条件下使用去离子水浸泡试块 0d、14d 和 28d（密闭容器、20℃±2℃）；在不同的浸泡时间下，提取试块与浸出液完成 ICP-MS、XRD、TGA、MIP 和 SEM 实验。

表 5-9　第一批次 GO 复合水泥净浆配合比

样品	水泥的质量/g	水的质量/g	水灰比	GO 的质量/g	P-HRWR 与 GO 的质量比
OPC	100	50	0.5	0	0
G_1	100	50	0.5	0.1	3.2
G_2	100	50	0.5	0.2	6.4

第二，如表 5-10 所示，第二批次的 GO 复合水泥净浆的配合比条件如下：水灰比为 0.4；GO 质量分数为 0、0.05%、0.1%、0.15%和 0.2%；P-HRWR 和 GO 的质量比恒定为 3.0。制备完成后，将第二批次试块置于标准养护室中，于 20℃±2℃和大于 95%相对湿度的条件下养护 28d；而后，以液体与试块体积比为 20 的条件下使用 6mol/L 氯化铵溶液浸泡试块 0d、7d、14d、21d、28d 和 35d（密闭容器、20℃±2℃）；在不同的浸泡时间下，提取试块完成溶蚀深度、抗压强度、EIS 和 SEM 实验。

表 5-10　第二批次 GO 复合水泥净浆配合比

样品	水泥的质量/g	水的质量/g	水灰比	GO 的质量/g	P-HRWR 与 GO 的质量比
OPC	100	40	0.4	0	—
G_1	100	40	0.4	0.05	3.0
G_2	100	40	0.4	0.10	3.0
G_3	100	40	0.4	0.15	3.0
G_4	100	40	0.4	0.20	3.0

5.3.3　GO 对 OPC 抗溶蚀性能影响

GO 大大提高了 OPC 的抗溶蚀性能。在去离子水浸泡下，随着 GO 的加入及掺量的增加，硅酸盐水泥净浆的 Ca^{2+}浸出量逐渐降低；同时，CH 作为主要的析出物质，其质量损失也逐渐减少。这表明 GO 的加入可以抑制溶蚀下浆体中钙相的溶解及 Ca^{2+}的流失。另外，随着 GO 的加入及掺量的增加，浆体的总孔隙率增加量逐渐减小；特别是直径在 1～5μm 的孔的增加大幅降低。这表明 GO 的加入可以有效抑制溶蚀下浆体的孔的形成；此外，GO 的加入还可以改善溶蚀浆体的微观结构。

在 6mol/L 氯化铵溶液的浸泡下，随着 GO 的加入及掺量的增加，硅酸盐水泥净浆的溶蚀深度逐渐减小，抗压强度损失也逐渐降低。这表明 GO 的加入可以抑制溶蚀浆体的宏观劣化。另外，随着 GO 的加入及掺量的增加，样品劣化区的溶蚀产物和新增微孔数量减少。这也表明 GO 的加入可以改善溶蚀浆体的微观结构。此外，随着 GO 的加入及掺量的增加，溶蚀浆体的阻抗 R_{CCP} 损失率逐渐减小；同时，阻抗 R_{CCP} 还被应用于准确预测溶蚀浆体的溶蚀深度和抗压强度损失。最后，GO 的加入减缓了硅酸盐水泥净浆的钙溶蚀可以认为是 GO 吸附了孔隙溶液中的 Ca^{2+}，并改善了水泥浆体的微观结构。

经过多项试验研究可得 GO 对 OPC 抗溶蚀性能的影响有以下几点：

①不同 GO 质量分数（0、0.05%、0.10%、0.15%、0.20%）对 6mol/L 氯化铵溶液浸泡下的硅酸盐水泥净浆的溶蚀深度的影响，结果表明，样品的溶蚀深度随 GO 含量的增加而降低。溶蚀 35d 后，OPC、G_1、G_2、G_3 和 G_4 的溶蚀深度分别为 9.34mm、8.66mm、8.29mm、7.58mm 和 6.48mm。此外，OPC 的浸出系数高于 G_4 的 1.45 倍。以上数据皆表明 GO 的添加可以有效地减轻水泥基复合材料的钙溶蚀。

②不同 GO 质量分数（0、0.05%、0.10%、0.15%、0.20%）对 6mol/L 氯化铵溶液浸泡下的硅酸盐水泥净浆的抗压强度的影响，结果表明，溶蚀 35d 后，OPC、G_1、G_2、G_3 和 G_4 的抗压强度损失分别为 78.54%、76.33%、72.10%、70.80%和 68.87%。溶蚀早期的抗压强度的快速损失可以归因于由 CH 溶解产生的额外的毛细孔。

③不同 GO 质量分数（0、0.10%、0.20%）对去离子水浸泡下的硅酸盐水泥净浆的化学组成的影响，结果表明，与 C-S-H 和 C6AS3H32 相比，在钙溶蚀过程中，CH 是主要的溶解物质。随着溶蚀的进行，CH 的溶解率随着浓度梯度的降低而降低。溶蚀 28d 后，OPC 中 CH 的质量损失（4.91%）最大，其次是 G_1（4.04%）和 G_2（3.90%）。以上数据皆表明，GO 的添加可以抑制钙的溶解并减轻水泥浆体的钙溶蚀。

④不同 GO 质量分数（0、0.10%、0.20%）对去离子水浸泡下的硅酸盐水泥净浆的孔隙结构的影响，结果表明，溶蚀 28d 后，OPC 的总孔隙率的增量（25.6%）大于 G_1（3.8%）和 G_2（5.0%）的总孔隙率的增量。与 G_1（0.7%）和 G_2（1.2%）相比，OPC（9.9%）总孔隙率的增加主要是微孔的增加。因此，GO 的加入可以抑制直径在 1μm 至 5μm 的孔的形成并改善溶蚀浆体的孔结构。

⑤不同 GO 质量分数（0、0.10%、0.20%）对去离子水浸泡下的硅酸盐水泥净浆的微观结构的影响，结果表明，溶蚀前，添加 GO 的样品中会发现具有较少微裂纹和微孔的致密微观结构。溶蚀 28d 后，由于 CH 和 C-S-H 的溶解较少，GO 的加入可以改善溶蚀样品的微观结构。

⑥不同 GO 质量分数（0、0.05%、0.10%、0.15%、0.20%）对 6mol/L 氯化铵溶液浸泡下的硅酸盐水泥净浆的微观结构的影响，结果表明，溶蚀的样品可分为两个区域：退化区和完整区。溶蚀 14d 后，随着 GO 含量的增加，样品退化区的溶蚀产物和新增微孔数量减少。这表明 GO 的加入可以改善溶蚀浆体的微观结构。

5.3.4　GO 增强 OPC 抗溶蚀性能机理

图 5-28 和表 5-11 显示了暴露于 6mol/L 氯化铵溶液的 GO 复合水泥浆体的时变溶蚀深度的平均值。从图中可以看出，由于溶蚀的进行，材料内部钙离子不断地向 6mol/L 氯化铵溶液中迁移，因此水泥浆体孔隙溶液与周围环境之间的 Ca^{2+}

浓度梯度不断减小。所有样品的溶蚀深度增长率均逐渐降低。此外，样品的溶蚀深度随 GO 含量的增加而降低。其中，溶蚀 28d 后，OPC、G_1、G_2、G_3和G_4的溶蚀深度分别为 8.96mm、8.33mm、7.97mm、7.07mm 和 5.97mm。溶蚀 35d 后，OPC、G_1、G_2、G_3和G_4的溶蚀深度分别为 9.34mm、8.66mm、8.29mm、7.58mm 和 6.48mm。特别地，溶蚀 35d 后的G_4的溶蚀深度（6.48mm）仍然低于溶蚀 21d 后的 OPC 的溶蚀深度（7.55mm）。以上数据初步得出以下定性结论：①GO 的加入可以明显提高硅酸盐水泥净浆的抗溶蚀性能；②在 0～0.2%的范围内，GO 的质量分数越高，浆体的抗溶蚀性能越佳。根据前期综述可知，GO 的加入对水泥基复合材料的氯离子迁移有强烈的阻挡作用[48-49]。因此，GO 的加入对浆体溶蚀深度的抑制可以理解为 GO 的添加限制了 Ca^{2+}和有害离子（如：NH_4^+和 Cl^-）的扩散，从而减轻浆体的钙溶蚀现象。

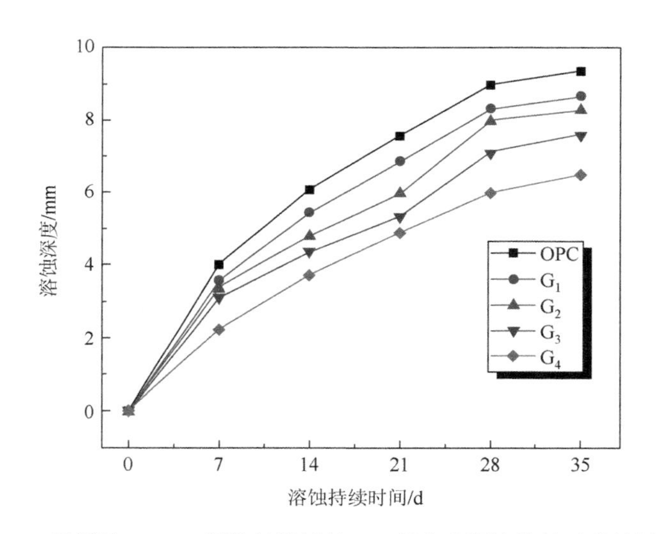

图 5-28　暴露于 6mol/L 氯化铵溶液的 GO 复合水泥净浆的时变溶蚀深度

表 5-11　暴露于 6mol/L 氯化铵溶液的 GO 复合水泥净浆的时变溶蚀深度

溶蚀持续时间/d	时变溶蚀深度/mm				
	OPC	G_1	G_2	G_3	G_4
0	0	0	0	0	0
7	3.99	3.57	3.33	3.11	2.24
14	6.07	5.44	4.77	4.35	3.72
21	7.55	6.85	5.96	5.32	4.86
28	8.96	8.33	7.97	7.07	5.97
35	9.34	8.66	8.29	7.58	6.48

为了进一步确定溶蚀深度和暴露持续时间之间的关系，将表 5-11 中的测试数据拟合为 Fick 定律描述的公式：$d=k\times\sqrt{t}$，其中 d 是溶蚀深度（mm），k 是与离子扩散系数有关的浸出系数，t 是溶蚀持续时间（d）。图 5-29 显示了溶蚀深度相对于溶蚀持续时间平方根的线性拟合。图中还给出了浸出系数 k，相关系数 R，确定系数 R^2 和概率值 P。可以得到 OPC、G_1、G_2、G_3 和 G_4 的拟合曲线方程分别为 y=1.642x–0.083、y=1.524x–0.156、y=1.438x–0.263、y=1.292x–0.204 和 y=1.131x–0.300。可以清楚地看到，所有拟合曲线的 R_2 都高于 0.980，表明该曲线与测量点高度相关。在这项研究中，OPC、G_1、G_2、G_3 和 G_4 的浸出系数 k 分别为 1.642、1.524、1.438、1.292 和 1.131。根据前期文献综述可知，较小的浸出系数 k 表明浸出过程较慢。同时，浸出系数可以代表样品在特定环境下的浸出率。因此，我们可以提出以下结论：OPC 的浸出率最高，其次是 G_1、G_2、G_3 和 G_4。特别地，OPC 的浸出率高于 G_4 的浸出率的 1.45 倍。这些结果都可以进一步表明，GO 的加入有效地抑制了硅酸盐水泥净浆的溶蚀过程。

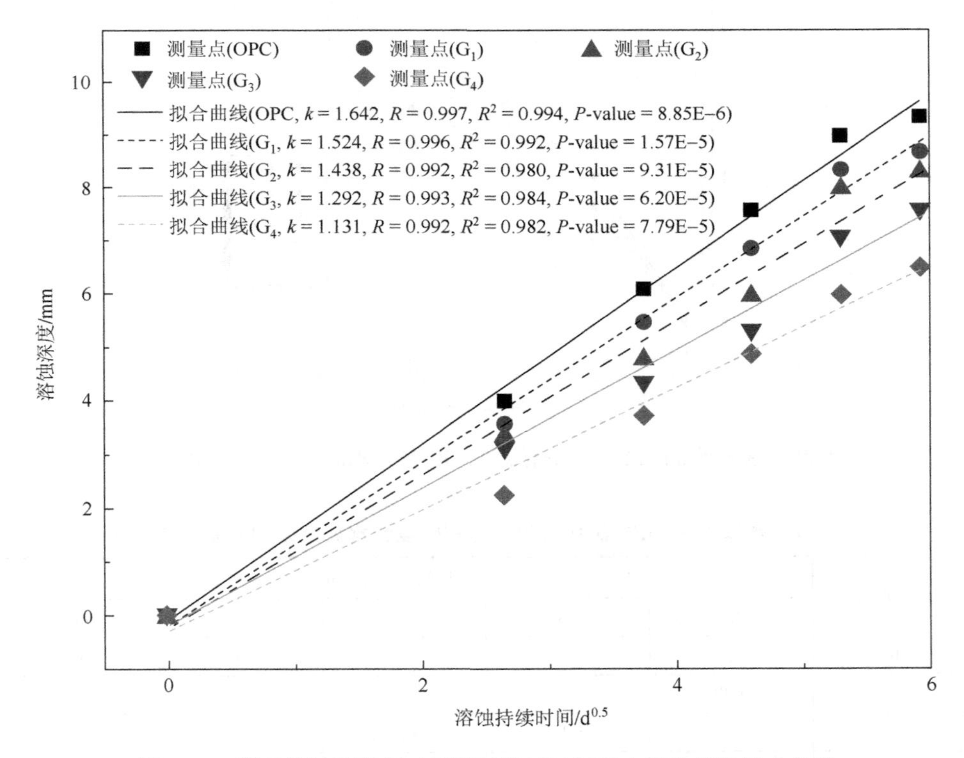

图 5-29　样品溶蚀深度相对于溶蚀持续时间平方根的线性拟合关系

抗压强度值是衡量材料工程性能最重要的指标之一。尤其对于暴露于耐久性问题的建筑材料而言，抗压强度测试是检测材料是否具有安全性的最重要的测试之一。作为这项研究中使用的另一种宏观测试方法，该测试提供了用于评估暴露于钙溶蚀条件下由 GO 复合硅酸盐水泥材料构成的基础设施的有效性参数。图 5-30 和表 5-12 显示了在 6mol/L 氯化铵溶液中溶蚀 0d、7d、14d、21d、28d 和 35d 后样品的抗压强度。可以清楚地看到，溶蚀前，样品的抗压强度随 GO 含量的增加而增加。与 OPC（42.4MPa）相比，G_1（45.2MPa）、G_2（49.1MPa）、G_3（50.0MPa）和 G_4（53.0MPa）的抗压强度分别提高了 6.60%，15.80%，17.92% 和 25.00%。基于前期文献综述可知，GO 的加入导致浆体的抗压强度提高归因于GO的超高比表面积提供了促进水泥水化的成核位点，以及GO的良好分散性，在纳观和微观结构水平上起到了增强作用[7]。溶蚀后，样品的抗压强度随溶蚀持续时间的增加而逐渐降低。

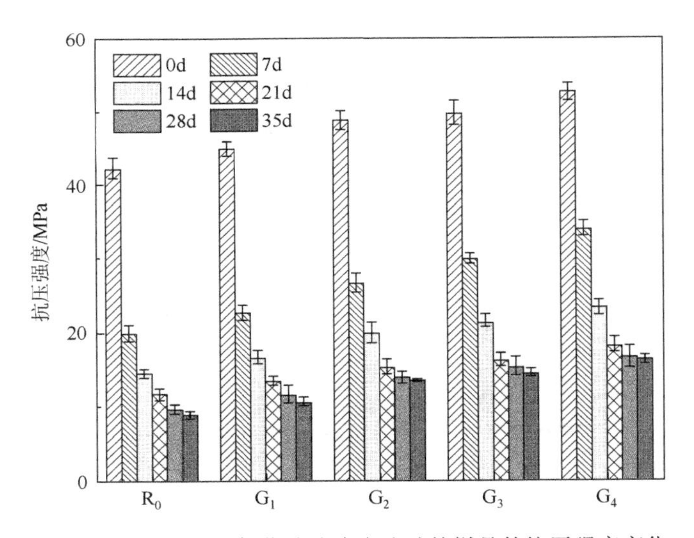

图 5-30　在 6mol/L 氯化铵溶液中溶蚀的样品的抗压强度变化

表 5-12　在 6mol/L 氯化铵溶液中溶蚀的样品的抗压强度变化

溶蚀持续时间/d	抗压强度/MPa				
	OPC	G_1	G_2	G_3	G_4
0	42.4	45.2	49.1	50	53
7	20.1	22.9	26.8	30.1	34.2
14	14.7	16.7	20.1	21.5	23.6
21	11.9	13.6	15.4	16.3	18.3
28	9.8	11.7	14.1	15.4	16.8
35	9.1	10.7	13.7	14.6	16.5

为了揭示 GO 对硅酸盐水泥净浆的钙溶蚀的影响，溶蚀样品的抗压强度损失率与溶蚀持续时间的关系如图 5-31 所示。可以清楚地看到，溶蚀样品的抗压强度损失率随着 GO 掺量的增加而降低。其中，溶蚀 28d 后，OPC、G_1、G_2、G_3 和 G_4 的抗压强度损失分别为 76.89%、74.12%、71.28%、69.20%和 68.30%。溶蚀 35d 后，OPC、G_1、G_2、G_3 和 G_4 的抗压强度损失率分别为 78.54%、76.33%、72.10%、70.80%和 68.87%。溶蚀 35d 后，OPC 的抗压强度损失率高于 G_4 的抗压强度损失率的 1.14 倍。这些结果表明 GO 的加入可以明显提高硅酸盐水泥净浆的抗溶蚀性能，在 0～0.2%的范围内，GO 的质量分数越高，浆体的抗溶蚀性能越佳。另外，溶蚀样品的抗压强度的损失率随着溶蚀持续时间增大而逐渐减慢。这种现象可以通过 CH 和 C-S-H 的溶解来解释。根据前期文献综述可知，CH 和 C-S-H 的溶解可分为三个步骤：CH 的快速溶解、C-S-H 的部分溶解、部分溶解的 C-S-H 的快速和完全脱钙[50-51]。这表明钙的溶蚀过程首先是 CH 的溶解，然后是 C-S-H 的溶解。同时，CH 的溶解会导致毛细孔（5～5000nm）的数量的增加，而 C-S-H 的脱钙导致凝胶孔（0.5～10nm）的数量的增加[52-53]。与凝胶孔相比，毛细孔的增加是导致水泥基复合材料强度降低的主要原因。因此，样品早期抗压强度的迅速降低可归因于 CH 溶解产生的额外的毛细孔，而抗压强度损失率增速的减缓可能归因于 C-S-H 脱钙形成的额外的凝胶孔。

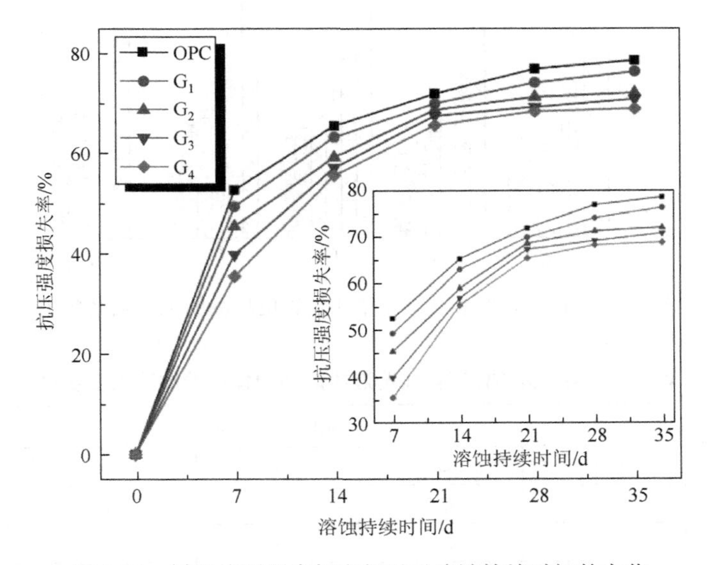

图 5-31　样品抗压强度损失相对于溶蚀持续时间的变化

为了探究溶蚀对 GO 复合硅酸盐水泥净浆的晶相化学组成的影响，我们首先进行了 XRD 测试。图 5-32（a）～（c）分别显示了溶蚀前、溶蚀 14d 和溶蚀 28d

之后的GO复合水泥净浆的XRD图谱。由图可知，GO复合水泥浆体的XRD图谱可以观测到CH、方解石（$CaCO_3$）以及钙矾石（$C_6AS_3H_{32}$）的存在，并分别标记为1、2和3。在图中，CH的峰出现在$2\theta = 18.10°$、$28.17°$、$34.22°$、$47.34°$、$51.02°$和$54.62°$处；$C_6AS_3H_{32}$的峰可以在$2\theta = 9.08°$处找到。另外，在$2\theta = 29.41°$可以观察到$CaCO_3$的存在，这可能是由于样品制备过程中发生了碳化反应，即碳酸化作用。

如图5-32（a）所示，G_1和G_2中的CH强度高于OPC中的CH强度，并且在G_1和G_2的XRD图谱中找不到新的水化相。这些结果表明GO的加入及掺量的改变并没有影响硅酸盐水泥基复合材料的晶体化学组成，而只是促进了水泥的水化过程。此外，在图5-32（b）中找不到OPC中$C_6AS_3H_{32}$的峰，这表明溶蚀14d后OPC中的$C_6AS_3H_{32}$已经完全溶解，这证实了ICP-MS分析中的推断。相应地，图5-32（c）中显示，溶蚀28d后，G_1和G_2中的$C_6AS_3H_{32}$已经完全溶解。

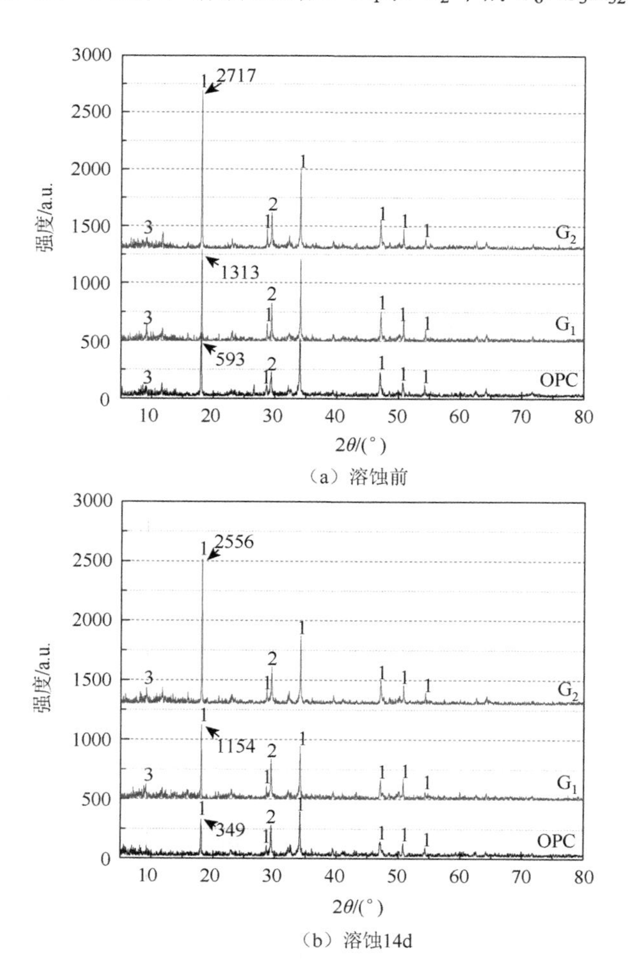

（a）溶蚀前

（b）溶蚀14d

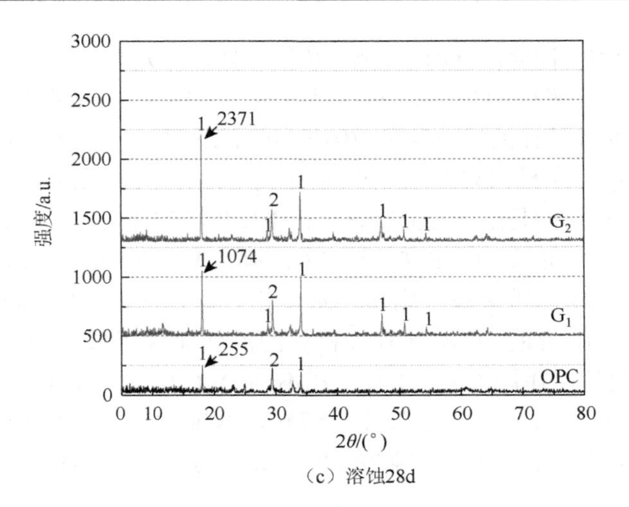

（c）溶蚀28d

图 5-32　溶蚀样品的 XRD 图谱

从图 5-32 中 CH 和 $C_6AS_3H_{32}$ 强度变化的比较及 CH 和 C-S-H 溶解体积分数的比较中可以看出，与 C-S-H 和 $C_6AS_3H_{32}$ 相比，CH 是硅酸盐水泥净浆和 GO 复合硅酸盐水泥净浆中的主要溶解物质。最后，去离子水中溶蚀 28d 后，OPC 中的 CH 强度下降最多，其次是 G_1 和 G_2。这种现象初步阐述了 GO 的加入对于 CH 溶解的抑制作用。

利用 MIP 测试探究溶蚀对孔结构的影响。图 5-33（a）、（b）分别显示了在溶蚀前和溶蚀 28d 之后 GO 复合水泥浆体的累计汞侵入曲线。根据前期文献综述可知，浆体内部的孔可以按孔径大小分为以下 5 类，包括直径小于 10nm 的凝胶微孔、直径在 10～50nm 的中孔、直径在 50～100nm 的中等毛细孔、直径在 0.1～5μm 的大

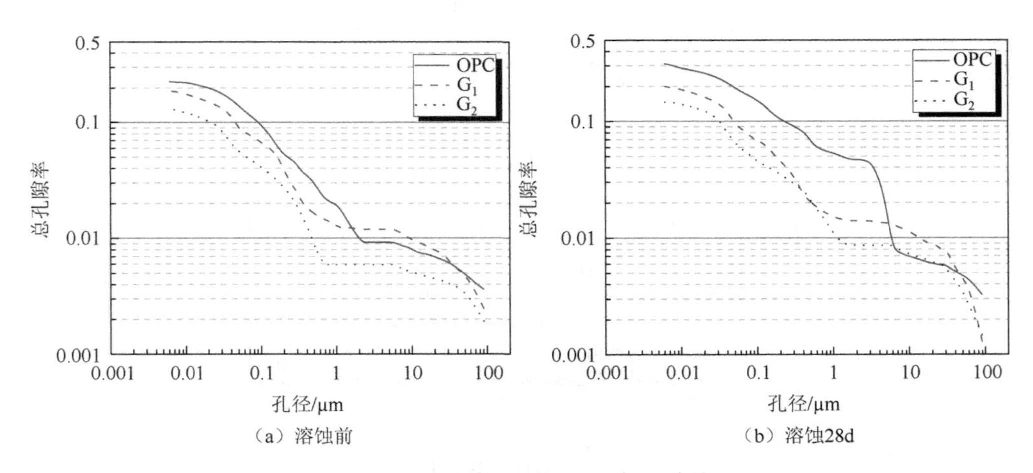

（a）溶蚀前　　（b）溶蚀28d

图 5-33　溶蚀样品的累计汞侵入曲线

型毛细孔及直径大于 5μm 的大孔[54]。为了进一步揭示 GO 对溶蚀浆体的孔结构的影响，我们还对浆体的孔体积分布曲线进行了分析。此外，在去离子水中浸泡的 GO 复合水泥浆体的总孔隙率和大型毛细孔的孔隙率变化分别显示于表 5-13 和表 5-14 中。

表 5-13　去离子水中浸泡的样品的总孔隙率变化　（单位：%）

样品编号	OPC	G_1	G_2
溶蚀前/%	68.2	56.4	38.9
溶蚀 28d 后/%	93.9	60.2	43.9
增加值	25.7	3.8	5.0

表 5-14　去离子水中浸泡的样品的大型毛细孔的孔隙率变化　（单位：%）

样品编号-溶蚀持续时间	OPC-0d	G_1-0d	G_2-0d	OPC-28d	G_1-28d	G_2-28d
0.1～1μm	28.4	26.7	24.2	28.0	25.5	21.9
1～5μm	4.4	0.2	0	14.3	0.9	1.2

注：毛细孔直径数据遵循“上限不在内”原则。

如图 5-33（a）所示，在溶蚀之前，硅酸盐水泥净浆的累计汞侵入量随 GO 含量的增加而降低。这种现象可能是由于 GO 可以促进水泥水化作用，进而促进水泥浆体形成了更致密的微观结构。图 5-33（b）表明，溶蚀 28d 后浆体的累计汞侵入曲线存在着相似的趋势。从图 5-33 的比较中可以显示，OPC 中的累计汞侵入的增量大于 G_1 和 G_2 中的累计汞侵入的增量，并且可以初步判断这种增加主要是由于直径在 1～5μm 的毛细孔的增加。从表 5-13 中可以看出，溶蚀前的 OPC、G_1 和 G_2 的总孔隙率分别为 68.2%、56.4%和 38.9%；溶蚀 28d 后，OPC、G_1 和 G_2 的总孔隙率分别增加到了 93.9%、60.2%和 43.9%。

从图 5-34 中可以看出，溶蚀前，样品中直径小于 10nm 的凝胶微孔和直接在 10～50nm 的中孔的数量随 GO 含量的增加而增加。这与已有研究的观点一致，他们认为 GO 的加入可以在水泥基质中形成更多的凝胶孔[55-56]。同时，随着 GO 含量的增加，溶蚀前样品中直径在 0.05～5μm 的毛细孔的数量减少。从图 5-34 中还可以看出，溶蚀 28d 后，G_1 和 G_2 的孔体积分布几乎与溶蚀前完全相同。但是，OPC 的孔体积分布却发生了显著的变化，尤其是直径在 0.1～5μm 的大型毛细孔的分布。如表 5-14 所示，与 G_1（0.2%～0.9%）和 G_2（0～1.2%）相比，OPC 的直径在 1～5μm 的大型毛细孔隙率从 4.4%增加到了 14.3%。

总而言之，溶蚀 28d 后，OPC、G_1 和 G_2 的总孔隙率分别增加了 25.7%、3.8% 和 5.0%。与 G_1（0.7%）和 G_2（1.2%）相比，OPC（9.9%）中较大的总孔隙率的增加与直径在 1～5μm 的孔隙率的增加密切有关。以上这些结果皆表明，GO 的加入可以抑制直径在 1～5μm 的孔的形成并细化溶蚀样品的孔结构，从而减轻硅酸盐水泥净浆的钙溶蚀现象。

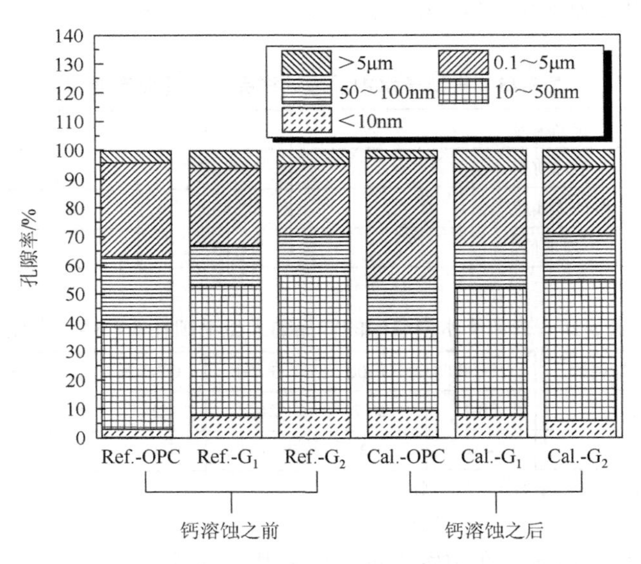

图 5-34　溶蚀前和溶蚀 28d 后的样品的孔径分布图

孔径数据按“上限不在内”原则处理。

图 5-35 显示了暴露于不同溶蚀持续时间的 G_2 样品的奈奎斯特曲线。可以发现，随着溶蚀持续时间的增加，奈奎斯特曲线的半圆直径减小。根据前期文献综述可知，奈奎斯特曲线的半圆直径与浆体的孔结构密度程度成正比[31]。因此，奈奎斯特曲线的半圆直径的减小可以归因于由于 CH 的溶解以及 C-S-H 的脱钙导致的溶蚀浆体的孔隙率增加。特别是，与溶蚀前相比，溶蚀 7 天后的 G_2 样品的奈奎斯特曲线半圆直径突然减小。结合宏观表征的结果，这种现象可以通过 Ca^{2+}浓度梯度的演变以及在溶蚀早期出现的额外的毛细孔来解释这种现象。此外，如图 5-37 所示，在 OPC、G_1、G_3 和 G_4 的奈奎斯特曲线中可以找到相同的趋势。

为了研究 GO 的添加对水泥净浆钙溶蚀的影响，溶蚀前和溶蚀 28d 后 OPC、G_2 和 G_4 的奈奎斯特曲线如图 5-36 所示。从图中可以看出，与溶蚀前相比，溶蚀 28d 后样品的奈奎斯特曲线的半圆的直径减小。而且，加入 GO 的溶蚀样品的奈奎斯特曲线的半圆的直径小于没有加入 GO 的溶蚀样品的奈奎斯特曲线的半圆的直径。特别地，当 GO 含量增加时，这种现象就更加明显。以上这些结果皆表明 GO 的加入可以有效地抑制溶蚀条件下水泥浆体的阻抗损失。根据前期文献综述可知，由于氧化石墨烯表面的含氧官能团可以与 Ca^{2+}发生反应，因此 GO 会在氢氧化钙溶液中团聚。这种现象表明，GO 的加入可以通过其表面的含氧官能团吸收或吸附水泥浆体中孔隙溶液内的 Ca^{2+}，从而减轻了水泥浆体的钙溶蚀行为。另外，未溶蚀的样品的奈奎斯特曲线的半圆直径随 GO 含量的增加而增加。这是由于 GO 的加入促进了水泥的水化作用，从而形成了致密的微观结构，导致浆体的阻抗增加。图 5-38 显示了分别溶蚀 0d、7d、14d、21d、28d 和 35d 后样品的奈奎斯特曲线。

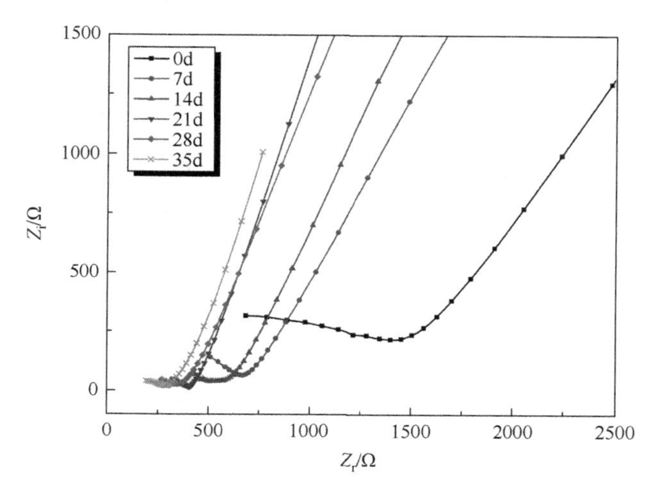

图 5-35　不同溶蚀持续时间下 G_2 样品的奈奎斯特曲线变化

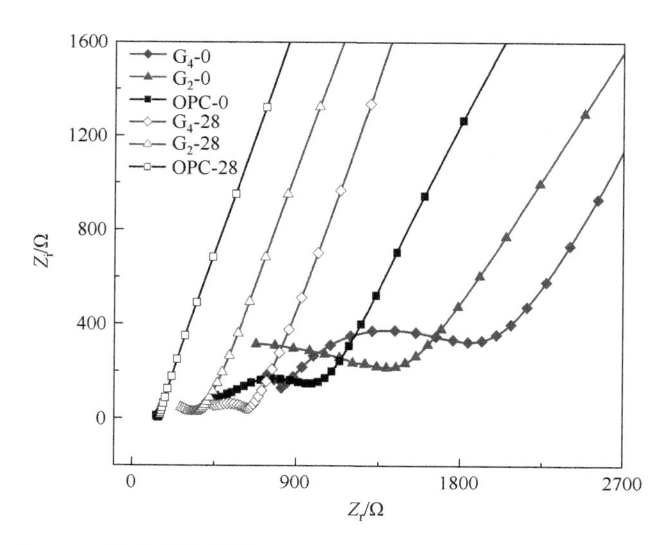

图 5-36　溶蚀前和溶蚀 28d 后 OPC、G_2 和 G_4 的奈奎斯特曲线

表 5-15 列出了在不同溶蚀持续时间内来自等效电路模型[Q_{mat}（$Q_{DP}R_{CP}$）R_{CCP}]

（Q_LR_L）的模型阻抗 R_{CCP} 的值。可以清楚地看到，随着溶蚀持续时间的增加，R_{CCP} 的值减小。其中，溶蚀 28d 后，R_{CCP} 在 OPC、G_1、G_2、G_3 和 G_4 中的损失率分别

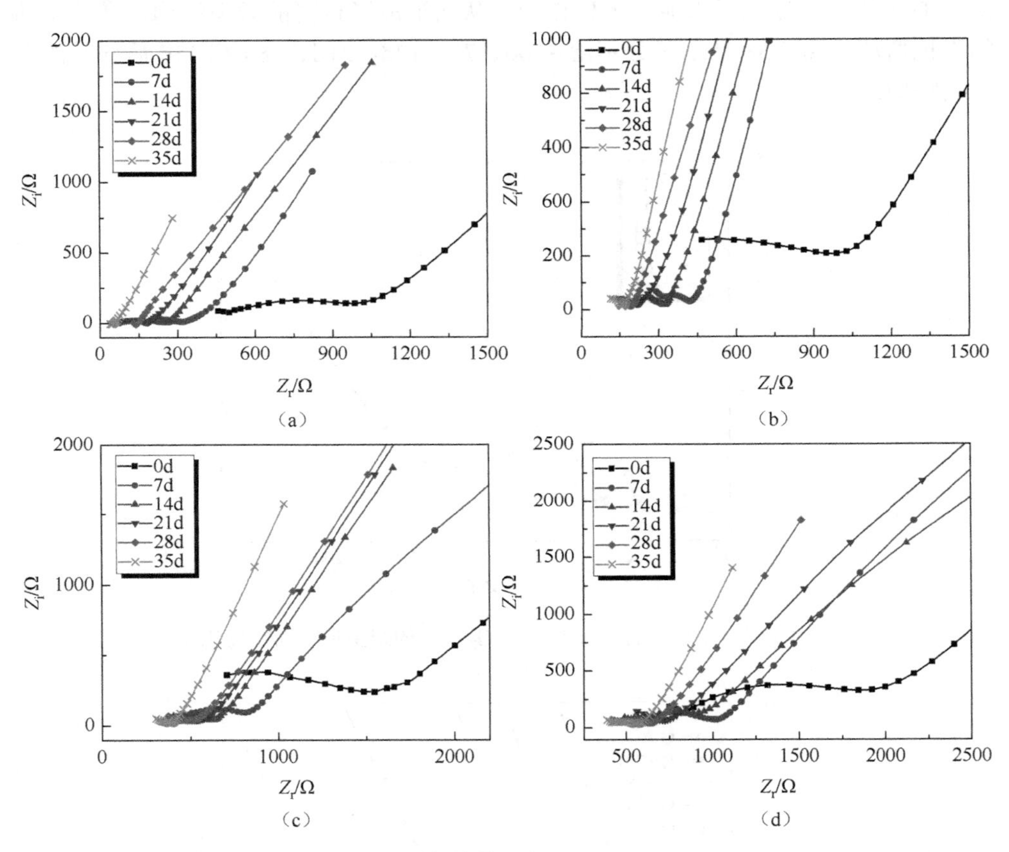

图 5-37　不同溶蚀龄期下样品的奈奎斯特曲线变化：（a）OPC；（b）G_1；（c）G_3；（d）G_4

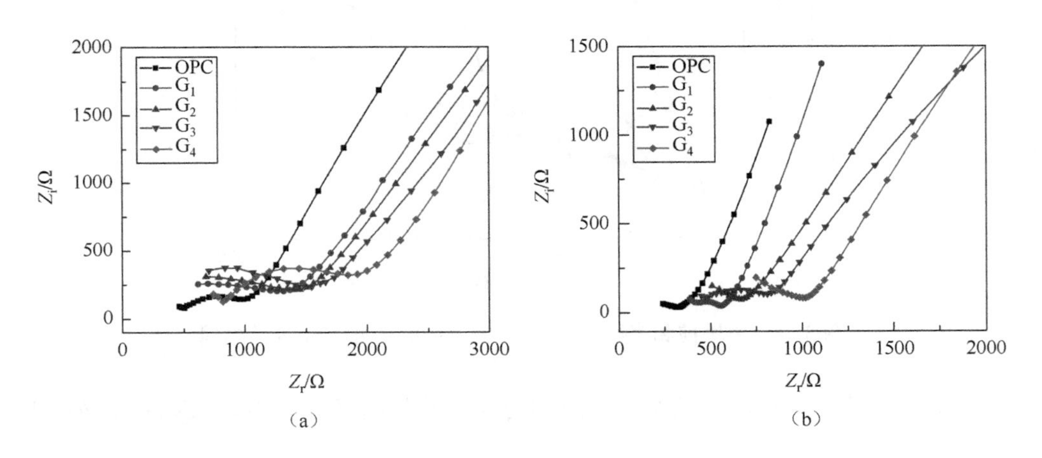

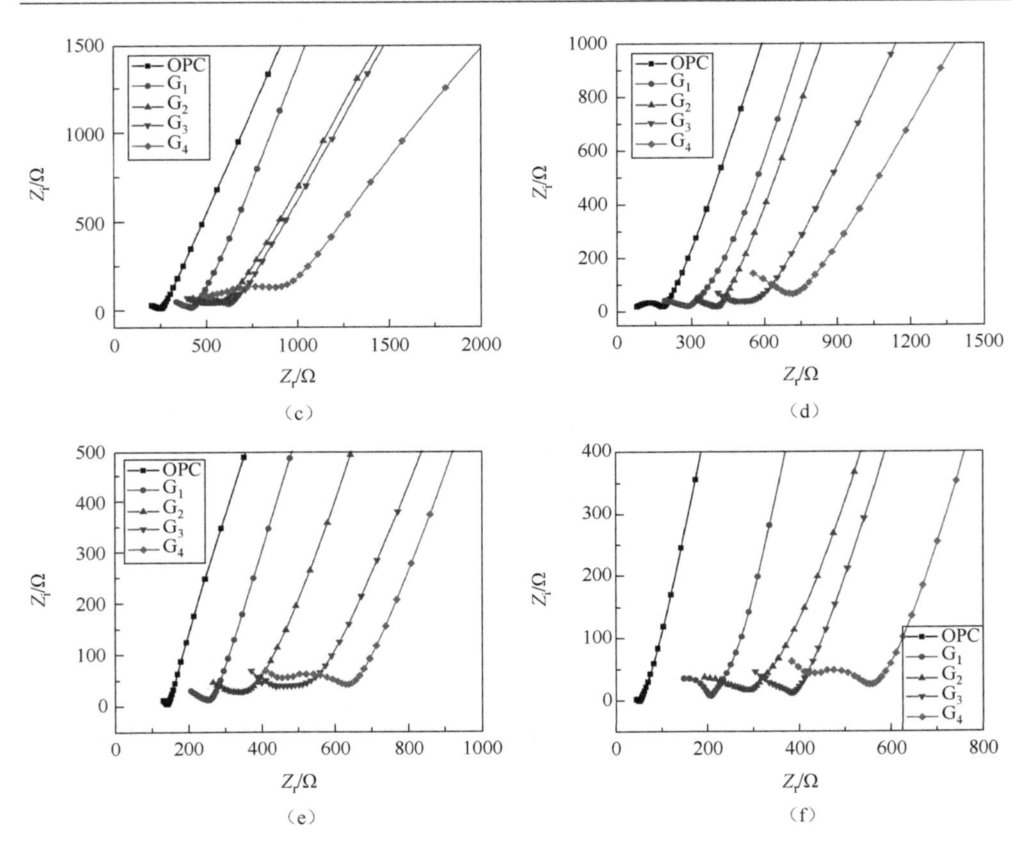

图 5-38　不同溶蚀持续时间下样品的奈奎斯特曲线：（a）溶蚀前；（b）溶蚀 7d；（c）溶蚀 14d；（d）溶蚀 21d；（e）溶蚀 28d；（f）溶蚀 35d

为 85.26%、80.19%、75.86%、71.52%和 65.55%。溶蚀 35d 后，R_{CCP} 在 OPC、G_1、G_2、G_3 和 G_4 中的损失率分别为 94.85%、84.07%、79.66%、75.34%和 68.75%。特别地，溶蚀 35d 后，OPC 中 R_{CCP} 的损失率几乎是 G_4 的 1.4 倍。以上这些结果皆可以定量地表明，GO 的添加可以抑制硅酸盐水泥净浆的钙溶蚀，并且 GO 含量越高，抑制作用越显著。

表 5-15　不同溶蚀持续时间下溶蚀样品的 R_{CCP} 的拟合值

溶蚀持续时间/d	R_{CCP}/Ω				
	OPC	G_1	G_2	G_3	G_4
0	970	1287	1421	1545	1843
7	320	556	660	801	1012
14	255	421	500	625	883

续表

溶蚀持续时间/d	R_{CCP}/Ω				
	OPC	G_1	G_2	G_3	G_4
21	182	289	401	481	710
28	143	255	343	440	635
35	50	205	289	381	576

综上所述，通过以上一系列表征实验（溶蚀深度、抗压强度、ICP-MS、XRD、TGA、MIP、SEM 和 EIS），可得出以下 GO 增强 OPC 的抗溶蚀机理：

GO 的加入可以有效减轻硅酸盐水泥净浆的钙溶蚀。同时，从 SEM-EDS 的表征可以看出，这种抑制作用可能归因于 GO 表面上含氧官能团对水泥孔隙溶液中的 Ca^{2+}的吸附，以及 GO 对水泥浆体的微观结构的增强作用。在此，我们将基于 EIS 测试结果，对 GO 复合硅酸盐水泥净浆的溶蚀机理作如下系统解释。

未溶蚀的样品的电化学阻抗随 GO 含量的增加而增加。一方面，GO 的添加可促进水泥的水化作用，这可以使浆体的微观结构更加致密化，从而增加了抵抗导电离子迁移的能力。另一方面，由于 GO 的加入而促进的水泥水化作用也可以增加水泥孔隙溶液中的离子含量，从而导致孔溶液的电导率的增加。根据前期文献综述可知，浆体的阻抗与孔隙溶液中的导电离子和离子迁移路径的数量成反比。因此，我们可以得知，与导电离子的数量相比，离子迁移路径的数量在影响浆体的电化学阻抗中占主导地位。此外，这里还需要强调一种不可忽略的电荷屏蔽效应，即电解质中每个正电荷从 GO 表面分离实际上都受到孔隙溶液中其他“自由”离子产生的电场的排斥。因此，大部分流经 GO 附近的阳离子会因为 GO 表面的负电荷被吸引，而又因电荷屏蔽效应失去流动性，从而可能造成大量的金属离子（包括 K^+、Na^+和 Ca^{2+}）在 GO 表面富集，阻碍了孔溶液电导率的增加。应当指出的是，由于孔隙溶液的电导率主要来源于 K^+、Na^+和 OH^-，因此在此阶段，孔隙溶液中 Ca^{2+}在 GO 表面的富集对溶液电导率的增加几乎没有贡献。

溶蚀样品的电化学阻抗损失率随 GO 含量的增加而降低：通常，钙溶蚀是硬化水泥基复合材料内部扩散和溶解的组合过程。这可以表明溶蚀能够减少孔隙溶液中导电离子的数量，从而降低孔隙溶液的电导率。然后，当浆体在 6mol/L 氯化铵溶液中浸出时，溶液电导率的变化变得相对复杂，这是由于孔隙溶液中的 K^+、Ca^{2+}、Na^+和 OH^-可以随浓度梯度扩散，而侵蚀性环境中（本书中的氯化铵溶液）的 NH_4^+和 Cl^-也会随浓度梯度侵入。由于很难通过物理方式提取水泥浆体的孔隙溶液来测量其电导率，并且离子迁移路径的数量在浆体的电化学阻抗变化中起着主导作用，因此在本书中可以尝试通过使用离子迁移路径的数量的变化来解释这种损失率降低的现象。一方面，GO 可以吸附孔溶液中的 Ca^{2+}，导致孔隙溶液中

的 Ca^{2+}的减少量降低，进而导致 CH 和 C-S-H 的溶解量降低，从而抑制了溶蚀样品中额外的毛细孔和凝胶孔的形成。另一方面，GO 的加入会增加未溶蚀样品的孔隙曲折度，从而延长了 Ca^{2+}从孔溶液迁移至周围环境的距离，并进一步减少了孔溶液中 Ca^{2+}的损失。

5.4 小　结

①水泥基材料中的 C-S-H 及 F 盐是水泥基材料固化氯离子的主要成分。GO 通过促进水泥基材料水化进程促进了 C-S-H 的生成，因此 GO 改善了水泥基材料对于氯离子的物理吸附能力，同时 GO 提高了为 F 盐的生成提供了稳定的成核位点，提高了 F 盐的生成率，因此 GO 提升了水泥基材料对于氯离子的化学固化能力。GO 的加入在为 F 盐提供成核位点的同时，会改善 F 盐的稳定性，因此 GO 的加入会抑制低 pH 环境下 F 盐的分解，以及提升水泥基材料固化氯离子的稳定性。

②从热重分析结果可以推断：GO 的加入起抑制离子转移和扩散的作用，因此，在初始阶段它们的碳化被有效抑制，从而抑制亚稳态碳酸钙化合物的形成。GO 的加入使得水泥净浆由于碳酸钙脱碳而出现的质量损失值较低，说明掺入 GO 能有效地提高水泥的抗碳化性能。

③GO 大大提高了 OPC 的抗溶蚀性能。在去离子水浸泡下，随着 GO 掺量的增加，可以有效抑制溶蚀下浆体的孔的形成，从而改善溶蚀浆体的微观结构。在 6mol/L 氯化铵溶液浸泡下，随着 GO 的掺量的增加，硅酸盐水泥净浆的溶蚀深度逐渐减小，抗压强度损失也逐渐降低。另外，GO 的加入减缓了硅酸盐水泥净浆的钙溶蚀可以认为是由于 GO 吸附了孔隙溶液中的 Ca^{2+}，并改善了水泥浆体的微观结构。

参 考 文 献

[1] Kouloumbi N，Batis G. Chloride corrosion of steel rebars in mortars with fly ash admixtures[J]. Cement and Concrete Composites，1992，14（3）：199-207.

[2] Tang L P，Nilsson L O. Chloride binding capacity and binding isotherms of OPC pastes and mortars[J]. Cement and Concrete Research，1993，23（2）：247-253.

[3] Angst U，Elsener B，Larsen C K，et al. Critical chloride content in reinforced concrete：A review[J]. Cement and Concrete Research，2009，39（12）：1122-1138.

[4] Beaudoin J J，Ramachandran V S，Feldman R F. Interaction of chloride and CSH[J]. Cement and Concrete Research，1990，20（6）：875-883.

[5] Mesbah A，François M，Cau-Dit-Coumes C，et al. Crystal structure of Kuzel's salt $3CaO \cdot Al_2O_3 \cdot 1/2CaSO_4 \cdot 1/2CaCl_2 \cdot 11H_2O$ determined by synchrotron powder diffraction[J]. Cement and Concrete Research，2011，41（5）：504-509.

[6] Shi Z G，Geiker M R，Lothenbach B，et al. Friedel's salt profiles from thermogravimetric analysis and thermodynamic modelling of Portland cement-based mortars exposed to sodium chloride solution[J]. Cement and

Concrete Composites，2017，78：73-83.

[7] Song H W，Lee C H，Jung M S，et al. Development of chloride binding capacity in cement pastes and influence of the pH of hydration products[J]. Canadian Journal of Civil Engineering，2008，35（12）：1427-1434.

[8] Yuan Q，Shi C J，De Schutter G，et al. Chloride binding of cement-based materials subjected to external chloride environment：A review[J]. Construction and Building Materials，2009，23（1）：1-13.

[9] Baroghel-Bouny V，Wang X，Thiery M，et al. Prediction of chloride binding isotherms of cementitious materials by analytical model or numerical inverse analysis[J]. Cement and Concrete Research，2012，42（9）：1207-1224.

[10] Bentz D P，Garboczi E J，Lu Y，et al. Modeling of the influence of transverse cracking on chloride penetration into concrete[J]. Cement and Concrete Composites，2013，38：65-74.

[11] Wang Y Y，Shui Z H，Gao X，et al. Chloride binding capacity and phase modification of alumina compound blended cement paste under chloride attack[J]. Cement and Concrete Composites，2020，108：103537.

[12] Thomas M D A，Hooton R D，Scott A，et al. The effect of supplementary cementitious materials on chloride binding in hardened cement paste[J]. Cement and Concrete Research，2012，42（1）：1-7.

[13] Gbozee M，Zheng K R，He F Q，et al. The influence of aluminum from metakaolin on chemical binding of chloride ions in hydrated cement pastes[J]. Applied Clay Science，2018，158：186-194.

[14] Ma B G，Liu X H，Tan H B，et al. Utilization of pretreated fly ash to enhance the chloride binding capacity of cement-based material[J]. Construction and Building Materials，2018，175：726-734.

[15] Liu X H，Ma B G，Tan H B，et al. Effects of colloidal nano-SiO_2 on the immobilization of chloride ions in cement-fly ash system[J]. Cement and Concrete Composites，2020，110：103596.

[16] Qiao C Y，Suraneni P，Ying T N W，et al. Chloride binding of cement pastes with fly ash exposed to $CaCl_2$ solutions at 5 and 23 °C [J]. Cement and Concrete Composites，2019，97：43-53.

[17] Lv S H，Ma Y J，Qiu C C，et al. Effect of graphene oxide nanosheets of microstructure and mechanical properties of cement composites[J]. Construction and Building Materials，2013，49：121-127.

[18] De Weerdt K，Colombo A，Coppola L，et al. Impact of the associated cation on chloride binding of Portland cement paste[J]. Cement and Concrete Research，2015，68：196-202.

[19] Shi C J，Day R L. Some factors affecting early hydration of alkali-slag cements[J]. Cement and Concrete Research，1996，26（3）：439-447.

[20] Skibsted J，Snellings R. Reactivity of supplementary cementitious materials（SCMs）in cement blends[J]. Cement and Concrete Research，2019，124：105799.

[21] Long W J，Peng J K，Gu Y C，et al. Durability of slag-cement paste containing polyaluminum chloride[J]. Journal of Materials in Civil Engineering，2021，33（9）：04021235.

[22] Zhu X H，Kang X J，Yang K，et al. Effect of graphene oxide on the mechanical properties and the formation of layered double hydroxides（LDHs）in alkali-activated slag cement[J]. Construction and Building Materials，2017，132：290-295.

[23] Long W J，Xie J，Zhang X H，et al. Hydration and microstructure of calcined hydrotalcite activated high-volume fly ash cementitious composite[J]. Cement and Concrete Composites，2021，123：104213.

[24] Cao Y，Li G T，Li X B. Graphene/layered double hydroxide nanocomposite：Properties，synthesis，and applications[J]. Chemical Engineering Journal，2016，292：207-223.

[25] Pan Z，He L，Qiu L，et al. Mechanical properties and microstructure of a graphene oxide-cement composite[J]. Cement and Concrete Composites，2015，58：140-147.

[26] Ekolu S O，Thomas M D A，Hooton R D. Pessimum effect of externally applied chlorides on expansion due to

delayed ettringite formation：Proposed mechanism[J]. Cement and Concrete Research，2006，36（4）：688-696.

[27] Balonis M，Lothenbach B，Le Saout G，et al. Impact of chloride on the mineralogy of hydrated Portland cement systems[J]. Cement and Concrete Research，2010，40（7）：1009-1022.

[28] Wang Y Y，Shui Z H，Huang Y，et al. Properties of coral waste-based mortar incorporating metakaolin：Part II. Chloride migration and binding behaviors[J]. Construction and Building Materials，2018，174：433-442.

[29] Machner A，Hemstad P，De Weerdt K. Towards the Understanding of the pH Dependency of the Chloride Binding of Portland Cement Pastes[J]. Nordic Concrete Research，2018，58（1）：143-162.

[30] Hemstad P，Machner A，De Weerdt K. The effect of artificial leaching with HCl on chloride binding in ordinary Portland cement paste[J]. Cement and Concrete Research，2020，130：105976.

[31] Wang Y Y，Shui Z H，Gao X，et al. Understanding the chloride binding and diffusion behaviors of marine concrete based on Portland limestone cement-alumina enriched pozzolans[J]. Construction and Building Materials，2019，198：207-217.

[32] Stepkowska E T，Blanes J M，Franco F，et al. Phase transformation on heating of an aged cement paste[J]. Thermochimica Acta，2004，420（1-2）：79-87.

[33] Stepkowska E T. Simultaneous IR/TG study of calcium carbonate in two aged cement pastes[J]. Journal of Thermal Analysis and Calorimetry，2006，84：175-180.

[34] Thiery M，Villain G，Dangla P，et al. Investigation of the carbonation front shape on cementitious materials：Effects of the chemical kinetics[J]. Cement and Concrete Research，2007，37（7）：1047-1058.

[35] Galan I，Glasser F P，Andrade C. Calcium carbonate decomposition[J]. Journal of Thermal Analysis and Calorimetry，2012，111：1197-1202.

[36] Thiery M，Dangla P，Belin P，et al. Carbonation kinetics of a bed of recycled concrete aggregates：A laboratory study on model materials[J]. Cement and Concrete Research，2013，46：50-65.

[37] Šauman Z. Carbonization of porous concrete and its main binding components[J]. Cement and Concrete Research，1971，1（6）：645-662.

[38] Tai C Y，Chen P C. Nucleation，agglomeration and crystal morphology of calcium carbonate[J]. Aiche Journal，1995，41（1）：68-77.

[39] Tai C Y，Chen F B. Polymorphism of $CaCO_3$，precipitated in a constant-composition environment[J]. Aiche Journal，1998，44（8）：1790-1798.

[40] Dubina E，Korat L，Black L，et al. Influence of water vapour and carbon dioxide on free lime during storage at 80℃，studied by Raman spectroscopy[J]. Spectrochimica Acta Part A：Molecular and Biomolecular Spectroscopy，2013，111：299-303.

[41] Morandeau A，Thiéry M，Dangla P. Investigation of the carbonation mechanism of CH and CSH in terms of kinetics，microstructure changes and moisture properties[J]. Cement and Concrete Research，2014，56：153-170.

[42] Morandeau A，Thiéry M，Dangla P. Impact of accelerated carbonation on OPC cement paste blended with fly ash[J]. Cement and Concrete Research，2015，67：226-236.

[43] Yang H B，Monasterio M，Cui H Z，et al. Experimental study of the effects of graphene oxide on microstructure and properties of cement paste composite[J]. Composites Part A：Applied Science and Manufacturing，2017，102：263-272.

[44] Garcés P，Andión L G，Zornoza E，et al. The effect of processed fly ashes on the durability and the corrosion of steel rebars embedded in cement-modified fly ash mortars[J]. Cement and Concrete Composites，2010，32（3）：204-210.

[45] Wang M，Wang R M，Yao H，et al. Adsorption characteristics of graphene oxide nanosheets on cement[J]. RSC Advances，2016，6（68）：63365-63372.

[46] Hong X H，Yu W D，Chung D D L. Electric permittivity of reduced graphite oxide[J]. Carbon，2017，111：182-190.

[47] Ngala V T，Page C L. Effects of carbonation on pore structure and diffusional properties of hydrated cement pastes[J]. Cement and Concrete Research，1997，27（7）：995-1007.

[48] Du H J，Gao H C J，Pang S D. Improvement in concrete resistance against water and chloride ingress by adding graphene nanoplatelet[J]. Cement and Concrete Research，2016，83：114-123.

[49] Liu Q，Xu Q F，Yu Q，et al. Experimental investigation on mechanical and piezoresistive properties of cementitious materials containing graphene and graphene oxide nanoplatelets[J]. Construction and Building Materials，2016，127：565-576.

[50] Chung D D L. Electrical conduction behavior of cement-matrix composites[J]. Journal of Materials Engineering and Performance，2002，11（2）：194-204.

[51] Zhao B，Li J H，Hu R G，et al. Study on the corrosion behavior of reinforcing steel in cement mortar by electrochemical noise measurements[J]. Electrochimica Acta，2007，52（12）：3976-3984.

[52] Bădănoiu A，Georgescu M，Zahanagiu A. Properties of blended cementswith hazardous waste content[J]. Revue Roumaine de Chimie，2008，53（3）：229-237.

[53] Wu Z M，Shi C J，Khayat K H，et al. Effects of different nanomaterials on hardening and performance of ultra-high strength concrete（UHSC）[J]. Cement and Concrete Composites，2016，70：24-34.

[54] Taylor H F W. Cement chemistry[M]. London：Thomas Telford Ltd，1997.

[55] Du H J，Pang S D. Enhancement of barrier properties of cement mortar with graphene nanoplatelet[J]. Cement and Concrete Research，2015，76：10-19.

[56] Mohammed A，Sanjayan J G，Duan W H，et al. Incorporating graphene oxide in cement composites：A study of transport properties[J]. Construction and Building Materials，2015，84：341-347.

第 6 章　二维纳米水泥基复合材料功能性研究

水泥基材料具有良好的力学性能与耐久性，是建筑材料中不可替代的重要组成。随着人类社会和科学技术的发展，功能单一的传统水泥基材料已不能满足日新月异的工程需要和新技术革命的挑战。现代建筑要求水泥基材料不仅要有良好的荷载承受能力，还需要光、电、磁、声、热等功能，以适应多功能和智能建筑的要求。因此，越来越多的研究者致力于新型水泥基功能化复合材料的研究，以期拓宽水泥基材料的应用范围。此外，为响应国家新材料新能源发展战略要求，节能环保效应成为了水泥基材料发展与应用的又一重大难题。数十年来，国内外学者对纳米改性水泥基材料进行了大量研究，证明了纳米材料可以促进水泥水化，提升微观结构的致密性，最终改善水泥基材料的强度及耐久性。利用纳米改性实现水泥基材料功能化的研究逐渐拉开序幕，以纳米 SiO_2、纳米 TiO_2、碳纳米管（CNT）及 GO 等典型纳米组分材料为主要研究对象，探索它们对水泥基材料保温、耐火、自清洁、电磁屏蔽以及离子固化等性能的影响机制将是未来水泥基材料研究的热门领域。

本章基于二维纳米材料的材料特性、掺入方式及掺量对水泥基材料单一功能的影响机制，以建立“纳米改性—功能化”对应关系为前提，交叉融合多学科的优势，探索高强度、高耐久性、低环境负荷、多功能的新型水泥基复合材料设计理论，推动绿色建筑智能化，为未来水泥基材料的多功能协同发展以及智能建筑的绿色可持续发展和社会绿色低碳转型的最终实现提供可能。

6.1　氧化石墨烯水泥基复合材料结构-电磁屏蔽功能一体化研究

将废弃玻璃通过破碎得到再生玻璃颗粒，进而作为粗细骨料加入水泥基复合材料中，可达到回收利用废弃玻璃的目的。然而再生玻璃加入水泥基复合材料中，会对水泥基复合材料微观结构造成负面影响，尤其是水泥基复合材料的浆体区及水泥浆体与再生玻璃骨料间之间的界面过渡区（ITZ）。通常认为再生玻璃骨料表面纹理光滑，会导致再生玻璃骨料与水泥浆体两相之间的黏合作用降低。根据 Taha 等的研究[1]，由于玻璃的表面光滑，吸水性不明显，在混合料中加入玻璃会降低其稠度，从而降低骨料与水泥浆体之间的黏结度。此外，据 Ali 的研究[2]，由于再生玻璃表面纹理光滑，掺入水泥基体中均匀性差。因此，再生玻璃骨料表面的性质可降低水泥基复合材料基体及界面微观性能。

基于以上所述，许多研究进一步探究再生玻璃的掺入导致水泥基微观性能降低的原因。根据 Paul 等[3]和 Chandra 等[4]的研究，再生玻璃骨料由于其较砂石骨料密实，部分替代细骨料时，可以形成更密实的水泥基材料。然而，再生玻璃的加入会导致界面过渡区出现细孔及裂缝。尤其随着废弃玻璃的掺量不断增加，水泥基复合材料中的孔隙和裂缝比例开始增加，且孔隙率、裂缝宽度明显增大，进而导致再生玻璃骨料与水泥浆体之间的黏结力降低，形成黏合较弱的界面过渡区。废弃玻璃边缘较尖锐可导致抗折强度降低，这也是导致高掺量废弃玻璃混凝土强度偏低的一个原因。此外，再生玻璃骨料加入水泥基复合材料中，再生玻璃骨料会促进碱骨料反应，进而削弱再生玻璃骨料与水泥浆体界面过渡区的性质。综上所述，玻璃骨料自身表面光滑、多棱角的性质及碱骨料反应是影响再生玻璃水泥基复合材料微观结构的关键因素。

废弃 CRT 玻璃富含二氧化硅且具备火山灰活性，是水泥砂浆或混凝土砌块中天然骨料的良好替代物。Ling 和 Poon[5]，Zhao 等[6]使用废弃 CRT 玻璃部分替代砂浆混合物中的天然砂，发现废弃 CRT 玻璃的加入可以改善使水泥砂浆的流动性，这一特征可归因于玻璃颗粒光滑的表面减少内摩擦和其较低的吸水率。因此，使用 CRT 玻璃可以减少化学外加剂的使用，例如高效减水剂，以实现砂浆相同的工作性能。此外，由于废弃 CRT 玻璃表面光滑，玻璃和水泥浆之间的界面结合减弱，导致所得材料的强度明显降低。Hui 等[7]用经过处理的废弃 CRT 玻璃取代混凝土砌块中的再生细骨料，其 28d 抗压强度从 22.3MPa 降至 15.3MPa。然而，Zhao 等[8]研究发现，用磨细的 CRT 玻璃粉可以略微增加砂浆强度，因为磨细的 CRT 玻璃粉可以作为填料并参与火山灰反应，以加速水泥水化。此外，由于废弃 CRT 玻璃含有大量重金属，如铅，使用其作为天然骨料的替代品可以提高水泥基复合材料的电磁屏蔽性能。虽然铅的过量存在能够明显降低电磁辐射污染，但 Romero 等[9]指出，用废弃 CRT 玻璃替换天然骨料将导致铅等有毒重金属的严重浸出。Ling 等[10]进一步研究发现，废弃 CRT 玻璃的酸预处理可有效减少铅浸出量，并提出未处理的 CRT 玻璃的添加量应低于 25%以控制铅的浸出量。然而，这也将产生大量废弃的有毒金属污染的酸性溶液。因此，应开发出一种更可持续的方法来改善废阴极射线管玻璃表面的铅固化和界面性能。

随着技术的发展，广泛用于商业和军事应用的电子设备数量迅速增加，产生严重的电磁干扰（EMI）和辐射。电磁干扰的大幅增加会导致电子设备出现故障和退化，而严重的电磁污染会对暴露在电磁场中的人体健康造成有害影响。此外，可以有效捕获来自电子设备的辐射电磁辐射，从而导致信息泄漏。尽管水泥基复合材料因其广泛的可用性和良好的环境兼容性而在建筑中普遍使用，但这些复合材料缺乏电磁干扰屏蔽和吸波能力，这限制了其在缓解电磁污染方面的应用。因此，开发具有改善电磁干扰屏蔽能力的水泥基复合材料是一个需要解决的重大问题。最近，碳纤维、炭黑、石墨、剥离碳等不同的碳材料已被用于改善水泥基复合材料的力学和电气性能以及电磁性能。据报道，GO 是一种独特的碳纳米材料，具有片状结构，可有效改善水泥基复合材料的宏观性能[11]。由于其主要的电磁辐射吸收屏蔽机制，GO 可有效提高水泥基复合材料的屏蔽效能。此外，GO 的片状结构可以与主体基体产生更多的接触面积，而且 GO 的氧官能团使其表现出良好的界面连接。通过在碳纤维表面引入 GO 薄片，GO 沉积的碳纤维表现出更好的界面附着，这比碳纤维更有效地为水泥基复合材料提供电磁干扰屏蔽。废阴极射线管（CRT）玻璃是一种含有过量铅的电子废弃物。每年都会产生大量的废弃 CRT 玻璃，由于其复杂性和危险性，对周围环境构成了巨大威胁。许多工作都集中在其回收管理和利用上。由于其类似于河砂的性质，破碎的废弃 CRT 玻璃已被用作水泥基复合材料中天然骨料的替代品[12]。具体而言，由于水泥基复合材料中含有大量重金属，例如铅，重新使用 CRT 玻璃作为天然骨料的替代品可以改善水泥基复合材料的辐射屏蔽性能。虽然铅的过量存在有助于减轻辐射污染，但用废弃 CRT 玻璃大量替代天然砂可能导致严重的铅浸出[13]。为了开发一种改进铅固定化的可持续方法，之前的工作报告称，GO 和废弃 CRT 玻璃的联合使用可以抵消废弃 CRT 对环境的负面影响[14]。尽管据报道，由于使用废弃 CRT 玻璃替代骨料，GO 在减少铅浸出方面具有积极作用，并且 GO 和废弃 CRT 玻璃都具有提高辐射屏蔽能力的功能，但很少有研究关注这两种材料对水泥基复合材料辐射屏蔽的耦合效应。

本节系统探究模拟填埋条件下，氧化石墨烯对水泥基材料抗重金属离子析出及迁移的影响。为了进一步研究 GO 对水泥基材料重金属离子迁移扩散性能影响，分别从电化学及微观两个角度展开分析。在电化学方面，通过阻抗测试，探究氧化石墨烯对水泥净浆的抗离子扩散性能影响；研究氧化石墨烯对废弃 CRT 玻璃水泥砂浆多相界面及浆体区的抗重金属离子扩散性能影响；通过复掺氧化石墨烯及废弃 CRT 玻璃提高水泥砂浆的电磁波屏蔽性能，并使用阻抗测试相对介电常量，进而分析氧化石墨烯及废弃 CRT 玻璃提高屏蔽性能的机理。基于以上研究，提出氧化石墨烯及废弃 CRT 玻璃在水泥基材料中的复合应用方法，一方面保证铅离子的固化，另一方面加强电磁波屏蔽性能，在保证结构性能优异前提下，体现环境兼容及功能性同时发展应用；综合多种测试手段，为评价离子在水泥基多相界面材料中抗迁移及扩散性能及各项微观性能提供有效的手段，并促进氧化石墨烯在水泥基材料中的进一步研究及应用。

6.1.1 材料特性

采用标准振筛机对废弃 CRT 玻璃进行筛分处理，标准振筛机符合《试验筛 技术要求和检验 第 1 部分：金属丝编织网试验筛》（GB/T 6003.1—2012）的要求。废弃 CRT 玻璃及标准砂的级配分布如图 6-1 所示。废弃 CRT 玻璃含有大量的铅，漏斗部玻璃的铅质量分数约为 25%，颈玻璃的铅质量分数更是可达 30%。因此，本节将废弃 CRT 玻璃抽样研磨成粉末，并采用 X 射线荧光光谱技术（XRF）进行扫描，得出化学成分列于表 6-1。由表 6-1 可知，废弃 CRT 玻璃的 PbO 质量分数达到 24.52%。

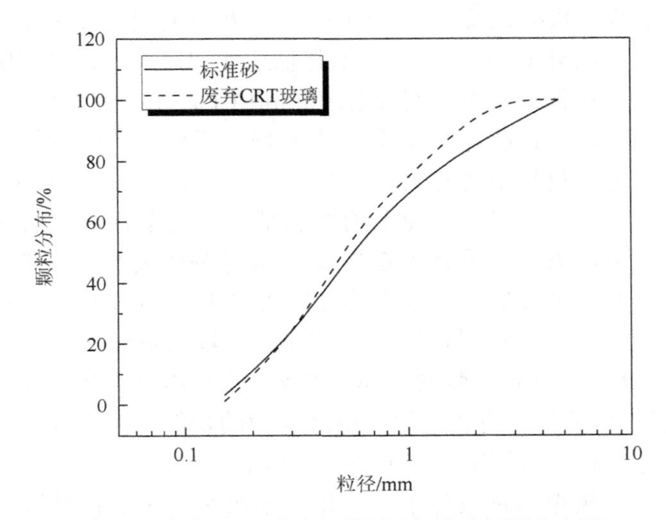

图 6-1 废弃 CRT 玻璃细骨料及标准砂级配分布图

表 6-1 废弃 CRT 玻璃的化学组成

成分	SiO_2	PbO	BaO	MgO	CaO	SO_3	K_2O	Na_2O	Al_2O_3	Cl
质量分数/%	47.01	24.52	7.85	1.27	2.98	0.10	5.87	6.33	4.01	0.06

6.1.2 试验方案

通常在水泥基复合材料中掺入纳米材料，都会导致其流动度下降，从而影响水泥基材料工作性能。根据 Pan[15]的研究，掺入质量分数 0.05%的 GO 能使得水泥净浆的坍落度下降 41.5%，这是因为 GO 的超大比表面积使得拌和用水减少导致坍落度下降。Lv 等[16]也发现，随着 GO 质量分数从 0.01%到 0.09%的依次增加，水泥净浆流动度依次下降，这可能与 GO 的二维蜂窝网状结构、超大比表面积以及其表面的含氧基团导致的强亲水性有关系。同时通过研究在不同 GO/减水剂掺量下水泥净浆流动度随时间的变化也表明 GO 对水泥浆体流动性的影响可以通过增加减水剂的掺量得到解决。据 Lu 等[17]的研究，预先在新拌水泥浆体中加入聚羧酸系高效减水剂可提高 GO 在新拌水泥浆体中的分散性。因此，本节采用不同的聚羧酸系高效减水剂与 GO 质量比，以保证新拌水泥净浆的流动性。水泥净浆制备步骤如下：首先将聚羧酸系高效减水剂和一半的拌和用水均匀地搅拌；接着将水泥加入聚羧酸系高效减水剂溶液中，在净浆搅拌机中搅拌 1min，再将经超声分散的氧化石墨烯溶液及剩余的拌和用水按一定比例加入搅拌机中继续搅拌 1min，最后将新拌水泥净浆浇注不同尺寸的模具，待凝固 24h 后脱模，所得试样在 20℃和 95%相对湿度的养护室中养护，以进行不同的微观及宏观性能实验。水泥净浆的配合比如表 6-2 所示。

表 6-2　水泥净浆的配合比

样品	水泥的质量/g	水的质量/g	水灰比	GO 的质量/g	减水剂与 GO 的质量比
OPC	100	50	0.5	0	0
GO_1	100	50	0.5	0.125	3.2
GO_2	100	50	0.5	0.250	6.4

图 6-2 为本节 GO-CRT 玻璃水泥砂浆的制备步骤。水泥砂浆制备步骤如下：首先将水泥与细骨料按一定比例在砂浆搅拌机中混合搅拌 2min，其次加入聚羧酸系高效减水剂和一半的拌和用水均匀地搅拌 1min；接着将经超声分散的氧化石墨烯溶液及剩余的拌和用水按一定比例加入搅拌机中继续搅拌 1min，最后将新拌水泥砂浆浇注不同尺寸的模具，待凝固 24h 后脱模，所得试样在 20℃和 95%相对湿度的养护室中养护，以进行不同的微观及宏观性能实验。水泥砂浆的配合比如表 6-3 所示。

表 6-3　水泥砂浆的配合比

样品	河砂的质量/g	CRT 玻璃的质量/g	水泥的质量/g	粉煤灰的质量/g	水的质量/g	水灰比	GO 的质量/g	GO 的质量分数/%	P-HRWR 与 GO 的质量比
G_1	500	0	160	40	150	0.5	0	0	–
G_2	500	0	160	40	150	0.5	0.075	0.05	3
G_3	500	0	160	40	150	0.5	0.150	0.10	3
RG_1	350	150	160	40	150	0.5	0	0	–
RG_2	350	150	160	40	150	0.5	0.075	0.05	3

续表

样品	河砂的质量/g	CRT 玻璃的质量/g	水泥的质量/g	粉煤灰的质量/g	水的质量/g	水灰比	GO 的质量/g	GO 的质量分数/%	P-HRWR 与 GO 的质量比
RG_3	350	150	160	40	150	0.5	0.150	0.10	3
RG_4	200	300	160	40	150	0.5	0	0	–
RG_5	200	300	160	40	150	0.5	0.075	0.05	3
RG_6	200	300	160	40	150	0.5	0.150	0.10	3

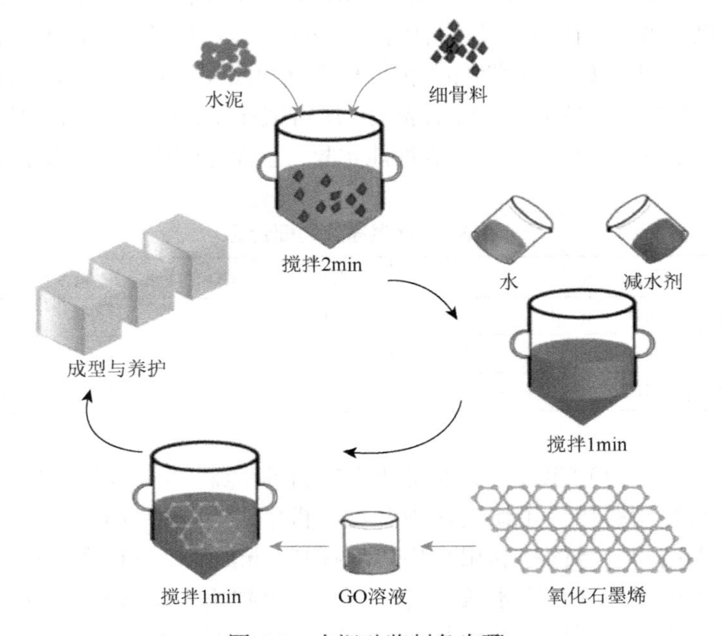

图 6-2　水泥砂浆制备步骤

按照《固体废物 浸出毒性浸出方法 醋酸缓冲溶液法》（HJ/T 300—2007）进行 TCLP 试验以评价废弃 CRT 玻璃中铅的浸出程度。首先将经过 28d 强度实验的废弃 CRT 玻璃砂浆破碎，分别通过 8～9.5mm（粗尺寸）和 0.075～0.15mm（细尺寸）的筛子，且每组取质量约 100g，接着置于 2L 塑料容器内。随后，向每个容器中加入约 1600mL 的 pH 为 2.88 的冰醋酸提取液，并用旋转振动器以 30r/min±2r/min 的速度，在温度为 23℃±2℃的条件下搅拌所得混合物。浸泡 18h 后，根据《危险废物鉴别标准 浸出毒性鉴别》（GB 5085.3—2007），通过原子吸收光谱法测定浸出液的含铅量，并测试最后所得浸出液的 pH。

采用电化学阻抗谱仪，实验仪器如图 6-3 所示。测试尺寸为 30mm×30mm×30mm 的试样在外加交流电场下的电化学阻抗响应。电化学阻抗谱测试原理在于水泥基材料中不同水化相内电荷转移对应的电化学响应可由施加在不同频率的交流电流信号确定。基于水泥基复合材料的整体导电率与孔隙结构相关，且孔隙网络内碱性溶液离子浓度会影响不同阶段的电化学相应。因此，在交流阻抗测试之前，不同的试样首先浸泡于不同的溶液中，以保持孔隙网络中相同的碱离子浓度。对于碳化试样，在 EIS 测试之前，所有样品都浸在去离子水中（样品与水的体积比为 1∶3），以确保样品的导电性；而对于 28d 的再生 CRT 水泥砂浆则浸泡于饱和石灰水，以维持孔隙网络中相同的碱离子浓度。二者浸泡 24h 后，将样品夹在置于模具内的两个平行电极之间，在 1～10MHz 的频率范围内进行 EIS 测试，并根据得到的 EIS 实验结果，选择等效电路模型进行拟合，从而计算出等效电路中的电路元件值。最后，基于不同的实验分析该电路中各电路元件的数值，评价水泥基复合材料离子在各水化相及不同浆体-骨料界面间的运输及扩散。

图 6-3　电化学阻抗谱仪

采用四探针法测量试样的直流电阻。测试水泥砂浆样品尺寸为 36.0mm×25.0mm×17.0mm，脱模后，在温度 20℃和相对湿度 95%的条件下养护 28d。在该方法中，两个外部电触点用于通过电流，而两个内部电触点用于电压测量。水泥砂浆样品中四个电触点的连接处均用银粉涂层，并用铜线进行连接。在测量电阻时，四个电触点均在垂直于电阻测量方向的同一个平面内[18-19]。

相对介电常量是材料的关键特性之一，可以用来分析压电、电介质及电解质极化行为。相对介电常量与材料电磁辐射屏蔽性能的相关，相对介电常量高的材料可以与电磁辐射波产生强烈的相互作用，常用来做电磁辐射屏蔽材料。相对介电常量的测量通常需采用平行板电容器配置，并且电容可以使用电化学阻抗谱来测量。基于减轻边缘电场效应对水泥基复合材料相对介电常量的影响，Chung 等[19-21]模拟不同的测试条件并进行分析，其研究表明，采用测定不同体积及接触面积的电容值进行解耦可消除误差，得出较为可靠的相对介电常量。因此，本书采用该法测量相对介电常量，并用于评价水泥基复合材料的电磁屏蔽性能。

通过测量平行板电容器配置的电容，得到水泥基复合材料的相对介电常量，其中两个铜板电极（25.0mm 厚）对称地覆盖试样的整个区域。电容是通过交流阻抗谱测试仪器 PARSTAT 4000+测试所得的。根据样品的厚度，电场固定在 10V/cm，频率范围设置为 1Hz～5MHz。由于电化学阻抗谱法并非设计用于测量导电材料的电容，因此，在样品和每个铜电极之间放置电绝缘膜（Teflon 片）。本节中砂浆使用的细骨料的粒径分布在 0～1.18mm，因此，本节选择的样品的厚度（15.4mm）远大于 Chung 等的研究中使用的水泥净浆（小于 5mm），以确保样品的代表性。同时，基于解耦法的曲线线性契合度会随试件厚度的增加而降低，因此，本节采用测试不同面积电容的解耦方法。

图 6-4 为测量水泥砂浆相对介电常量示意图，注意此图绘图的大小比例与实际大小并不完全一致。测量过程中选择三个正方形面积（即三个试样）进行排列，对应图 6-4 中沿着每个样品的同一侧排列的 1 个、2 个和 3 个正方形面积。本节在每一组测试中对垂直于试样平面的方向施加 10kPa 压力，铜板电极的长度被设计成与排列样品的长度相等。此外，选择每组 9 个样品进行电容测量，确保每组相同面积下至少进行三次电容测量。对于各组试样排列的相同面积，测得的电容值误差均控制在 5%以内。解耦方法可以用方程（6-1）来描述：

$$C_m = \varepsilon_0 \kappa NA / l + C_0 \tag{6-1}$$

其中，C_m 表示测量的平均电容；ε_0 表示自由空间的介电常量（8.85×10^{-12}F/m）；κ表示样品的平均相对介电常量；N 表示排列的样品的数目；A 表示一个样品的面积（20mm×20mm）；l 表示样品的厚度；C_0 表示边缘电场电容。

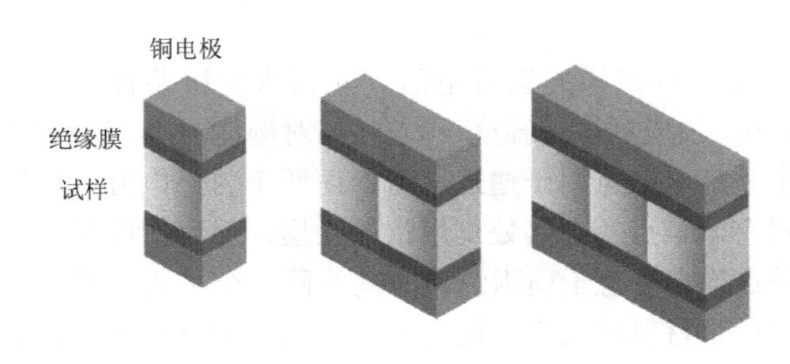

图 6-4　测量水泥砂浆相对介电常量示意图

与数量为 1、2、3 的试样排列成不同的接触面积大小相对应。

6.1.3　GO-废弃 CRT 玻璃水泥砂浆表观密度结果分析

表 6-4 列出不同含量 GO 及废弃 CRT 玻璃水泥砂浆的表观密度。结果表明，GO 对有无掺入废弃 CRT 玻璃的水泥砂浆的密度影响不明显。例如，质量分数

为 0.1%的 GO（G_3）和未掺 GO（G_1）的水泥砂浆平均密度分别为 2.311g/cm^3±0.0137g/cm^3 和 2.283g/cm^3±0.016g/cm^3。复掺质量分数为 30%的废弃 CRT 玻璃的水泥砂浆中，GO 质量分数为 0.1%（RG_3）和未掺入 GO 的试样（RG_1）的平均密度分别为 2.31g/cm^3±0.0137g/cm^3 和 2.374g/cm^3±0.0137g/cm^3。由此可知，随着 GO 的加入，密度的增加幅度不明显。Mohammed 等[22-23]研究指出，GO 的掺加会减少水泥浆体的毛细孔隙，并通过在水泥浆体中形成较小的气泡起到引气剂的作用。Long 等[24]研究发现，GO 可有效减少亚微米及微米尺寸的孔隙，同时提高水泥浆体区纳米尺寸孔隙的比例。因此，本节中尽管掺入 GO 可使水泥基体结构致密，但随着小孔孔隙比的增加，掺入 GO 的水泥基材料表观密度并不会受到明显影响。

此外，随着废弃 CRT 玻璃掺量的增加，水泥砂浆的密度随之增大。例如，废弃 CRT 玻璃的质量分数为 0 和 60%的水泥砂浆平均密度分别为 2.283g/cm^3±0.016g/cm^3 和 2.426g/cm^3±0.0438g/cm^3。根据多项研究指出[8, 25-26]，替换质量分数为 25%的废弃 CRT 玻璃，砂浆样品的平均密度可增加约 3%。因此，在本节中，在废弃 CRT 玻璃质量分数为 60%的条件下，砂浆样品的平均密度比未复掺废弃 CRT 玻璃的样品增加约 6%。由于废弃 CRT 玻璃中铅的存在，废弃 CRT 玻璃的比重高于砂的比重，因此砂浆样品的密度增加。

表 6-4 不同含量 GO-废弃 CRT 玻璃水泥砂浆平均密度

试样	G_1	G_2	G_3
平均密度/(g/cm^3)	2.283±0.016	2.30±0.0219	2.31±0.0137
试样	RG_1	RG_2	RG_3
平均密度/(g/cm^3)	2.374±0.0137	2.376±0.0164	2.380±0.0137
试样	RG_4	RG_5	RG_6
平均密度/(g/cm^3)	2.426±0.0438	2.437±0.0493	2.439±0.0548

图 6-5 为 28d 龄期粗细颗粒大小分别为 5～9.5mm 及 0.075～0.15mm 时，GO-废弃 CRT 玻璃水泥砂浆 TCLP 实验中铅析出浓度，而本节中废弃 CRT 玻璃 PbO 质量分数为 24.52%。影响水泥基固化能力的因素包括水泥硬化结构包囊毒性金属离子的能力，晶体间溶液的 pH，以及高比表面积的硅酸钙水合物（C-S-H）的含量。

通过 TCLP 试验，对按级配配置的废弃 CRT 玻璃进行浸出实验，铅浸出浓度为 289mg/L。由图 6-5 可知，对于破碎砂浆颗粒大小范围为 5～9.5mm 的实验组，当废弃 CRT 玻璃的质量分数为 30%时，随 GO 质量分数（0，0.05%，0.10%）

的增加，铅析出量平均值分别为 0.34mg/L，0.3mg/L 及 0.27mg/L。此外，对于破碎砂浆颗粒大小范围为 0.075～0.15mm 的实验组，同等废弃 CRT 玻璃掺量条件下，随 GO 质量分数（0，0.05%，0.10%）的增加，铅析出量平均值分别为 3.68mg/L，2.33mg/L 及 1.89mg/L，结果表明，GO 对水泥砂浆中铅析出有限制作用，而颗粒的大小影响铅析出的含量，细颗粒破碎砂浆铅析出浓度显著高于粗颗粒的实验组，这是由于细颗粒比表面积较大，增加废弃 CRT 玻璃与萃取液接触的概率。根据规范 GB 5085.3—2007，固体废弃物铅析出限制为 5mg/L 以内，由此可知，废弃 CRT 玻璃质量分数为 30%时，铅离子在水泥砂浆中的总体固化效果较为稳定。

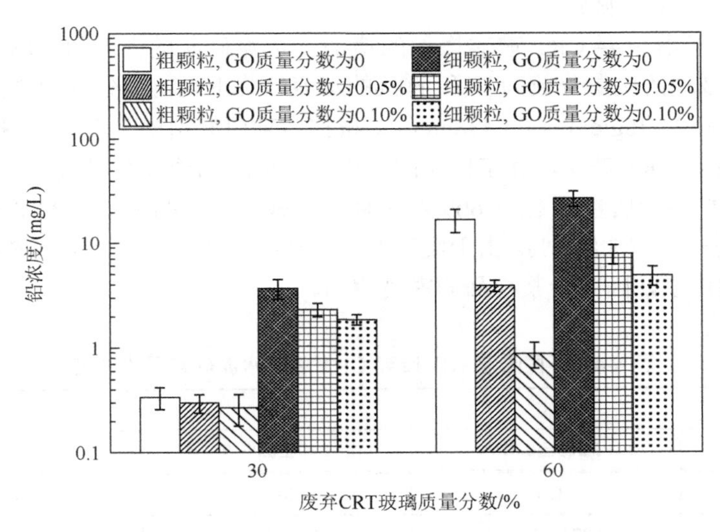

图 6-5　28d 龄期不同颗粒大小 GO-废弃 CRT 玻璃水泥砂浆 TCLP 实验中铅析出浓度

Ling 等[25, 27]研究表明，随着废弃 CRT 玻璃的掺量增加，铅的严重析出情况发生概率显著增加，对于未经处理的废弃 CRT 玻璃在水泥砂浆中的质量分数需限制在 25%以内，以保证固化效果的稳定性。本书中废弃 CRT 玻璃的质量分数为 60%的实验组亦具备相似的实验结果。通过 TCLP 实验，对于不掺 GO 的实验组，当废弃 CRT 玻璃质量分数为 60%时，粗细砂浆颗粒的平均铅浸出值分别为 16.96mg/L 及 27.3mg/L，远大于规范要求的 5mg/L 限制值。相对于废弃 CRT 玻璃的质量分数为 30%的实验组，GO 在废弃 CRT 玻璃质量分数为 60%的实验组铅析出的限制作用显著。当 GO 质量分数为 0.05%及 0.10%时，对于粗砂浆颗粒，铅浸出值分别为 3.89mg/L 及 0.88mg/L，其中 0.88mg/L 远小于规范值；对于细砂浆颗粒，铅浸出值分别为 7.87mg/L 及 4.89mg/L。

此外，尽管在 TCLP 实验过程中，pH = 2.88 的冰醋酸溶液作为萃取液，但实验中最终滤出液 pH 大于 12，这是由于水泥基碱性环境的缓冲作用，而最终滤出液的 pH 可显著影响重金属离子析出程度，因此影响 TCLP 实验模拟效果的准确性。同时，TCLP 实验是设计用于模拟在一个特定环境条件下（主要是 pH 为 6～8 的生活垃圾填埋场）有毒元素释放的浸出试验。因此，本书中的渗滤液（测量值超过 12）的 pH 表明，GO 作为抑制剂是否能够使固化后的砂浆碎块用于垃圾填埋场处理尚不确定。然而，TCLP 模拟的浸出条件在实际情况下发生的可能性小，且由于其破碎颗粒使其达到要求范围大小的实验步骤可能过高估计有毒元素的析出情况。长期来说，毒性金属离子在固化结构中的运输及扩散对于其析出起关键作用，且 TCLP 实验显著低估水泥对铅离子固化的有效性，这是因为铅离子溶解性随 pH 的增加而降低。因此，基于回收废弃 CRT 玻璃作为骨料的目的，结果表明，GO 作为铅析出的抑制剂可有效提高水泥固化能力，在外部不常处于浸出或外部浸出液为偏碱性条件下，可有效保证铅离子固化效果，促进废弃 CRT 玻璃的回收利用，而值得注意的是本书并未考虑处于酸性环境（主要是酸雨）或其他恶劣环境的情况。

6.1.4　氧化石墨烯增强废弃 CRT 玻璃水泥基复合材料电磁屏蔽性能机理

1. 多相界面影响下阻抗实验结果分析

图 6-6 为电化学阻抗测试 28d 不同 GO 含量水泥砂浆的实验结果（奈奎斯特图）。由图可知，无论有无加入氧化石墨烯，未加废弃 CRT 玻璃试样测试的奈奎斯特图对砂浆中由界面引起的电化学响应主要包括两部分，高频区容性电弧及低频区感应扩散电弧。然而，加入废弃 CRT 玻璃试样测试的奈奎斯特图对砂浆中由界面引起

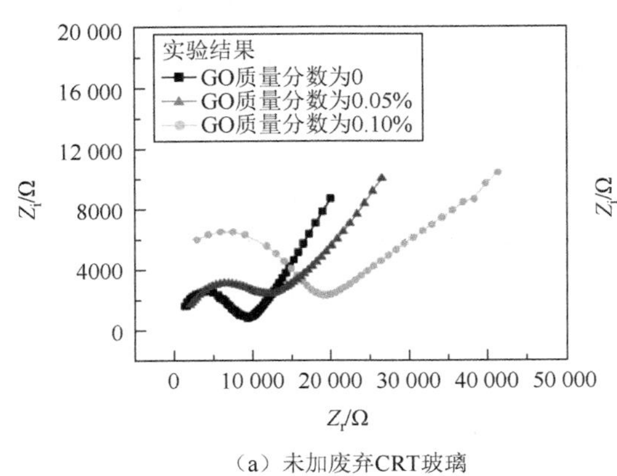

（a）未加废弃CRT玻璃

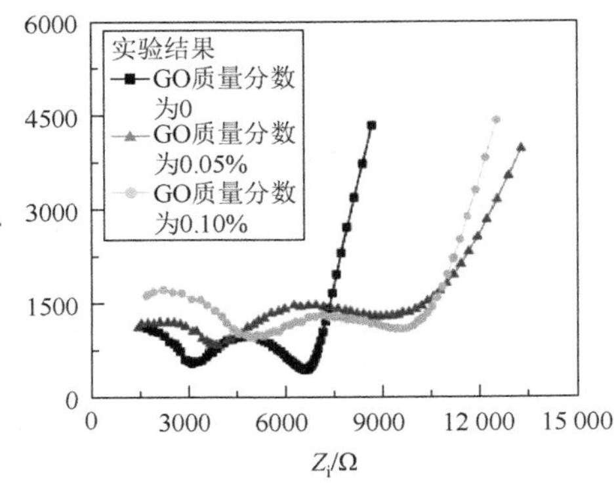

（b）加入质量分数为30%的废弃CRT玻璃

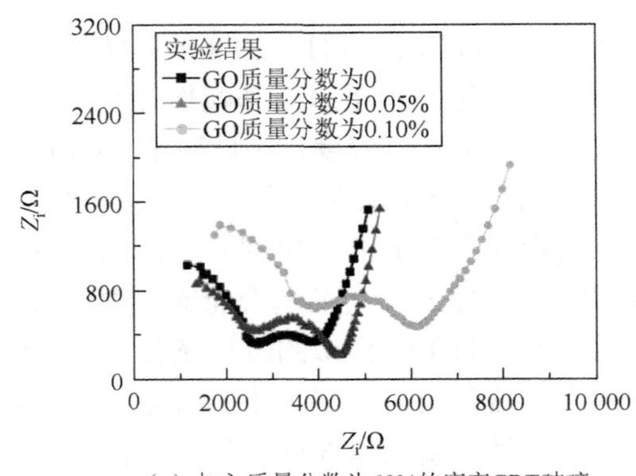

（c）加入质量分数为60%的废弃CRT玻璃

图 6-6　阻抗测试 28d 不同 GO 含量水泥砂浆的奈奎斯特图

的电化学响应存在三部分，高频区两个容性电弧及低频区感应扩散电弧。水泥砂浆的各相物化性质对应于不同频率下阻抗测试电化学响应。砂浆中固体相包括水化产物及骨料对应于高频区的介电性质，这是由于固体相通常为接近绝缘的电性质。孔隙结构对应于中频区的介电性质，而电极-电解质界面则影响低频区的介电性质。由此可推断，中频区及高频区之间产生的容性电弧可归因于废弃 CRT 玻璃的加入，导致水泥砂浆中浆体区及废弃 CRT 玻璃界面产生电荷转移。

基于 GO 加入的量极少，其并未导致新的容性电弧，但无论是有无掺入废弃 CRT 玻璃，都能观察到高频区容性电弧随着 GO 掺量增加而增大。因此，观察到的容性电弧直径的增加主要是由于 GO 掺入引起的更致密孔结构。

2. 多相界面影响下等效电路模型改进

水泥基材料具有电阻和电容响应，因此可以通过电阻和电容的组合建立等效电路模型，其电化学系统主要包括电极（如固相）和电解质（如孔隙液）。基于测试所得的实验数据，通过拟合等效电路模型，可以计算出该电路模型中的电阻和电容，不同元件的电阻和电容值反映出微观结构的物理及化学性质，可用于评估不同相中固化铅离子的能力。图 6-7（a）为用于未复掺废弃 CRT 玻璃的普通水泥砂浆的拟合等效电路模型。基于此模型，图 6-8 为龄期 28d 的未加入废弃 CRT 玻璃水泥砂浆阻抗测量及拟合的奈奎斯特图（Z_i vs. Z_r）、伯德图（$|Z|$ vs. 频率）和相位角图（角度 vs.频率）。由图可知，该模型拟合契合性高，适用于未加入废弃 CRT 玻璃的普通水泥砂浆。

加入废弃 CRT 玻璃试样测试的奈奎斯特图存在高频区两个容性电弧，说明废弃 CRT 玻璃及浆体区之间存在不可忽视的电荷转移。电路模型 $R_0[Q_1(R_1 W_1)][Q_2(R_2 W_2)]$只考虑单个容性电弧，因此，本书提出一种改进的等效电路模型来解释水泥浆体区-废弃 CRT 玻璃砂浆界面的电化学系统。该模型不仅考虑水泥基材料中原有固相（如砂和水化产物）与被测电极之间电荷转移的电化学反应，而且也考虑复掺废弃 CRT 玻璃而产生的另一种电荷转移路径。该电路模型主要由以下五部分组成：孔隙液的电阻、测试样品与被测电极之间的电化学反应、废弃 CRT 玻璃与浆体区之间的电化学反应、固液相的双层电容和电荷扩散的瓦博格阻抗。该电路模型[见图 6-7（b）]可描述为 $R_0[Q_1W(Q_2R_1)(Q_3R_2)]$，其原理图如图 6-7（c）所示。

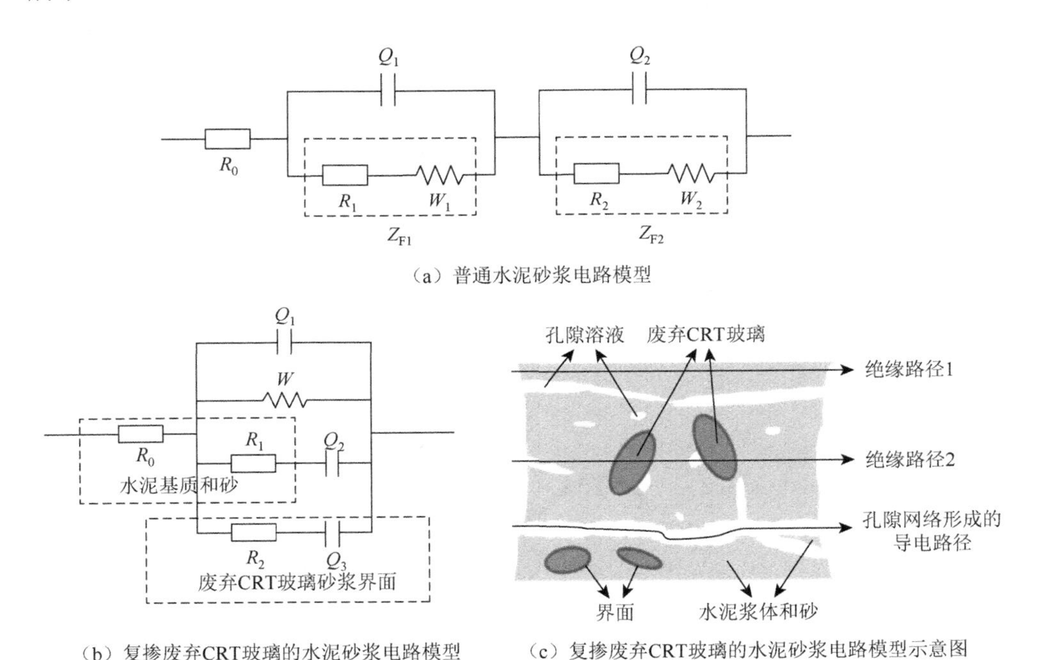

（a）普通水泥砂浆电路模型

（b）复掺废弃CRT玻璃的水泥砂浆电路模型　（c）复掺废弃CRT玻璃的水泥砂浆电路模型示意图

图 6-7　等效电路模型

在该模型中，R_0 是孔隙电解质的电阻，与孔隙结构中的电荷转移有关，即表示图 6-7（c）中的导电路径。所有试样的 R_0 值在 10～80Ω 范围内，这是由于为维持各组试样相似的导电性从而避免拟合误差，所有试样在饱和石灰水中浸湿 48h，因此，该值在本书中并不能用于衡量离子在孔隙结构中的扩散。样品与被测电极之间的电化学反应包括电阻 R_1 和电容 Q_1。该模型的电容 Q_1 表示体积效应，其值范围也与界面层产生的电容不相容，R_1 表示与图 6-7（c）中绝缘路径 I 中电荷转移相关的固相电阻。因此，不同样品中的 R_1 值可用于评估浆体区中铅离子的固化能力。

中频区容性电弧由电阻 R_2 和电容 Q_3 组成，代表废弃 CRT 玻璃与浆体区界面之间的电化学反应，与图 6-7（c）中绝缘路径 2 中的电荷转移有关。同样，不同样品中的 R_2 值也可用于评价废弃 CRT 玻璃与浆体区之间界面区域固化铅离子的能力。Q_3 值在 1～10μF 范围内，远低于双层电容，说明该电弧是界面层的表征。此外，Q_2 值在 10～1000μF 范围内。该电容值高，是固/液两相之间双层电容的表征。W 值在 1～10MΩ 范围内，与低频电弧相对应，此电阻也代表由于电荷扩散而产生的瓦博格阻抗。

为验证该模型的准确性，图 6-9 显示龄期 28d 复掺质量分数 60%的废弃 CRT 玻璃水泥砂浆的奈奎斯特图（Z_i vs. Z_r）、伯德图（|Z| vs.频率）和相位角图（角度 vs.频率），以及基于该模型和 $R_0[Q_1(R_1W_1)][Q_2(R_2W_2)]$的拟合结果。结果表明，在整个频率范围内，$R_0[Q_1(R_1W_1)][Q_2(R_2W_2)]$模型对实验结果的拟合较差。然而，模型 $R_0[Q_1W(Q_2R_1)(Q_3R_2)]$对实验结果的拟合契合度优异。

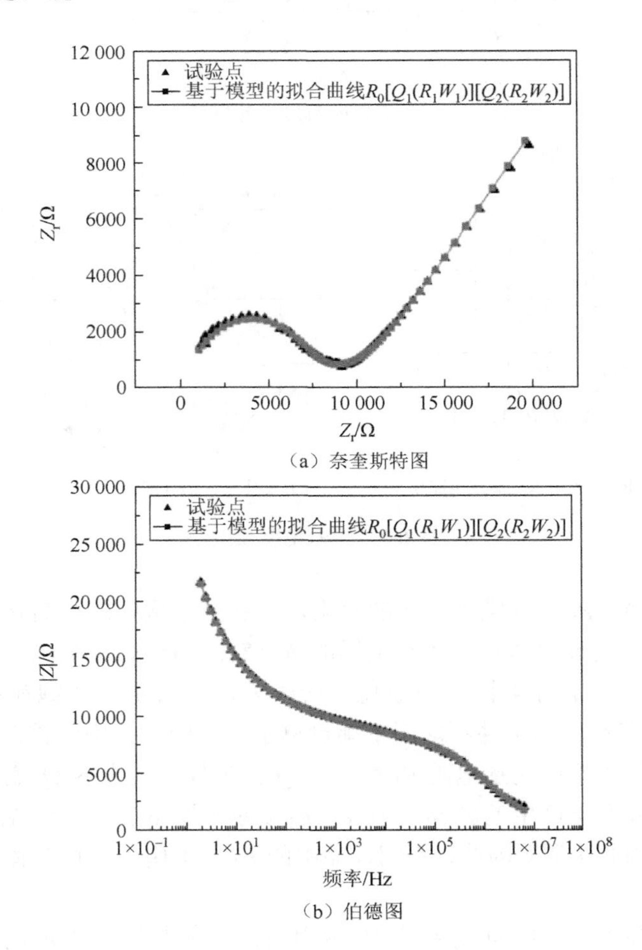

（a）奈奎斯特图

（b）伯德图

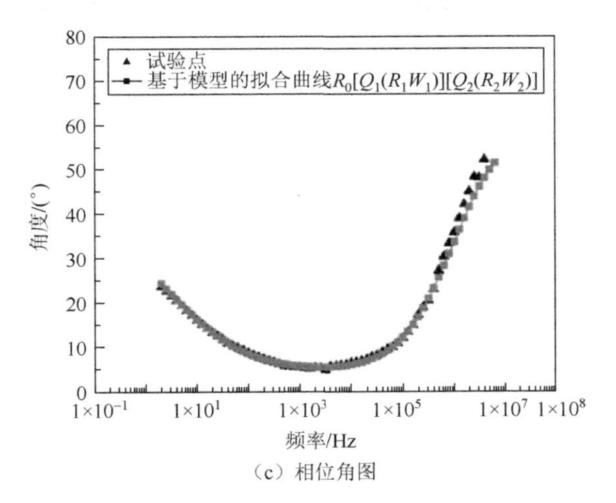

（c）相位角图

图 6-8　普通水泥砂浆阻抗测试模型拟合图

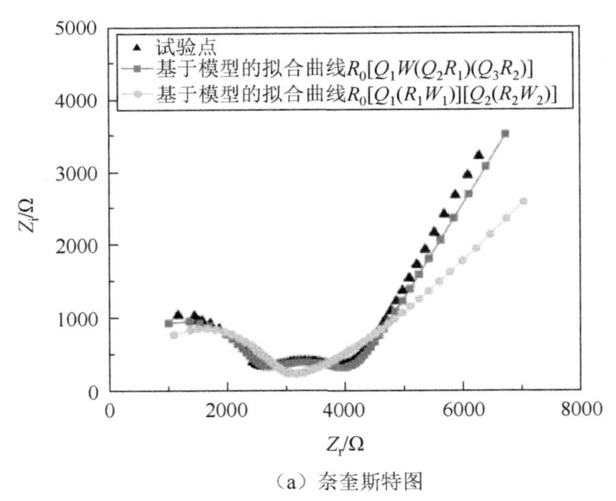

（a）奈奎斯特图

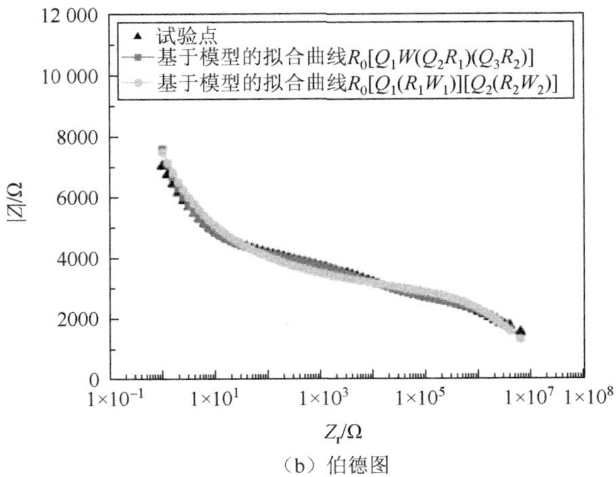

（b）伯德图

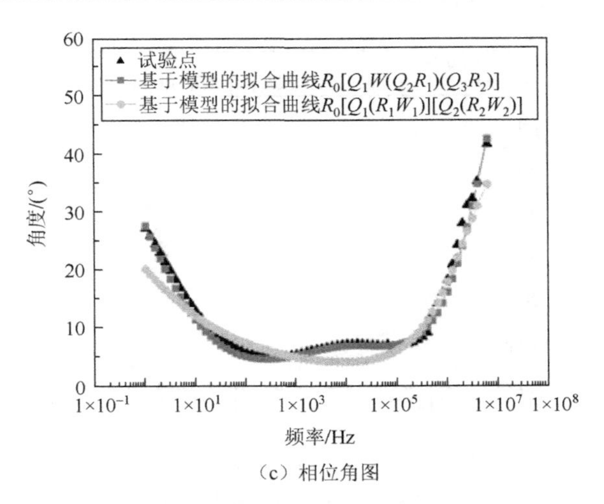

（c）相位角图

图 6-9　复掺质量分数 60%的废弃 CRT 玻璃水泥砂浆阻抗测试模型拟合图

此外，表 6-5 中列出所有废弃 CRT 玻璃水泥砂浆的卡方值，这些值均低于 10^{-3}，表明所提出的模型适用于拟合复掺废弃 CRT 玻璃水泥砂浆的实验结果。该模型表明，用废弃 CRT 玻璃替代骨料制成的砂浆中，铅离子的迁移与废弃 CRT 玻璃砂浆界面、固相和液相之间的电荷转移和通过孔隙溶液的电荷扩散相关。因此，模型 $R_0[Q_1W(Q_2R_1)(Q_3R_2)]$考虑了废弃 CRT 玻璃砂浆界面的电荷相互作用，可用于可靠评估废弃 CRT 玻璃中 GO 对砂浆各相间的铅离子扩散。

表 6-5　不同组模型拟合的卡方值

样品	RG_1	RG_2	RG_3	RG_4	RG_5	RG_6
卡方值	1.76×10^{-4}	1.68×10^{-4}	5.94×10^{-4}	9.24×10^{-4}	1.21×10^{-4}	4.68×10^{-4}

3. 铅析出性能与提出电路模型元件拟合值的关系分析

基于 $R_0[Q_1W(Q_2R_1)(Q_3R_2)]$模型进行模拟，得出不同样品的电路元件 R_1 和 R_2 值，从而分析铅析出性能与电化学特性的关系。图 6-10 为基于该模型拟合不同含量 GO-废弃 CRT 玻璃水泥砂浆电路元件 R_1 及 R_2 的电阻值。由图可知，随着废弃 CRT 玻璃含量的增加，R_1 和 R_2 的电阻值在各组都随之降低。废弃 CRT 玻璃含量的增加会导致碱硅酸反应加剧，无论是在浆体区还是废弃 CRT 玻璃-砂浆界面中，均可能会造成水泥基材料中更多的裂缝和空隙。R_1 表示与图 6-7（c）中绝缘路径 I 中电荷转移相关的固相电阻，即与浆体区固相水化产物的形成相关，而 R_2 代表废弃 CRT 玻璃与浆体区界面之间的电阻，即与废弃 CRT 玻璃砂浆界面的微观结构相关。因此，ASR 膨胀产生的裂缝和孔隙会破坏微观结构，进而降低 R_1 和 R_2 电阻。

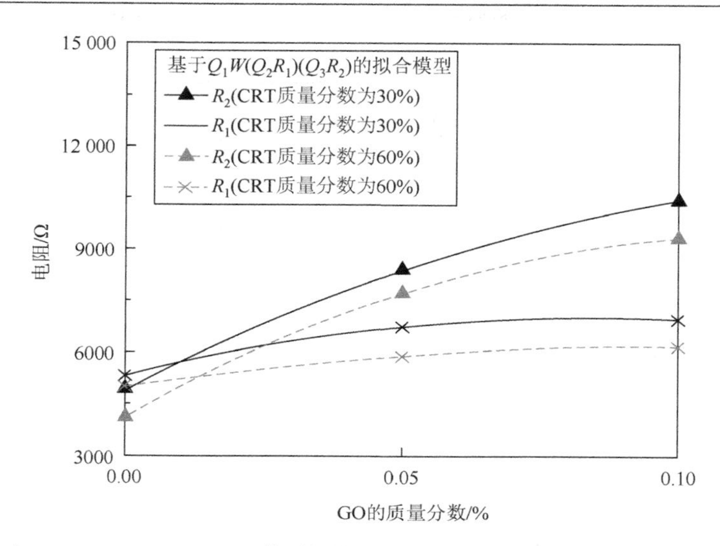

图 6-10　基于 $R_0[Q_1\ W(Q_2\ R_1)(Q_3\ R_2)]$模型拟合不同含量 GO-废弃 CRT 玻璃水泥砂浆电路元件 R_1 及 R_2 电阻值

此外，根据图 6-10，R_1 和 R_2 电阻值都随着 GO 含量的增加而增大。纳米颗粒（随着水泥水化产物的增加）可以填充水泥基体中的空隙，从而增强其微观结构。GO 的层状结构和官能团可以保证较大的接触面积，并与水泥基体形成较强的共价键，从而减少微裂缝的扩展。因此，随着 GO 的增加，R_1 和 R_2 的增大可归因于浆体区和废弃 CRT 玻璃砂浆界面微观结构的改善，进而表面 GO 抑制废弃 CRT 玻璃砂浆界面和浆体区内的铅离子扩散。

4. GO-废弃 CRT 玻璃水泥砂浆电阻结果分析

28d 龄期试样在 20V DC 条件下的直流电阻率结果如表 6-6 所示。对照样品的电阻率为 $4.70\times10^6\Omega\cdot cm$。由表可知，无论试样有无掺入废弃 CRT 玻璃，直流电阻率均随 GO 含量的增加而降低，尽管结果并无显著的降低。例如，复掺质量分数 30%废弃 CRT 玻璃的水泥砂浆中，质量分数为 0.1%的 GO（RG_3）和不含 GO（RG_1）的平均电阻率分别为 $6.37\times10^6\Omega\cdot cm$ 和 $5.24\times10^6\Omega\cdot cm$。这主要是由于 GO 含量低，远低于逾渗值（GO 质量占水泥质量百分比仅为 0.05%～0.1%）。另外，氧化石墨烯层状结构上边缘和表面上存在含氧官能团同样可导致电导率损失。因此，随着水泥砂浆中 GO 含量的增加，电阻率的差异并不大。

表 6-6　不同含量 GO-CRT 水泥基砂浆电阻率　（单位：$\times10^6\Omega\cdot cm$）

试样	G_1	G_2	G_3
电阻率	4.70±0.54	3.89±0.34	3.78±0.26

续表

试样	RG_1	RG_2	RG_3
电阻率	6.37±0.51	5.24±0.33	5.52±0.72
试样	RG_4	RG_5	RG_6
电阻率	9.74±0.79	8.17±0.83	8.08±0.75

此外，由表可知，随着废弃 CRT 玻璃替换率从质量分数为 0 增加到 60%，电阻率均随之增加。例如，废弃 CRT 玻璃（G_1）水泥砂浆和废弃 CRT 玻璃质量分数为 60%（RG_4）的水泥砂浆的平均电阻率分别为 $4.70\times10^6\Omega\cdot cm$ 和 $9.74\times10^6\Omega\cdot cm$。根据相关研究[28-29]表示，掺入 LCD 玻璃（含有大量重金属）的混凝土作为天然砂替代物的电阻率亦随之增加。与液晶玻璃类似，废弃 CRT 玻璃含有大量重金属。然而，废弃 CRT 玻璃中重金属的存在通常以金属氧化物的形式存在，通常不会对玻璃的绝缘性能产生显著影响。因此，使用废弃 CRT 玻璃作为天然砂替代物，可以提高水泥砂浆的电阻率。

5. GO 及废弃 CRT 玻璃骨料对水泥砂浆介电常量的复合影响

图 6-11 为测试过程有无夹入绝缘膜，不同频率电容 vs.接触面积的关系图。从图 6-11 可知，无论有无夹入绝缘膜的 RG_6 和 G_1 的测量电容随频率的增加而减小。在夹入绝缘膜测试的条件下，电容值要远小于未加入绝缘膜的测试组。例如，未夹入的绝缘膜 RG_6 和 G_1 会在 1～1000Hz 的频率范围较夹入绝缘膜增加三个数

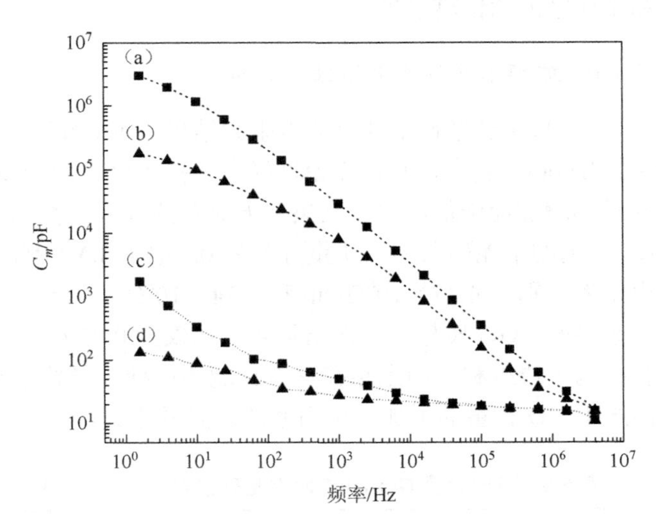

图 6-11 不同频率电容与接触面积的关系图

（a）未夹入绝缘膜的 RG_6；（b）未夹入绝缘膜的 G_1；（c）夹入绝缘膜的 RG_6；（d）夹入绝缘膜的 G_1。

量级的电容值。然而，电化学阻抗谱法并非用于测量导电材料的电容，因此测量样品的电导率越小，测试所得电容值误差更高。此外，还观察到，无论有无绝缘膜，RG_6 的测量电容均高于 G_1。因此，绝缘膜的存在是导电样品电容测量的必要条件。

图 6-12 为复掺质量分数为 0.1%的 GO 及质量分数为 60%的废弃 CRT 玻璃的水泥砂浆及对照组在频率为 1000Hz 条件下，电容 vs.接触面积的关系图。由于覆盖样品整个区域的电极对于减小测量时边缘场效应的影响是有效的，而采用面积法测量厚度较大的样品电容更准确。因此，在这项工作中可以观察到测量结果电容与面积之间较高的线性度，并且可以从曲线的斜率中获得相对介电常量。在本书中，厚度和截面积分别为 15.40mm 和 800mm^2 的试样的测量电容值在 50～120pF 范围内。

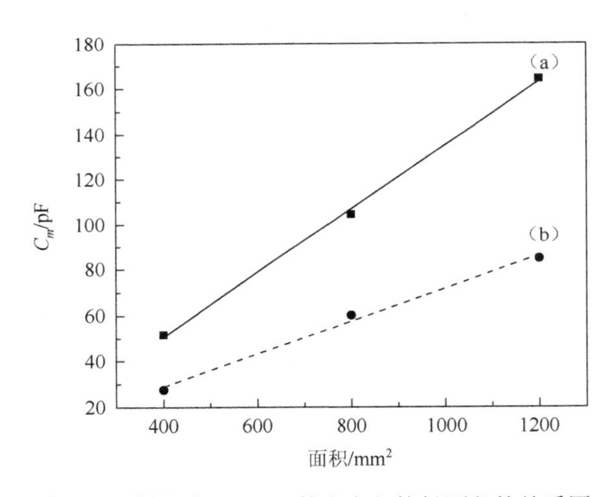

图 6-12　频率为 1000Hz 的电容与接触面积的关系图

（a）复掺质量分数为 0.1%的 GO 及质量分数为 60%的废弃 CRT 玻璃的水泥砂浆；（b）对照组。

基于分析电容 vs.面积精确性的基础上，由公式（6-1）得到各试样不同频率下相对介电常量。图 6-13 为不同 GO 及废弃 CRT 玻璃试样在不同频率下的相对介电常量。研究发现，无论是掺入废弃 CRT 玻璃还是 GO，都会增加水泥砂浆在所有频率下的相对介电常量。具体地说，结合使用废弃 CRT 玻璃和 GO 可显著提高水泥砂浆的相对介电常量。例如，在 10000～5 000 000Hz 和 10～1000Hz 的频率范围内，掺入质量分数 0.1%的 GO 而未掺入废弃 CRT 玻璃只提高约 5%和 30%的相对介电常量。在相同的频率范围内，未掺入 GO 的废弃 CRT 玻璃质量分数为 60%的水泥砂浆相对介电常量提高约 20%和 80%。然而，复掺质量分数 0.1%的 GO 及质量分数 60%的废弃 CRT 玻璃可使相对介电常量增加约 50%和 200%。

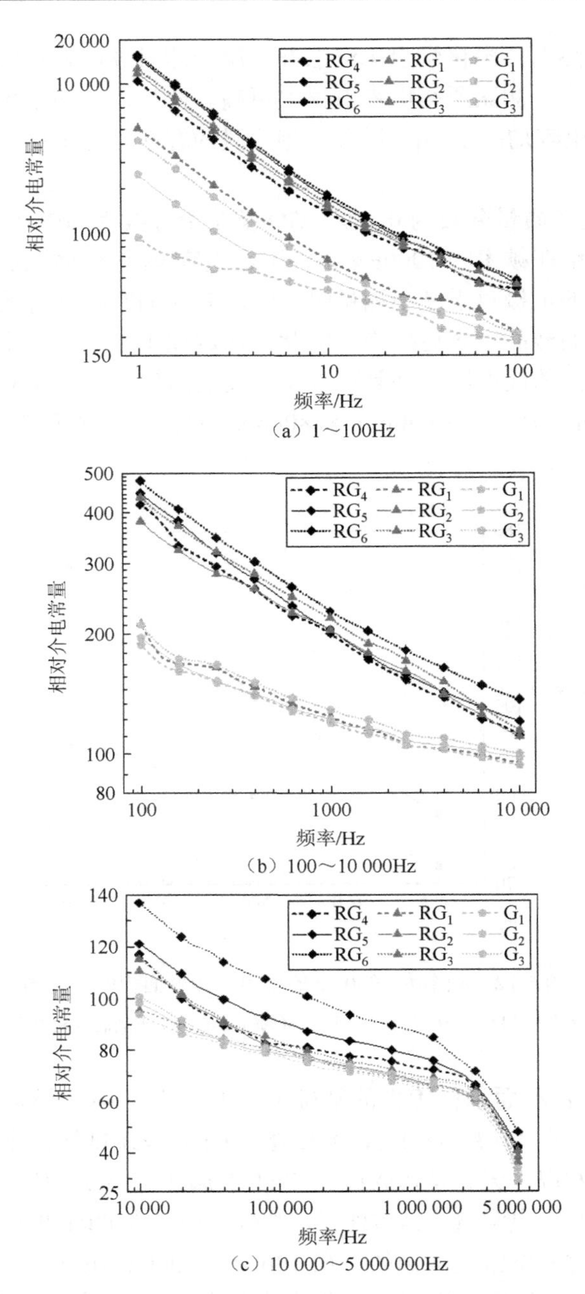

（a）1～100Hz

（b）100～10 000Hz

（c）10 000～5 000 000Hz

图 6-13　各试样不同频率下相对介电常量

在水泥基材料中加入 GO 可提高电磁波屏蔽效能，而电阻率略有下降。如前所述，材料具备较高相对介电常量有利于屏蔽电磁干扰，本书发现，掺入 GO 在不同频率范围内均可提高相对介电常量。尽管电阻率的降低通常会增加介电常量，但基于 GO 含量远低于逾渗值，掺入 GO 略微降低水泥砂浆电阻率。因此，GO 对水泥基材料传导行为几乎没有影响，但是 GO 的加入仍然影响相对介电常量。由于屏蔽层中大于辐射波长的孔或裂缝会对辐射屏蔽性能产生负面影响，提高相对介电常量的主要原因之一可能是 GO 的加入使得水泥基孔隙结构致密化。由于 GO 可提供物理屏障来抑制极化相关电荷载体运动，从而降低水泥基复合材料的介电常量。但在本书研究中没有发现这种现象。其主要原因是 GO 结构存在含氧官能团，导致缺陷存在于边缘和表面，而这些缺陷可减轻氧化石墨烯层状结构的物理屏障效应。

根据 Ling 研究[27]发现，掺入体积分数为 50%和 100%的废弃 CRT 玻璃作为天然砂替换物，可以显著改善砂浆的辐射屏蔽性能。在本节中，废阴极射线管玻璃的使用较为显著提高水泥砂浆的介电常量，同时其提高水泥砂浆的电阻率。废弃 CRT 玻璃由于铅比例较高，导致原子结构致密，与 X 射线辐射相互作用的，降低其能量和辐射穿透深度，从而提高相对介电常量。废弃 CRT 玻璃在水泥砂浆中的一个负面影响是会导致严重的碱硅酸反应，玻璃中表面光滑的针状颗粒可能会降低浆体区与废弃 CRT 玻璃之间的界面结合能力。较弱的界面结合可增加大孔的数量，对废弃 CRT 玻璃屏蔽辐射性能有不利影响。同时，GO 加入可显著降低废弃 CRT 玻璃与水泥浆体区之间界面过渡区的连通裂缝和孔隙。因此，将废弃 CRT 玻璃与 GO 结合使用后，介电常量显著增加的一个主要原因或是二者之间协同作用：废弃 CRT 玻璃在提高介电常量中起主导作用，而 GO 加入则可以将其对砂浆微观结构的负面影响降低，但 GO 在提高相对介电常量方面只起较小的作用。

6.2　还原氧化石墨烯水泥基复合材料结构-保温功能一体化研究

随着经济全球化和城市化进程深入发展，全球能源消耗明显增加，特别是在住宅和办公楼，其中大部分能源消耗是用于空间制热、通风和空调制冷所消耗。在运营使用过程中，建筑物消耗大量的能源，对社会可持续发展和人类生存造成挑战，所以我们需要开发新型墙体复合材料，以控制建筑物运营的能源消耗，如图 6-14 所示。其中轻骨料水泥基复合材料在建筑保温墙体材料中有较多研究，但是在实际工程应用中，轻骨料水泥基复合材料大多作为非结构性材料，并不满足中国建筑规范标准《混凝土强度检验评定标准》（GB/T 50107—2010）等规范要求的结构应用强度 40MPa。这就将会成为限制轻骨料水泥基复合材料在现代建筑中的广泛应用的一个因素。因此，具有优异的力学性能和低导热系数的轻骨料水泥基复合材料将是未来发展的趋势。

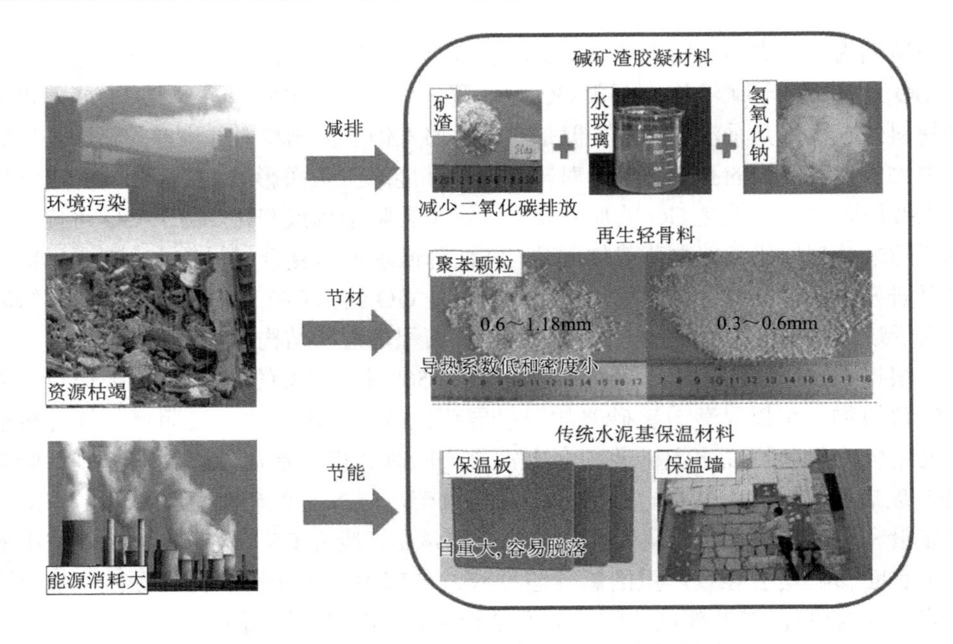

图 6-14　传统建筑材料环境污染及解决方案图

图中数据遵循“上限不在内”原则。

为了满足现代高科技建设而开发新型、高性能材料，实现节能环保的作用，对材料的功能性和结构性提出高需求，即要求复合材料具有优异电、热、磁等功能性，同时也有优异的力学性能，称之为结构-功能一体化材料。现阶段结构-保温一体化的建筑材料是现代建筑材料的主要发展趋势之一，符合我国低碳经济及可持续发展要求。通过加入轻骨料等优异隔热材料到建筑材料中保持其优异保温性能，同时，通过多种技术手段（如纳米材料等）提高材料力学性能，实现结构-保温一体化，使得建筑保温外墙材料在抗震、安全和耐久性等方面得到加强。研究结果表明[30-31]，轻骨料聚苯乙烯泡沫塑料（EPS）加入到建筑材料中都会使其的力学强度下降，无法满足结构应用的强度标准。这将使得其中大部分含有轻骨料 EPS 的建筑保温墙体材料的实际应用仅限于非结构材料应用，这使得其应用范围小，局限性大。因此，在保证建筑材料的功能性（如热工、保温性能）的前提下提升含有 EPS 轻骨料的建筑材料的力学强度，需要对建筑材料进行更加合理的设计和制备。

为了提高力学强度和保持良好保温性能，目前建筑材料研究的三个主要方向是：①通过加入超细矿物掺合料的方法来完成超高性能水泥基复合材料；②通过加入复合纤维；③通过加入纳米材料进一步大幅提升力学性能。最后一种方法中，使用纳米材料是目前水泥基复合材料超高性能化的主要研究方向之一。纳米材料已经在建筑材料中的每个领域都有应用，打破传统水泥基复合材料的局限，使得水泥基复合材料在工程中能够实际应用。现阶段，许多纳米材料如 CNT、NS、GO 和 rGO 等被诸多研究者应用在水泥基及碱激发材料中，并且都能够显著提高或改善材料微观、力学及耐久性能，进而可延长其使用寿命，降低运营的维护成本。因此，通过掺入纳米材料 rGO 的方法，提高建筑材料力学强度，从而实现建筑材料的结构-保温一体化。

随着纳米技术的快速发展，纳米材料能够有效提高建筑材料（如水泥基材料、碱激发材料等）的反应速率、增加水化产物等效果，从而使建筑水泥基复合材料力学性能和耐久性得到提高。为了提高水泥基复合材料力学性能，可采用掺纳米材料的方式。根据 Murugan 和 Saafi 等[32-33]的研究，rGO 能够有效提高胶凝材料 1～80nm 的孔隙比，既能够提高水化产物层间孔、小间隙孔和大孔的比例，以提高胶凝材料的抗压强度和抗折强度。此外，Long 等[34]的研究表明，rGO 能够有效可以提高碱矿渣复合材料反应程度和抗折强度。在 60℃下高碱性环境制备的 rGO，其能够使得碱矿渣复合材料抗折强度比对照组提升 51.2%，这归因于 rGO 能够促进矿渣反应及形成低钙硅化的硅酸钙水化产物（C-S-H）和水化硅铝酸钙（C-A-S-H）。同时，由于 rGO 具有较大的比表面积、较高的耐久性和显著改善力学强度等良好性能，其能应用在建筑材料中。鉴于这些优越的性能，将 rGO 掺入到碱矿渣复合材料中可以显著改善其力学性能，这是由于 rGO 在高碱性环境（pH = 12.5）中能够均匀分布，并且促进聚合反应和起到填充微小孔隙的作用。rGO 由于自身的填充效应，通过加入 rGO 到碱激发复合材料中，从而使得碱激发复合材料更加密实，这表明，rGO 具有改善基体的孔隙结构和提高力学性能的作用。因此，利用 rGO 等纳米材料来增强材料反应速率和提高反应产物，显然是提高碱激发复合材料的力学性能的最有效方法。

同时，近年来众多学者对建筑材料及建筑物进行生命周期分析（LCA）。LCA 提供了一个整体框架来评估产品在整个生命周期中所产生的环境影响，从原材料的提取到最终的处置或回收，包括生产、运输和使用等不同阶段。在这项研究的背景下，该评估涉及根据环境管理标准《Environmental management—Life cycle assessment—Principles and framework》（ISO 14040—2006）和《Environmental management—Life cycle assessment—Principles and framework》（ISO 14044—2006）对建筑物进行的能源、环境和成本分析。

每个 LCA 方法都包含四个相互依存的阶段：目标和范围、生命周期清单（LCI）、生命周期影响分析（LCIA）和结果解释。第一阶段试图描述目的和界限。与 LCA 有关的假设，包括功能单元的定义，可以对不同选择进行比较分析。LCI 旨在与其所分析产品的过程生命周期相关的所有输入和输出。LCIA 包括将前一阶段确定的输入和输出集转换为它们所带来的影响。最后，结果解释是从收集和分析通过先前阶段获得的结果中得出结论的任务。LCA 有助于产品能耗和 CO_2 排放的综合分析。

但是，LCA 的有效性取决于项目数据的准确性。将建筑信息模型（BIM）技术应用于建筑设计和运营进度可以帮助获取准确的实时数据。此外，BIM 可以通过模拟评估和预测每年运营时能源消耗、CO_2 排放和运营成本。因此，基于 BIM 的 LCA 方法可以有效评估建筑物在整个生命周期中对能源消耗、环境和经济成本的影响。

6.2.1　材料特性

采用的骨料为标准砂和废弃轻骨料 EPS。传统标准砂是来自厦门标准砂生产厂生产。轻骨料 EPS 是从泡沫板工厂泡沫板废弃处理获得的，并进一步筛分处理，其颗粒级配符合《建设用砂》（GB/T 14684—2011）的要求。轻骨料 EPS 和标准砂的颗粒级配分布，如图 6-15 所示。从图 6-15 中可以看出，轻骨料 EPS 的粒度分布与标准砂的相似，符合中国国家标准 GB/T 14684—2011。标准砂和轻骨料 EPS 的物理特性，如表 6-7 所示。因此，本节将采用轻骨料 EPS 部分或全部代替标准砂加入到碱激发复合材料中，以制备新型绿色的轻骨料碱矿渣复合材料。图 6-16 为标准砂和轻骨料 EPS 宏观形貌图，同时，采用 SEM 对轻骨料 EPS 进行扫描，轻骨料 EPS 的微观形貌是具有封闭孔结构的圆球形状，如图 6-17 所示。

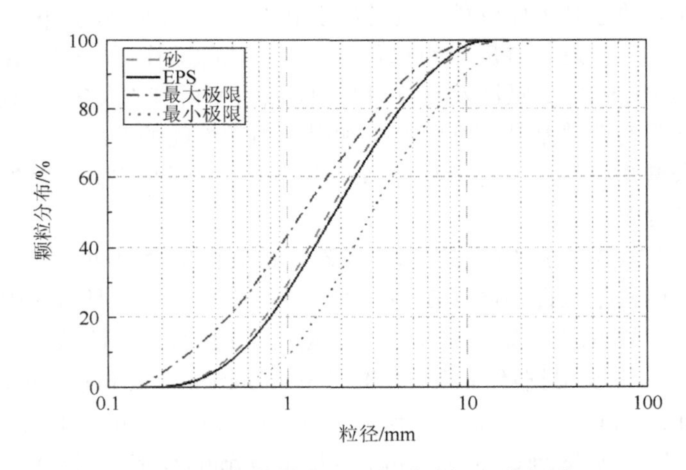

图 6-15　轻骨料 EPS 及标准砂级配分布图

表 6-7　标准砂和轻骨料 EPS 的相关物理化学指标及规范要求

物理化学指标	标准砂	EPS	规范限值（GB/T 14684—2011）
导热系数/[W/(m·K)]	0.500	0.042	≤1.0
表观密度/(g/cm^3)	2.630	0.028	≤3.0
密度/(g/cm^3)	1.490	0.018	≤2.0

续表

物理化学指标	标准砂	EPS	规范限值（GB/T 14684—2011）
吸水率/%	0.55	0.10	≤2.0
熔点/℃	1750	160	—

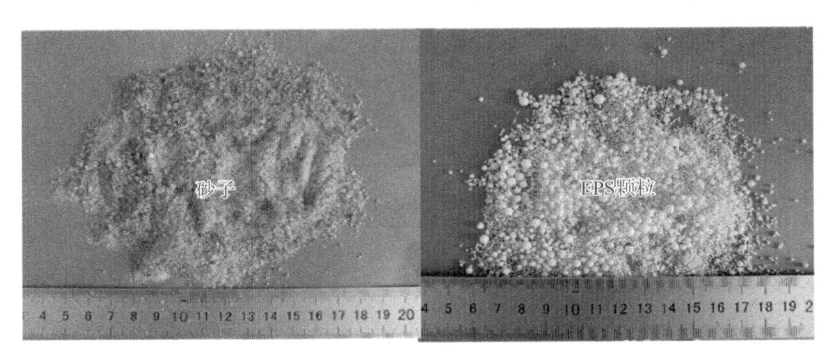

图 6-16　标准砂和轻骨料 EPS 宏观图

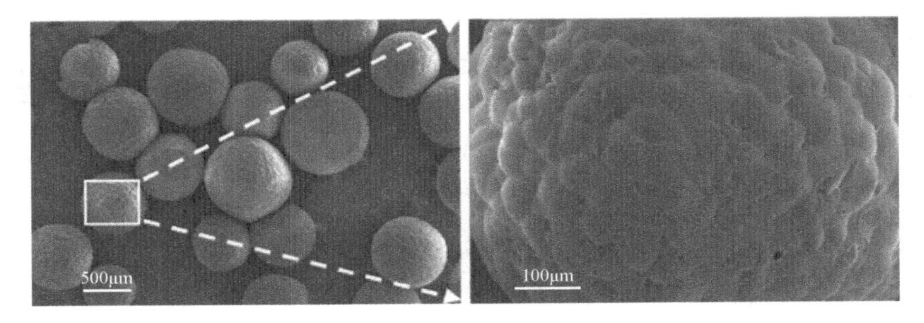

图 6-17　轻骨料 EPS 的扫描电镜图

氢氧化钠溶液和硅酸钠的混合物作为碱活化剂，其中 Na_2O 的质量分数为 14.3%，SiO_2 质量分数为 28%，H_2O 的质量分数为 57.7%。液态硅酸钠（LSS）溶液的模数（SiO_2 与 Na_2O 的摩尔比）为 2.0。水玻璃和氢氧化钠的相关物理性质如表 6-8 所示。rGO 是 GO 采用改良的 Hummer 方法制备所得。

表 6-8　LSS 和 NaOH 的物理性能

	LSS	NaOH
密度/(g/cm^3)	2.61	2.13
沸点/℃	2355	1390
熔点/℃	1089	319

6.2.2　试验方案

根据前期研究结果[35]，本所用的 EPS 碱矿渣复合材料的水胶比为 0.48，可确保其工作性能。碱激发剂的模数（SiO_2 与 Na_2O 的比值）是 1.2。本章节中轻骨料 EPS 碱矿渣复合材料共 6 组试样，轻骨料 EPS 分别替代体积分数为 0、20%、40%、60%、80%和 100%的传统骨料砂子，砂率为 1.5，本章实验具体配合比见表 6-9，具体搅拌流程如图 6-18 所示。

表 6-9　轻骨料 EPS 碱矿渣复合材料配合比

	EPS 替代量/%	高炉矿渣的质量/g	EPS 的质量/g	砂的质量/g	水的质量/g	NaOH 的质量/g	LSS 的质量/g
0EPS	0	1200	0	1800	510.7	25.6	156.7
20EPS	20	1200	3.8	1440	510.7	25.6	156.7
40EPS	40	1200	7.6	1080	510.7	25.6	156.7
60EPS	60	1200	11.5	720	510.7	25.6	156.7
80EPS	80	1200	15.4	360	510.7	25.6	156.7
100EPS	100	1200	19.3	0	510.7	25.6	156.7

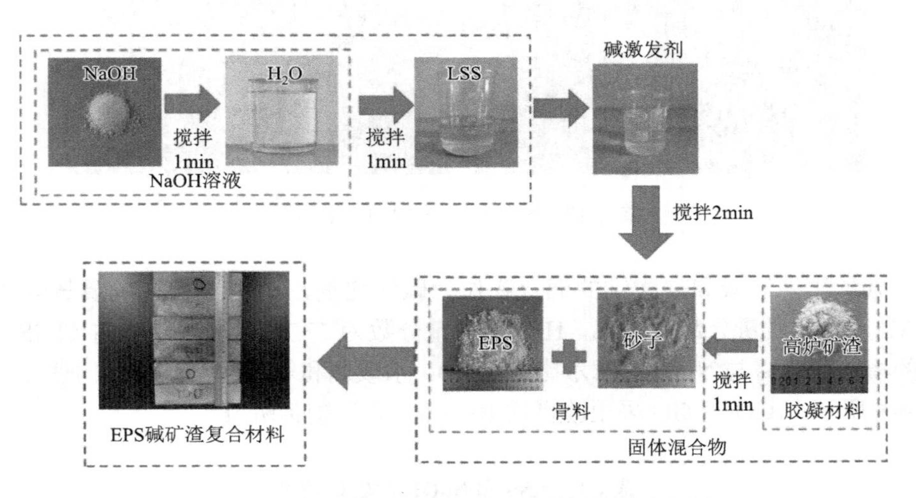

图 6-18　轻骨料 EPS 碱矿渣复合材料搅拌流程图

本小节研究重点不是研究 EPS 碱矿渣复合材料配合比设计，而是探究如何使用 rGO 增强 EPS 碱矿渣复合材料的力学性能，同时保持其良好的保温功能。因此，本小节制备了 9 组结构-保温一体化的 rGO 增强 EPS 碱矿渣复合材料试样，研究 EPS 和 rGO 掺量对碱矿渣复合材料的保温和力学性能的影响。具体配合比如表 6-10 所示，本章配合比是基于高性能混凝土配合比设计的，采用低水胶比（0.25）、微米级硅灰替代 10%高炉矿渣和加入纳米材料（rGO）来提升碱矿渣复合材料的力学强度。加入硅灰的原因是其作为辅助胶凝材料能进一步提升力学强度，而非仅仅使用高掺量纳米材料来提升力学强度，以起到节约成本的作用。碱激发剂的模数（SiO_2 与 Na_2O 的比值）是 1.2。由于 rGO 能够在高碱性环境下均匀分布，因此，rGO 掺入到碱矿渣复合材料时，rGO 分别是胶凝材料质量分数的 0、0.02%和 0.04%。

表 6-10　rGO 增强 EPS 碱矿渣复合材料的配合比

	高炉矿渣的质量/g	EPS 的质量/g	砂的质量/g	水的质量/g	NaOH 的质量/g	LSS 的质量/g	硅灰的质量/g	rGO 的质量/g	rGO/硅灰/%
E0	1080	0	1800	209.6	25.6	156.7	120	0	0
E0-G2	1080	0	1800	209.6	25.6	156.7	120	0.24	0.2
E0-G4	1080	0	1800	209.6	25.6	156.7	120	0.48	0.4
E6	1080	11.5	720	209.6	25.6	156.7	120	0	0
E6-G2	1080	11.5	720	209.6	25.6	156.7	120	0.24	0.2
E6-G4	1080	11.5	720	209.6	25.6	156.7	120	0.48	0.4
E8	1080	15.4	360	209.6	25.6	156.7	120	0	0
E8-G2	1080	15.4	360	209.6	25.6	156.7	120	0.24	0.2
E8-G4	1080	15.4	360	209.6	25.6	156.7	120	0.48	0.4

rGO 增强轻骨料 EPS 碱矿渣复合材料的制备流程如图 6-19 所示，具体制备过程有以下步骤：①将轻骨料 EPS、硅灰和高炉矿渣均匀混合搅拌 2min，形成固体混合物；②将含有 rGO 的碱激发剂溶液缓慢倒入固体混合物中，并再搅拌 2min；

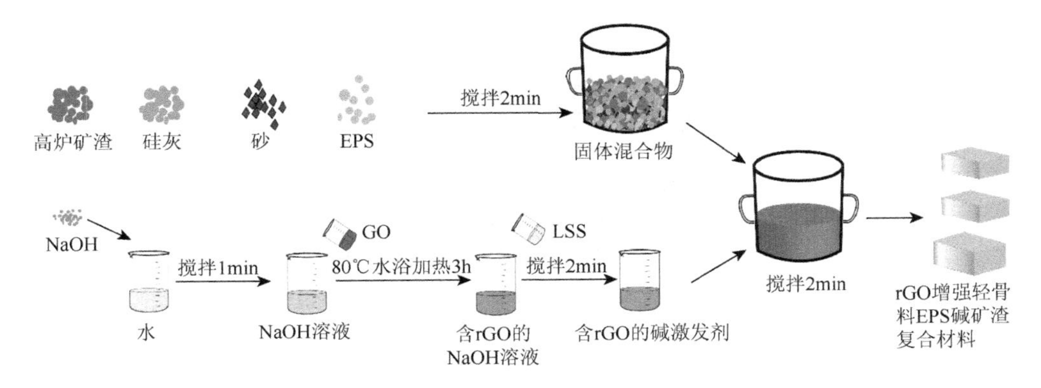

图 6-19　rGO 增强轻骨料 EPS 碱矿渣复合材料的搅拌流程图

③将制备的样品分别倒入尺寸为 40mm×100mm×100mm、40mm×40mm×160mm 和 20mm×20mm×20mm 的标准模具中，密封在塑料膜中，并在 24h 后脱模。以上制备过程均在室内温度 20℃±5℃，相对湿度大于 50%中进行。浇筑完成的所有样品均在 20℃±3℃的标准养护室中养护 28d，相对湿度大于 95%，以进行进一步标准养护。

6.2.3 EPS 对碱矿渣复合材料的物理性能影响研究

材料密度对建筑材料的导热系数有较大影响。由此，可通过增加建筑材料内部空气的方法来降低建筑材料的密度。由于空气的导热系数[0.02W/（m·K）]较低，从而使得建筑材料具有保温效果。EPS 碱矿渣复合材料的湿密度和干密度是通过重量法测量，如图 6-20 所示。从图 6-20 中可得，由于轻骨料 EPS 的密度为 28kg/m^3，EPS 碱矿渣复合材料的湿密度和干密度都随着 EPS 掺量的增加而单调递减。60EPS、80EPS 和 100EPS 的湿密度为 1649.7kg/m^3、1428kg/m^3 和 1210.4kg/m^3，干密度为 1482.5kg/m^3、1219kg/m^3 和 1017.4kg/m^3。60EPS、80EPS 和 100EPS 的干密度比 0EPS 分别低 26.8%、39.9%和 49.8%。60EPS、80EPS 和 100EPS 的湿密度比 0EPS 分别低 24.5%、34.6%和 44.5%。这是因为 EPS 是内部多孔结构的轻骨料，其密度仅为 28kg/m^3，远远小于传统骨料的密度（2630kg/m^3），所以轻骨料 EPS 碱矿渣复合材料的密度随着 EPS 掺量增加而降低，达到保温效果。显然，轻骨料 EPS 对 EPS 碱矿渣复合材料的密度有较大影响。

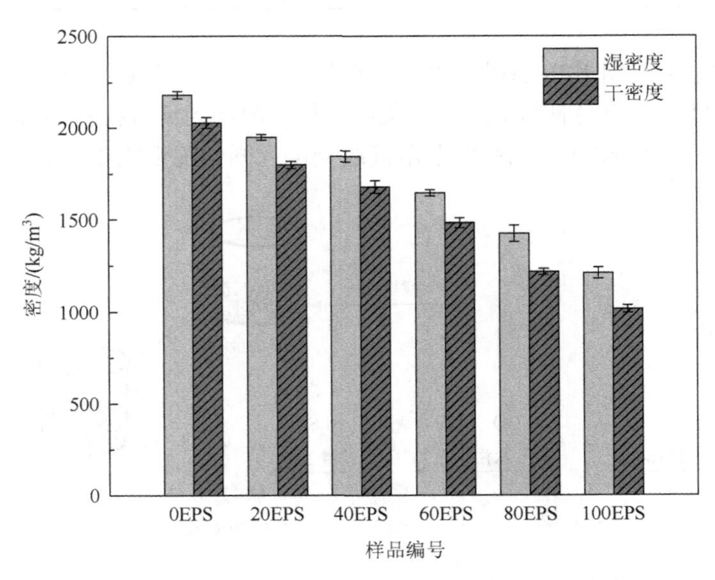

图 6-20 轻骨料 EPS 碱矿渣复合材料的干、湿密度

从实验结果中可以看出，通过掺入轻骨料 EPS，可以显著降低碱矿渣复合材料的湿密度和干密度。密度的降低不仅可以改善 EPS 碱矿渣复合材料的保温热性能，而且可以减轻自重。当使用 EPS 碱矿渣复合材料作为建筑外墙，建筑物墙壁的总质量会减少，达到降低竖向恒载作用。因此，加入轻骨料 EPS 不仅能够使得碱矿渣复合材料保温性能得到保证，此外，还可以减小作用在结构上的竖向恒载荷，这对于地基承载力较小的建筑也是有利的。

本节吸水率的测定按照《轻骨料混凝土应用技术标准》（JGJ/T 12—2019）中相关流程进行。取三个在标准养护室（20℃±2℃，95%RH 以上）养护 28d、尺寸为 40mm×40mm×160mm 的 EPS 碱矿渣复合材料试块，放置在 105℃±5℃烘箱中烘 48h，称得质量为 m_0；之后使成型试块面朝下完全浸泡在 20℃±2℃的水槽中，试块浸泡 48h 取出，并用布擦去其表面多余水分，称量试块质量为 m_1。每组取三个试块吸水率的平均值作为最终吸水率，吸水率按照下式计算：

$$W_x = \frac{m_1 - m_0}{m_0} \times 100 \tag{6-2}$$

其中，W_x 为试块吸水率（%）；m_1 为试块的湿质量（g）；m_0 为试块干质量（g）。

从图 6-21 可看出，随着轻骨料 EPS 掺量的增加，EPS 碱矿渣复合材料的吸水率也逐渐上升。当 EPS 的体积分数增加到 80%～100%时，EPS 碱矿渣复合材料的吸水率显著增加。60EPS、80EPS 和 100EPS 的吸水率分别为 12.1%、16.7%和 18.9%，比对照组 0EPS 的吸水率（7.6%）高了 4.6%、9.1%和 11.3%。从以上实验结果可看出，轻骨料 EPS 的掺入，能够大大增加碱矿渣复合材料的吸水率，增加了内部孔隙率，从而降低 EPS 碱矿渣复合材料的导热系数，取得优异的保温性能。

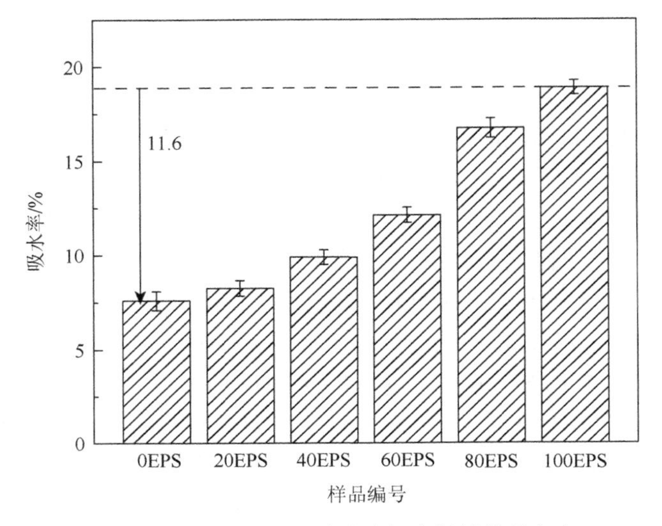

图 6-21　轻骨料 EPS 碱矿渣复合材料的吸水率

对加入不同 EPS 掺量（体积分数为 0、20%、40%、60%、80%和 100%）的轻骨料 EPS 碱矿渣复合材料工作性能进行测试，根据《水泥胶砂流动度测定方法》（GB/T 2419—2005）要求对样品的工作性能（流动度）进行测试，其结果如图 6-22 所示。

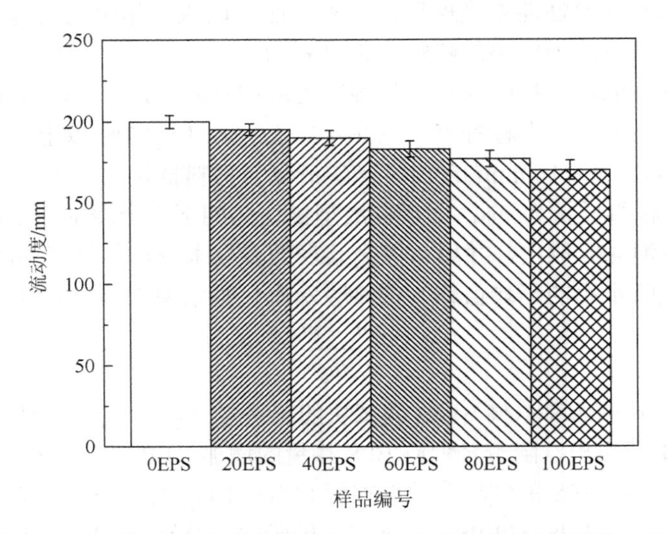

图 6-22 不同 EPS 掺量的轻骨料 EPS 碱矿渣复合材料的流动度

由图 6-22 中可看 20EPS、40EPS、60EPS、80EPS 和 100EPS 分别为 195mm、190mm、183mm、178mm 和 170mm。总体而言，随着轻骨料 EPS 的掺量增加，轻骨料 EPS 碱矿渣复合材料的流动度略有下降。这是由于轻骨料 EPS 是疏水性，其掺入后一定程度增加了胶凝材料的内部摩擦，使得工作性能（流动度）降低。

图 6-23 为第 3d、7d 和第 28d 下不同 EPS 掺量碱矿渣复合材料的抗压强度和抗折强度。抗折强度和抗压强度的测试分别用三个样品进行实验然后取各自平均值。如图 6-23（a）、（b）所示，随着轻骨料 EPS 掺量的增加，EPS 碱矿渣复合材料的抗折强度和抗压强度随之降低。在 28d 龄期时，20EPS、40EPS、60EPS、80EPS 和 100EPS 的抗压强度比对照组 0EPS 分别降低了 9.9MPa（15.6%）、26.6MPa（41.9%）、35.8MPa（56.6%）、41.5MPa（65.5%）和 48.1MPa（78.8%）。20EPS、40EPS、60EPS、80EPS 和 100EPS 的抗折强度比对照组 0EPS 分别降低了 2.3MPa（21.3%）、5.5MPa（51.7%）、6.7MPa（63.1%）、7.9MPa（74.4%）和 9.0MPa（84.9%）。用轻骨料 EPS 代替传统砂子会使碱矿渣复合材料的抗压强度和抗折强度降低，这是因为轻骨料 EPS 为内部多孔结构，无法承受较大压

力或者弯矩，从而使其抗压强度和抗折强度下降。60EPS、80EPS 和 100EPS 的 28d 的抗压强度在 15.3～28.5MPa 的范围内，可作为非承重材料使用。

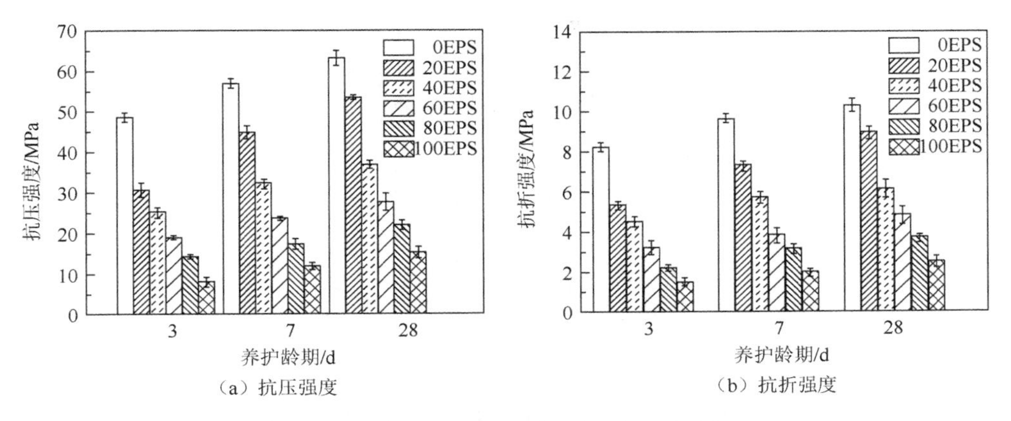

（a）抗压强度　　（b）抗折强度

图 6-23　轻骨料 EPS 碱矿渣复合材料的力学强度

折压比是指材料抗折强度和抗压强度的比值，这是表示材料的柔韧性能，其值太高或太低都不满足材料的使用性能。若比值太大，材料强度不够容易受到破坏；若比值太小，则脆性较大，易碎。如图 6-24 所示，28d 龄期的轻骨料 EPS 碱矿渣复合材料的折压比为 0.166～0.178，而对照组 0EPS 为 0.154。折压比最高的是 60EPS，比 0EPS 的折压比高了 17.6%。随着 EPS 的掺量增加，折压比增加的原因是轻骨料 EPS 和碱矿渣复合材料浆体之间的黏合力较弱，以及轻骨料 EPS 与其他骨料（如砂子）相比使碱矿渣材料孔隙更多所造成。上述结果表明，由于碱矿渣复合材料固有脆性较大，在加入轻骨料 EPS 后，可增加碱矿渣复合材料的折压比，从而增加材料延性。由此，将在下节探究轻骨料 EPS 碱矿渣复合材料的微观结构，从而探究 EPS 与碱矿渣浆体材料之间的 ITZ 及孔隙结构。

通过 MIP 法进行孔分析，测得 EPS 碱矿渣硬化浆体 28d 龄期时的孔隙率，如表 6-11 所示。0EPS、20EPS、40EPS、60EPS、80EPS 和 100EPS 的孔隙率分别为 14.2%、18.0%、21.3%、25.2%、28.7%和 31.8%。从表中可看出，EPS 碱矿渣硬化浆体的孔隙率总是随着轻骨料 EPS 掺量的增加而增加。相比于对照组 0EPS，60EPS、80EPS 和 100EPS 的孔隙率分别提高了 11.0%、14.5%和 17.6%。EPS 碱矿渣复合材料的孔隙率增加有助于降低材料的导热系数。此外，孔隙率取决于许多因素，包括标准砂或轻骨料 EPS 的孔隙率，EPS 与碱矿渣浆体的 ITZ 间隙，以及碱矿渣胶凝材料中的内部孔隙。由此探究轻骨料 EPS 掺入到碱矿渣材料中的内部孔隙结构变化，从而更好地探究 EPS 掺量对 EPS 碱矿渣硬化浆体孔隙的影响。

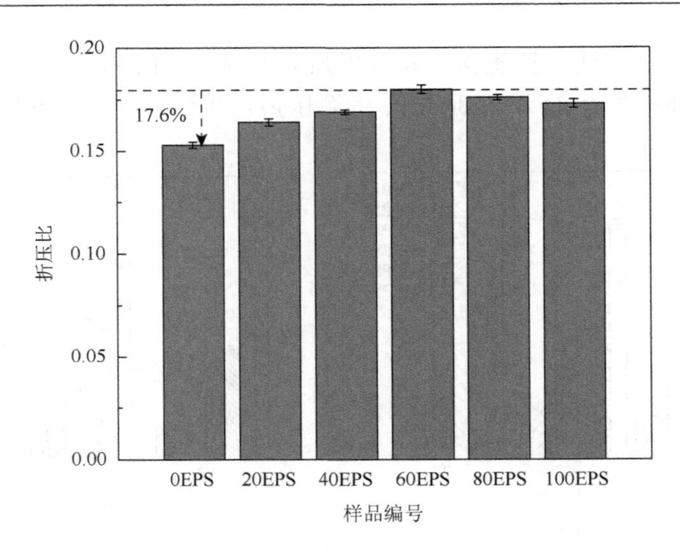

图 6-24 28d 龄期轻骨料 EPS 碱矿渣复合材料折压比

表 6-11 28d 龄期不同掺量 EPS 的轻骨料 EPS 碱矿渣复合材料的孔隙率

序号	MIP 测得的孔隙率/%	相对 E0 的孔隙增长率/%
0EPS	14.2	—
20EPS	18.0	3.8
40EPS	21.3	7.1
60EPS	25.2	11.0
80EPS	28.7	14.5
100EPS	31.8	17.6

通过 MIP 测试，图 6-25 为不同掺量 EPS 的碱矿渣硬化浆体的孔隙微分分布曲线（PSD）和累计分布曲线。此外，可以从图 6-25（a）中划分出三个不同的孔区域：①d<1μm 的孔径是材料微尺度的孔，可以是小的毛细孔、碱矿渣胶凝材料内部孔及界面过渡区孔隙（胶凝材料和骨料的界面）；②1≤d<100μm 的孔径适中，可能是碱矿渣胶凝材料之间的开孔，空隙，裂纹和空洞；③d≥100μm 的大孔，可能不是真正的孔，但可能是压碎试样表面上的孔洞或不规则处的空洞。图 6-25（b）的进一步表明，随着 EPS 掺量增加碱矿渣硬化浆体孔的复杂性也会随之增加。例如，微尺度下，对照组 0EPS 普通单个主峰，而体积分数为 20%～100%情况下的 EPS 碱矿渣硬化浆体其主峰均变为两个及以上。因此，从以上的孔隙分类中，容易理解当将 EPS 作为轻骨料掺入碱矿渣复合材料中，其内部孔隙结构发生了变化，孔隙率增大，从而影响材料的保温性能。

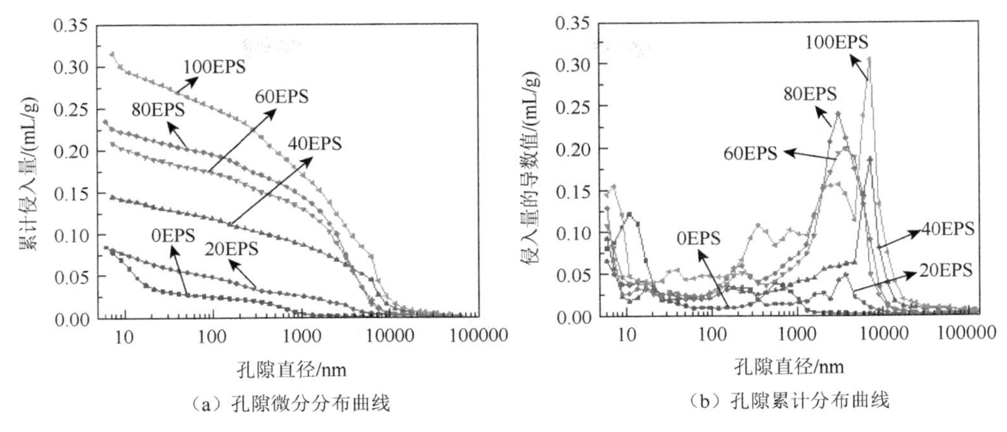

（a）孔隙微分分布曲线　（b）孔隙累计分布曲线

图 6-25　不同掺量 EPS 的轻骨料 EPS 碱矿渣硬化浆体的孔隙结构

图 6-26 还重点关注了轻骨料 EPS 和碱矿渣材料硬化浆体之间的 ITZ 的情况，其中由图 6-26（b）～（d）中可看出，在水胶比为 0.48 条件下，轻骨料 EPS 具有疏水性，使得轻骨料 EPS 和碱矿渣材料硬化浆体之间未紧密粘附，出现相应的明显的 ITZ。实际上，如果 ITZ 界面处的附着力不够好，则轻骨料 EPS 碱矿渣硬化浆体就有可能出现更多的孔洞和裂缝。反之，若 ITZ 界面的附着力够好，则材料不容易出现裂纹。如图 6-26（d）所示，EPS 体积分数为 100%时，碱矿渣硬化浆体与轻骨料 EPS 的 ITZ 虽然是平滑的，但是还是产生了微小裂缝。由本节微观结构分析和 MIP 实验结果可得，当 EPS 掺量增加时，轻骨料 EPS 碱矿渣复合材料变得更加多孔且疏松，其孔隙率随之提高。

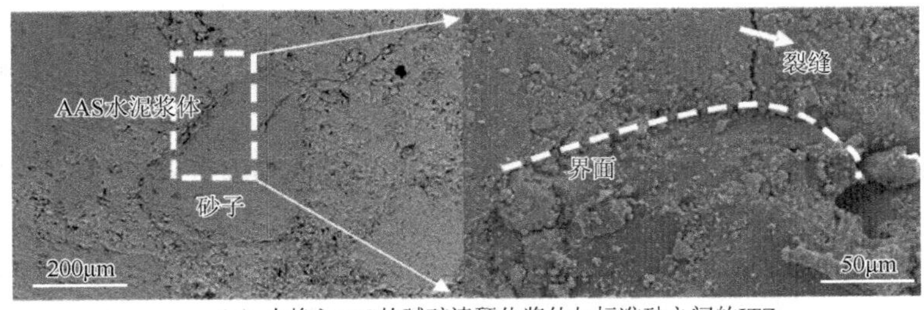

（a）未掺入EPS的碱矿渣硬化浆体与标准砂之间的ITZ

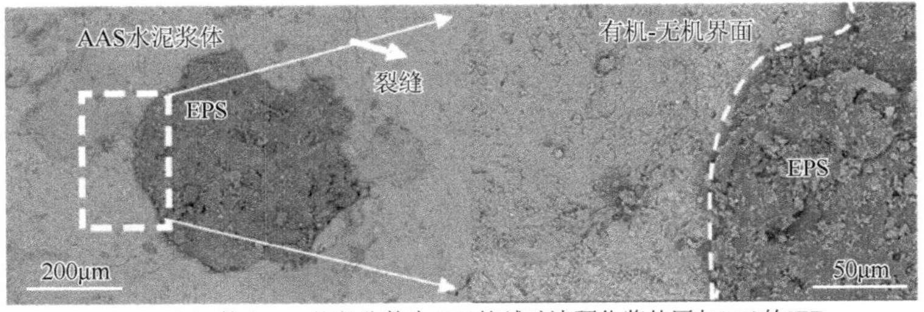

（b）掺入EPS体积分数为60%的碱矿渣硬化浆体区与EPS的ITZ

（c）掺入EPS体积分数为80%的碱矿渣硬化浆体区与EPS的ITZ

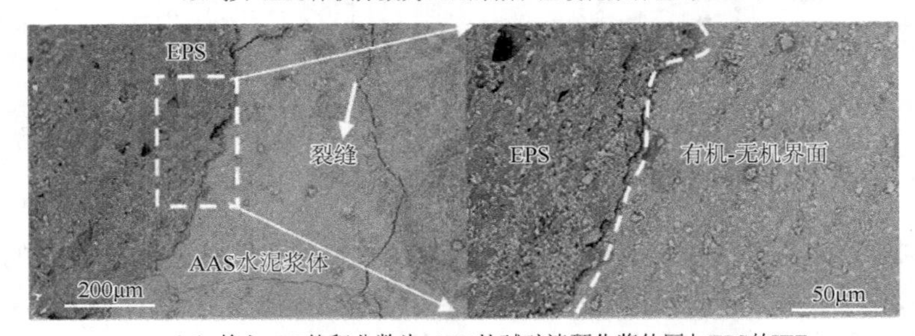

（d）掺入EPS体积分数为100%的碱矿渣硬化浆体区与EPS的ITZ

图 6-26　不同 EPS 掺量的轻骨料 EPS 碱矿渣硬化浆体的 SEM 图像

6.2.4　EPS 对碱矿渣复合材料保温性能影响研究

1. EPS 对碱矿渣复合材料导热系数的影响

材料的导热系数是单位截面和单位长度下的材料在单位温差和单位时间下直接传导的热量值。图 6-27 表示的是使用 TC3000 热分析仪在不同 EPS 掺量（体积分数为 0、20%、40%、60%、80%和 100%）下测得的 EPS 碱矿渣复合材料的导热系数值。

从图 6-27 中可得，20EPS、40EPS、60EPS 和 80EPS 和 100EPS 的导热系数与对照组 0EPS 相比，分别降低了 35.4%、49.1%、68.3%、75.7%和 83.8%。同时，60EPS、80EPS 和 100EPS 具有相对较低的导热系数[0.41～0.21W/(m·K)]。由此可得，在轻骨料 EPS 体积分数达到 60%以上时，EPS 碱矿渣复合材料的导热系数与具有不同轻骨料（页岩、浮石、膨胀黏土、膨胀珍珠岩和橡胶等）的砂浆或混凝土材料相比更低。甚至 20EPS 的导热系数也仅为 0.84W/(m·K)，不到对照组（0EPS）的三分之二。当用轻骨料 EPS 完全代替传统骨料时，100EPS 的导热系数为 0.21W/(m·K)，比 0EPS 降低了 83.8%。以上结果表明，轻骨料 EPS 对材料的导热系数降低具有显著效果。因此，EPS 碱矿渣复合材料能够成为具有优异保温性能的建筑保温材料，也为后续结构-保温功能一体化研究提供了研究基础。

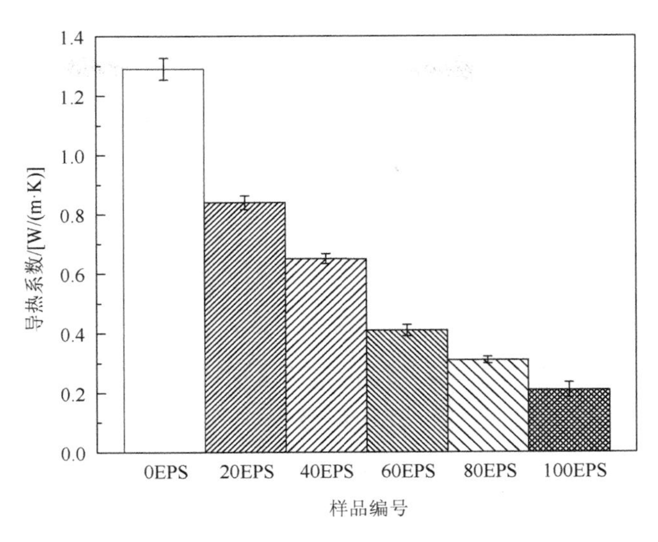

图6-27　28d龄期不同EPS掺量的轻骨料EPS碱矿渣复合材料导热系数

2. 密度、孔隙率和EPS体积分数与导热系数的关系

孔隙率和密度是影响通过多孔材料的导热系数的主要重要因素。因为空气具有极低的导热系数[0.02W/(m·K)]，在建筑材料中掺入轻骨料不仅能够降低密度还能使建筑材料保温效果更好，所以材料的孔隙率越高或密度越低，其导热系数越低。这也适用于本节中的轻骨料EPS碱矿渣复合材料的导热系数与密度、孔隙率及EPS体积分数的关系，如图6-28所示。

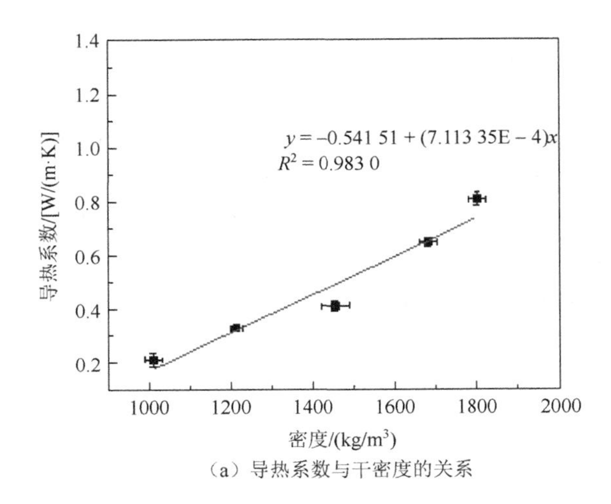

（a）导热系数与干密度的关系

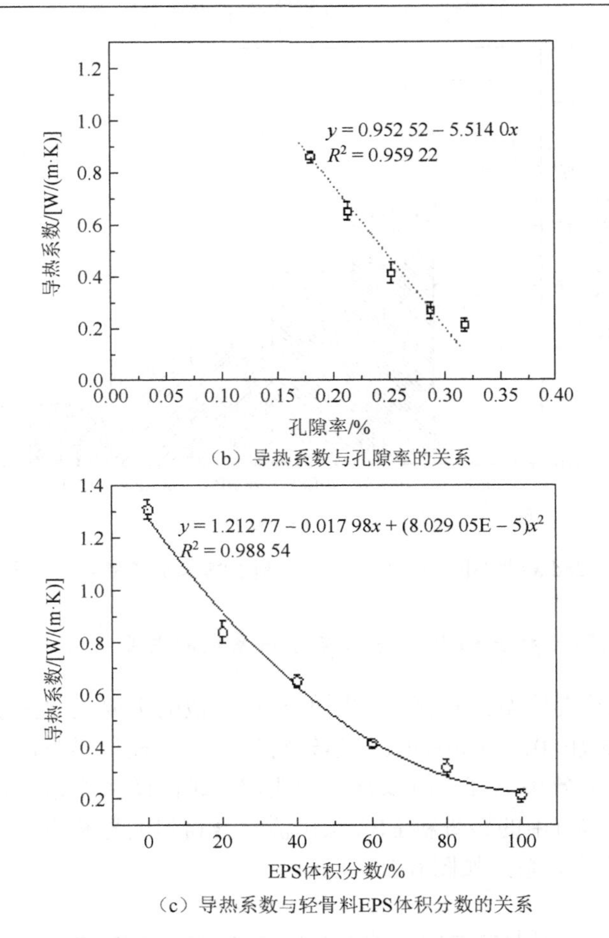

（b）导热系数与孔隙率的关系

（c）导热系数与轻骨料EPS体积分数的关系

图 6-28　EPS 碱矿渣复合材料导热系数与密度、孔隙率和 EPS 体积分数的关系

由图 6-28（a）、（b）所示，轻骨料 EPS 碱矿渣复合材料的导热系数相对于干密度（孔隙率）的大致线性下降（增加）。但是，一些研究表明，材料导热系数和密度之间的关系可能不像线性形式那么普通，而是通常遵循一个不断变化的机制，例如指数方程形式。如图 6-28（c）所示，随着 EPS 体积分数的增加，EPS 碱矿渣复合材料的导热系数值也随着降低，并且是遵循二次函数增长形式。因此，在掺入轻骨料 EPS 情况下，能够大幅度地降低碱矿渣复合材料的导热系数，从而达到良好的保温性能。

3. EPS 碱矿渣复合材料的保温性能机理研究

具有良好保温性能的材料，其通常具有较低导热系数和较高的孔隙率，并且材料内部大多为封闭孔。图 6-29 为 EPS 碱矿渣复合材料保温性能传热过程的机理图。当热量从高温 T_1 向低温 T_2 传递时，第一条通道是通过气孔外的碱矿渣材料固相传热，在遇到孔后，传热方向会改变，延长总路线，速度减小；另一条通道是通过 EPS 矿渣材料内部气体传热，主要是传导、辐射和对流三种途径，其中包括：①碱矿渣材料高温固体表面对气体的辐射和对流传热；②EPS 碱矿渣材料内部气体相对流传热、导热和内部热气流向低温碱矿渣材料固体相的辐射；③热和冷固体表面之间的辐射传热。由于在日常温度下，材料对流和辐射传热占总体传热比例比较小，总体传热还是通过气体导热为主。同时，由于空气的导热系数往往为 0.02W/(m·K)，其导热系数远远小于固体的导热系数[一般大于 1.3W/(m·K)]，因此，EPS 碱矿渣材料内部热量难以从气孔传递，其传递阻力增大，从而大大减低了传热速度，使得轻骨料 EPS 作为内部多孔结构掺入碱矿渣复合材料中具有低导热系数的保温性能。

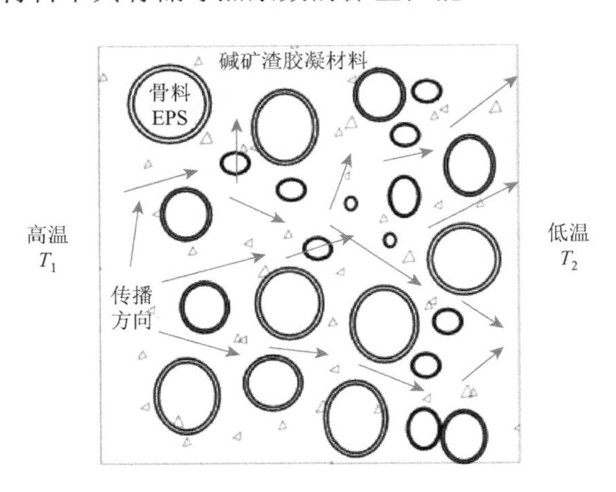

图 6-29　轻骨料 EPS 碱矿渣复合材料传热过程机理图

为进一步研究 EPS 碱矿渣复合材料的保温性能机理，下面将对 EPS 碱矿渣复合材料的有效导热系数进行计算，具体研究内容如下。

（1）两相均质化方案

多相复合材料的物理特性（力学强度，导热系数等）在很大程度上受微观结构的控制：孔隙的位置、大小和相互连接性等因素。水泥基复合材料和碱矿渣复合材料中的裂缝和空隙具有较高的异质性，所以很难准确得出某些性质数值（如导热系数）。但是，使用适当的均质化模型并结合实验结果能够比较准确地估计这些数值（如导热系数）。特别是通过均质化来验证实验数据与分析模型。在碱矿渣复合材料中，基本假设是类似于渗流理论，如果较大尺寸范围的属性不受每个单独的较小尺寸掺合物的影响，则不同尺寸的多相材料将分为不同的比例。因此，在研究轻骨料 EPS 碱矿渣复合材料中，将碱矿渣复合材料视为原始基质，而掺入的轻骨料 EPS 则将其作为新的均质基质。本节将使用两相均质化来计算轻骨料 EPS 碱矿渣复合材料的有效（均质）导热系数，计算流程如图 6-30 所示。首先，将包含细砂的碱矿渣材料的原始基质导热系数计算出来。然后，使用 Felske 方程，根据每个组分来计算包含轻骨料 EPS 颗粒的碱矿渣材料的有效导热系数（ETC）。

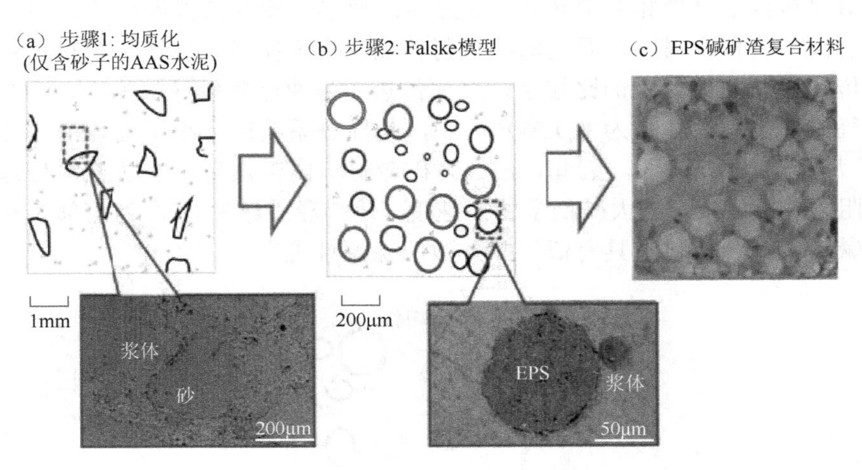

图 6-30　轻骨料 EPS 碱矿渣复合材料的有效导热系数计算流程图

在 Long[35]等的研究中，可以使用 Felske 方程估算含多组分多相的轻骨料水泥砂浆的 ETC。对于具有低导热系数的轻骨料 EPS 碱矿渣复合材料同样适用，其 ETC 可以用以下公式表示：

$$k_{eff}=\left(\frac{1+2\phi v_f}{1-\phi v_f}\right)k_1 \tag{6-3}$$

$$\phi=(\eta-1)/(\eta+2) \tag{6-4}$$

$$\eta=2k_{21}u/(3\rho_s-u) \tag{6-5}$$

其中，$k_{21}=k_2/k_1$，k_1 和 k_2 分别表示碱矿渣材料（仅含砂子）的导热系数和轻骨料 EPS 的导热系数；u 是 EPS 的表观密度，ρ_s 是 EPS 的密度，以上参数均可通过实验测试得出。因此，EPS 碱矿渣复合材料的 ETC 可以简单地表示为式（6-3），其中 v_f 为掺入轻骨料 EPS 材料的体积分数。

式（6-4）和式（6-5）避免了烦琐的实验确定轻骨料 EPS 碱矿渣复合材料的导热系数值，仅使用密度和表观密度（即两者都可以通过实验测量出数值）来获得轻骨料 EPS 碱矿渣复合材料的有效导热系数值。

（2）轻骨料 EPS 掺量对 EPS 碱矿渣复合材料有效导热系数的影响

图 6-31 表示轻骨料 EPS 碱矿渣复合材料计算的有效导热系数和通过热线法测

出的导热系数值。在水灰比为 0.48 时，实验测出 100EPS 的导热系数值为 0.21W/(m·K)。EPS 表观密度 u 和密度 ρ_s 分别为 28kg/m^3 和 18kg/m^3。由于碱矿渣复合材料等建筑材料的导热系数会受其砂率影响很大。因此，在图 6-31 中的轻骨料 EPS 碱矿渣复合材料都是具有相同的水胶比，其变量是对应于每种轻骨料 EPS 的体积分数，以达到比较的目的。

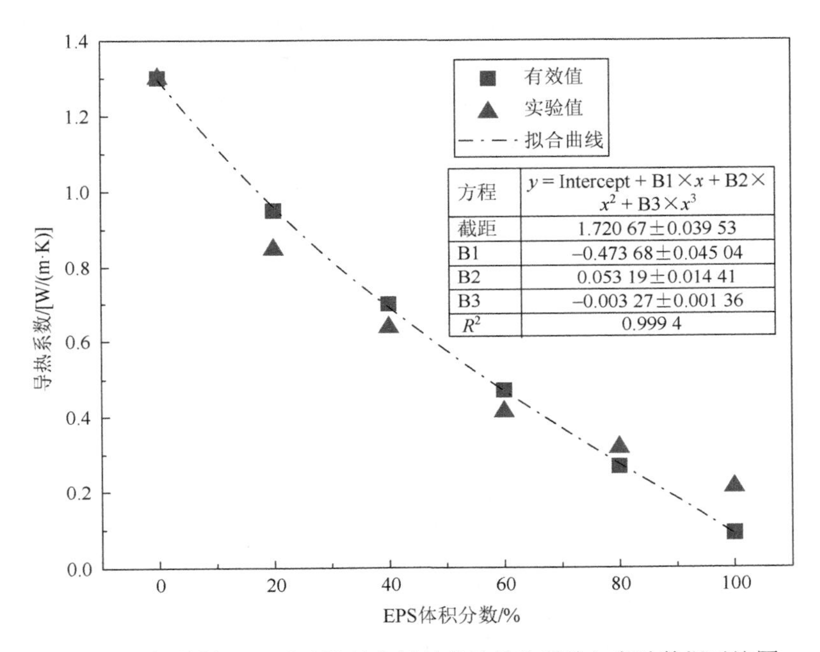

图 6-31　轻骨料 EPS 碱矿渣复合材料有效导热系数与实验数据对比图

从图 6-31 中可看出，对于本章中测试的 6 组轻骨料 EPS 碱矿渣复合材料，计算出的 ETC 与实验测试结果吻合较好，差异大部分在 20%以内。EPS 碱矿渣复合材料的 ETC 与导热系数的实验值相比，其 ETC 计算结果与实验值的趋势具有一致性。其中一些差异的来源可能包括每种成分的有效体积分数与设计值之间的偏差（这可能是每批骨料中水分含量变化所导致），每个测试样品之间骨料分布的变化引起的实验误差。

6.2.5　rGO-EPS 碱矿渣复合材料物理性能研究

从图 6-32 可得，纳米材料 rGO-EPS 碱矿渣复合材料的湿密度和干密度分别在 1432～1689kg/m^3 和 1197～1511kg/m^3，符合《轻骨料混凝土应用技术标准》（JGJ/T 12—2019）中对轻骨料水泥基复合材料的密度要求。同时，随着轻骨料

EPS 掺量增加，rGO-EPS 碱矿渣复合材料的干、湿密度也显著降低，但是 rGO 掺量增加反而会使得碱矿渣复合材料干、湿密度稍微增加。E6、E6-G2、E6-G4、E8、E8-G2 和 E8-G4 的干密度为 1407kg/m^3、1436kg/m^3、1511kg/m^3、1197kg/m^3、1240kg/m^3 和 1280kg/m^3；其湿密度为 1608kg/m^3、1631kg/m^3、1690kg/m^3、1432kg/m^3、1455kg/m^3 和 1498g/m^3。E6-G2、E6-G4、E8-G2 和 E8-G4 的干密度比 E0 分别低 35.9%、32.6%、44.6%和 42.1%。E6-G2、E6-G4、E8-G2 和 E8-G4 的湿密度比 E0 分别低 32.2%、29.7%、39.8%和 37.7%。E8-G4 的干、湿密度比 E8 的要高 6.9%和 4.7%，但比 E0 的干、湿密度要低 42.1%和 37.7%。这是因为 EPS 的密度仅为 28kg/m^3，其掺入使得材料密度显著减小，而 rGO 能促进碱矿渣反应，反应产物增加，使材料密度稍微增加，但总体而言 rGO 增强 EPS 碱激发材料密度比对照组要低，这与其他研究结果一致[36]。

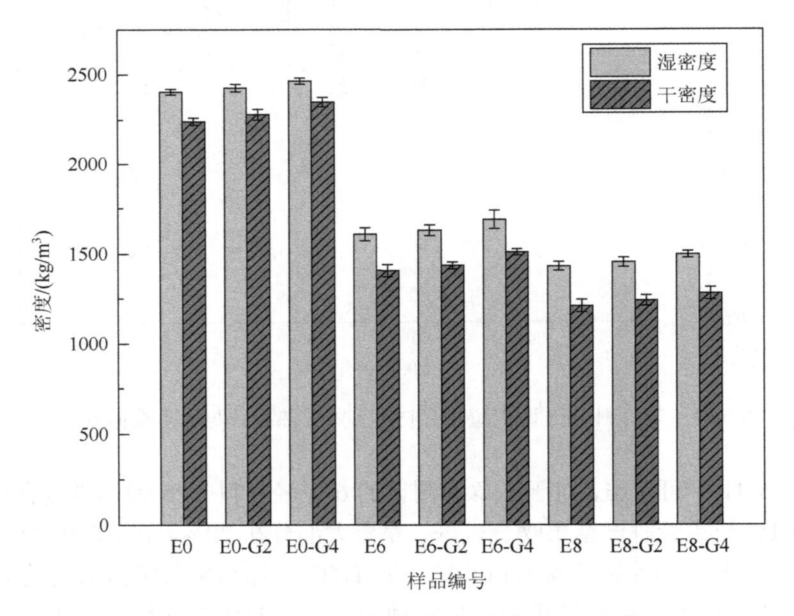

图 6-32　rGO-EPS 碱矿渣复合材料干、湿密度

从图 6-33 可看出，随着轻骨料 EPS 掺量的增加，rGO 增强轻骨料 EPS 碱矿渣复合材料的吸水率也逐步上升。但是随着 rGO 质量分数增加，rGO 增强轻骨料 EPS 的吸水率会稍稍降低。出现以上实验结果是由于 EPS 掺量越多引入孔隙，而 rGO 掺入后会使得轻骨料 EPS 碱矿渣复合材料的孔隙减少所造成的。从实验结果可看出，E8-G4 的吸水率为 15.9%，比对照组 E0 的吸水率 7.2%要高 8.7%。因此，在掺入 EPS 和 rGO 后，其吸水率仍然会升高，这是由于 rGO 增强 EPS 碱矿渣复合材料的孔隙率仍然很高所造成的，使得其保持优异的保温性能。

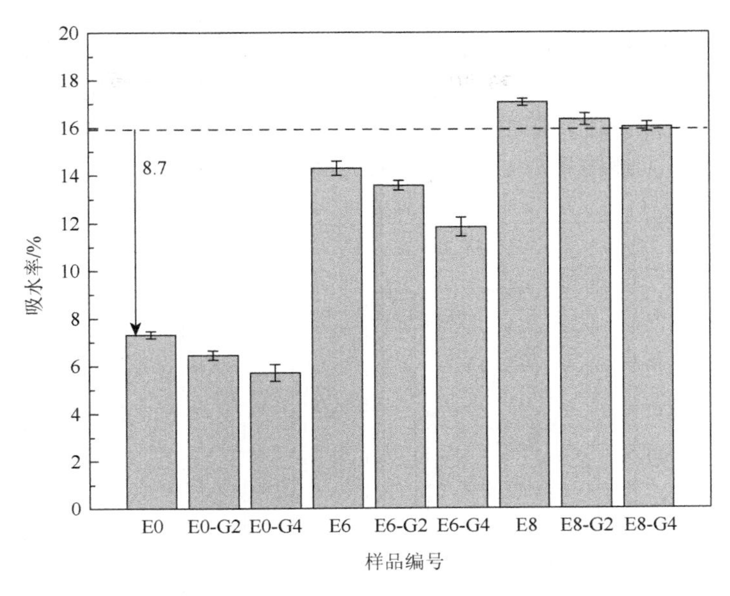

图 6-33　rGO-EPS 碱矿渣复合材料的吸水率

图 6-34 表示 E0、E0-G2、E0-G4、E6、E6-G2、E6-G4、E8、E8-G2 和 E8-G4 的流动度（mm），其中轻骨料 EPS 的体积分数为 0、60%和 80%，rGO 的质量分数为 0、0.02%和 0.04%。由图中可看出，E0、E0-G2、E0-G4、E6、E6-G2、E6-G4、E8、E8-G2 和 E8-G4 的流动度为 181mm、172mm、161mm、171mm、163mm、156mm、165mm、157mm 和 150mm。其中 E8-G4 比对照组 E0 的流动度下降了 17.1%。由图 6-37 可知，随着 rGO 的掺量增加，碱矿渣复合材料的流动度下降，这与 Saafi 等的研究结果一致[33]。

通过上述分析可得碱矿渣复合材料的流动度是由于碱矿渣材料反应机理与普通硅酸盐水泥（OPC）的不一样，因此碱矿渣材料和水泥基复合材料的流动性能会有差别。本节结果表明，不同 rGO 掺量下，轻骨料 EPS 碱矿渣复合材料流动度比未掺入 rGO 的轻骨料 EPS 碱矿渣复合材料稍有降低。如 E8-G4 相对 E0 流动度下降 17.1%，而 E8 相对 E0 则是下降了 8.8%。由此可见，E8-G4 流动度下降是由于轻骨料 EPS 和 rGO 的共同作用所导致的。由于 rGO 具有纳米材料的大比表面积和高的吸附性，导致早期吸附游离水，因此材料流动性能下降。

EPS 和 rGO 掺量对第 3d、7d 和 28d 龄期的抗压强度和抗折强度的影响如图 6-35（a）、（b）所示。从图中可看出，随着养护龄期的增加，rGO 增强轻骨料 EPS 碱矿渣复合材料的抗压强度和抗折强度随之增加。但是，随着轻骨料 EPS 掺量的增加，抗压强度和抗折强度明显降低。与对照组 E0 相比，E6 和 E8（没掺入 rGO）的 28d 抗压强度分别下降了 56.8%和 64.0%。此外，抗折强度也有类似趋势。从图 6-35（b）中可以看出，E6 和 E8 的 28d 抗折强度相比对照组 E0 分别降低了 55.1%和 68.9%。抗压强度和抗折强度下降的原因主要是轻骨料 EPS 的低密度和较差的抗压强度。在相同的条件下，轻骨料 EPS 无法于抵抗外部压力并产生更大的应变。上述结果与 Chen 等的研究结论是一致的[31]。

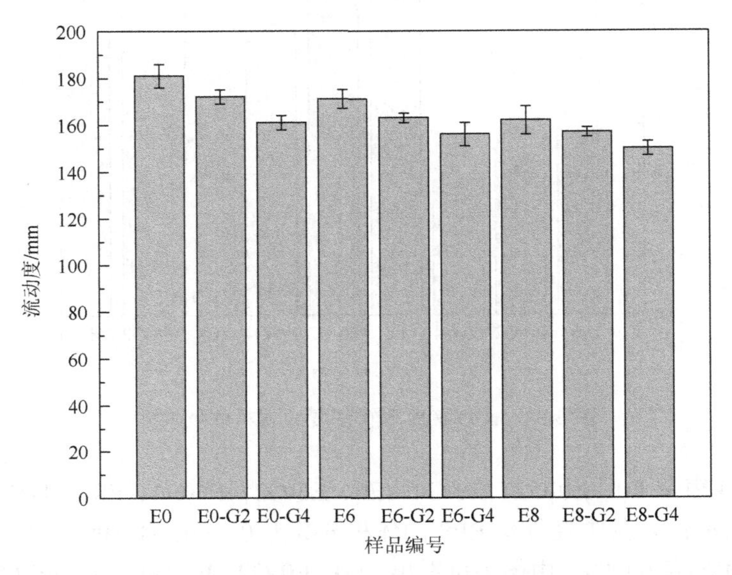

图 6-34　不同 rGO 和 EPS 掺量的 rGO-EPS 碱矿渣复合材料的流动度

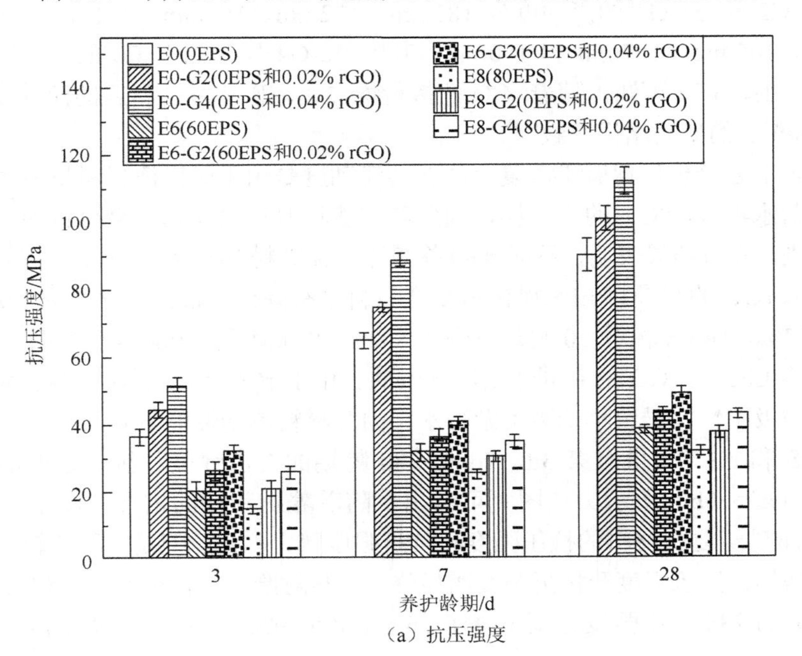

（a）抗压强度

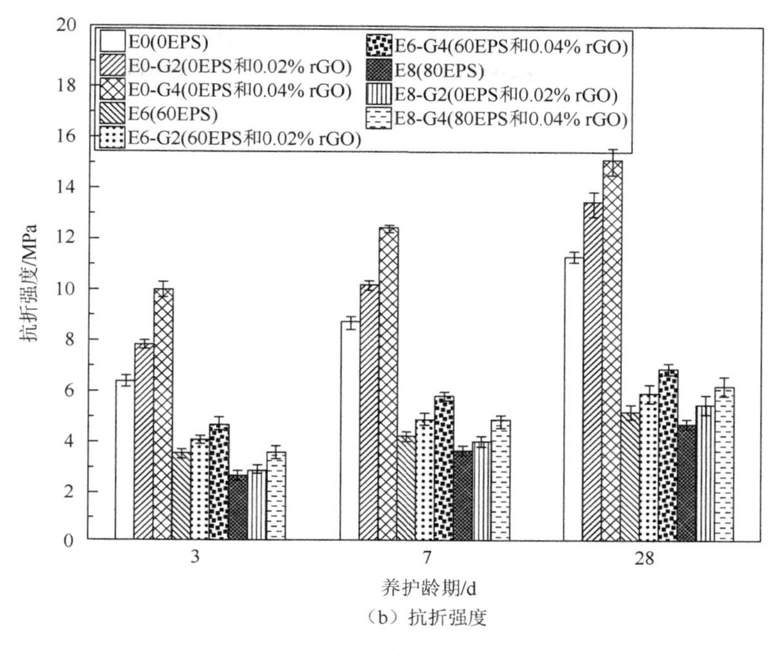

（b）抗折强度

图 6-35　rGO-EPS 矿渣复合材料的力学强度

然而，从图 6-35（a）和（b）中看出，掺入 rGO（质量分数为 0.02%和 0.04%）的轻骨料 EPS 碱矿渣复合材料后，E8-G2（掺入 rGO 质量分数为 0.02%）的抗压强度和抗折强度对于 E8 来说分别显著增加了 16.8%和 25.7%，而 E8-G4（掺入 rGO 质量分数为 0.04%）的抗压强度和抗折强度分别显著增加了 29.0%和 31.2%。对于 E6-G2 和 E6-G4 也有类似的趋势，其中 E6-G4 的抗压强度和抗折强度对于 E6 来说分别增加了 29.5%和 32.7%。产生这种结果的原因是 rGO 的掺入加速了碱矿渣复合材料的反应程度，从而提高了 28d 抗压强度和抗折强度[33]。此外，rGO 作为一种纳米材料能够使得碱矿渣复合材料更加致密[32, 34]，使得 EPS 与碱矿渣硬化浆体界面黏结程度好，进一步增强了力学强度。

如图 6-36 所示，rGO 增强轻骨料 EPS 碱矿渣复合材料第 28d 龄期的折压比为 0.132～0.153，而对照组 0EPS 为 0.123。对于体积分数 60%的 EPS（E6-G2 和 E6-G4）和体积分数 80%的 EPS（E8-G2 和 E8-G4）这四组来说，随着 rGO 掺量的增加，折压比也有小幅度的增加，如 E8-G4 的折压比比 E8 的折压比增加了 5.6%，这是由于纳米材料 rGO 掺入到轻骨料 EPS 碱矿渣复合材料之中，抗压强度和抗折强度都随着 rGO 掺量的增加而相应地增加。对于 E6-G2、E6-G4、E8-G2 和 E8-G4 的折压比比对照组 E0 分别要高 8.8%、11.2%、20.2%和 24.3%，很好地验证了加入 rGO 后能够有效增加折压比，从而提高材料延性。上述结果表明，由于碱矿渣材料固有的脆性较大，在加入一定掺量的 rGO 后，仍然可增加其折压比，从而增加材料延性。

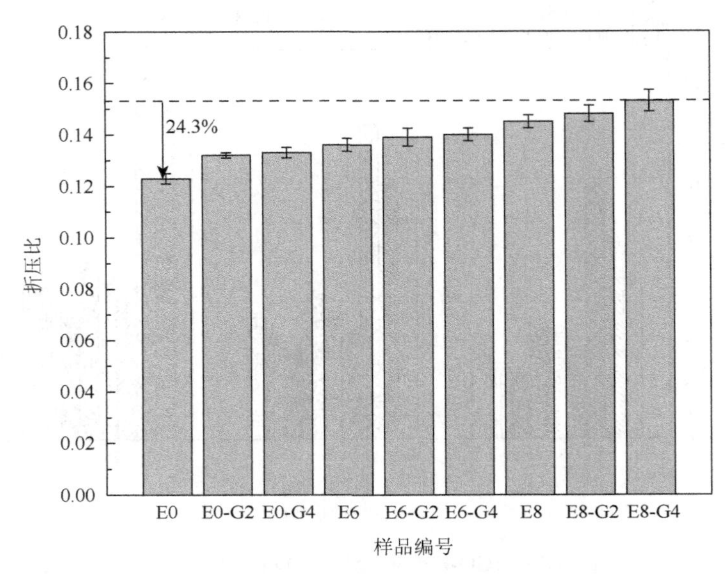

图 6-36　28d 龄期的 rGO-EPS 碱矿渣复合材料折压比

6.2.6　rGO-EPS 碱矿渣复合材料保温性能研究

1. rGO-EPS 碱矿渣复合材料的导热系数研究

图 6-37 表示不同 rGO 和轻骨料 EPS 掺量的 rGO-EPS 碱矿渣复合材料的导热系数。轻骨料 EPS 掺量的增加会使得碱矿渣复合材料的导热系数降低。由纳米材料 rGO 的表征可知，rGO 是由 GO 在碱性环境下还原而成的。由于 rGO 是碳基材料，其导热系数较高，所以 rGO 的掺入可能会引起轻骨料 EPS 碱矿渣导热系数的增加。但是，本章研究的是小掺量 rGO 增强轻骨料 EPS 碱矿渣材料的力学强度，并保持适度的保温性能，即较低的导热系数。从图中结果看出，由于 rGO 的掺量较少，相对于对照组 E0 的样品，E6-G2、E6-G4、E8-G2 和 E8-G4 的导热系数分别降低了 65.8%、62.1%、76.2%和 74.5%。E6-G2、E6-G4 的导热系数比 E6 仅高了 0.05W/(m·K)和 0.11W/(m·K)。相对 E8 来说，E8-G2、E8-G4 的导热系数比 E8 仅高了 0.05W/(m·K)和 0.08W/(m·K)。由此可见，相对于体积分数为 60%和 80%的 EPS 来说，rGO 的掺量较小，质量分数仅仅为 0.02%和 0.04%，rGO 对样品升高的导热系数的程度没有掺入 EPS 的程度大。因此，掺入 rGO 和 EPS 的碱矿渣复合材料 E8-G4 的导热系数为 0.4W/(m·K)，与 E0 的 1.6W/(m·K)相比仍然大大降低。E8-G4 的抗压强度为 42MPa，满足结构材料的力学强度要求。

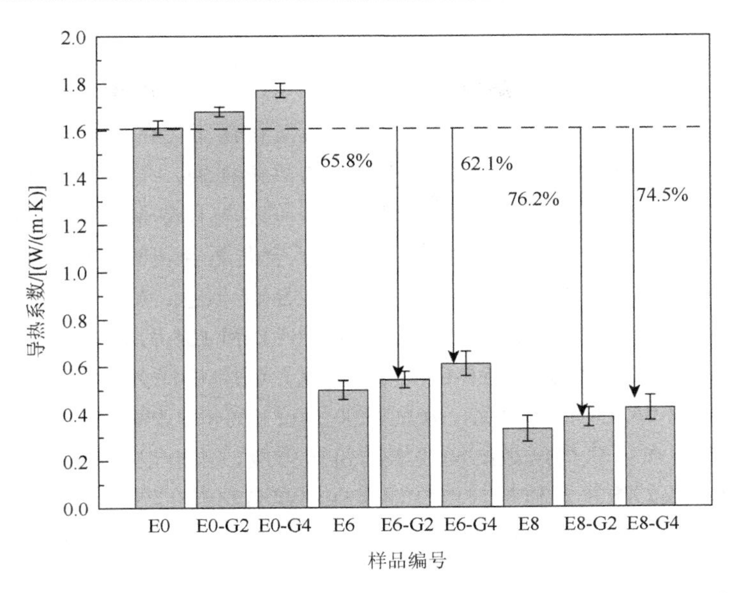

图 6-37　28d 龄期的不同 rGO 和 EPS 掺量的 rGO-EPS 碱矿渣复合材料导热系数

同时，根据《民用建筑热工设计规范》（GB 50176—2016），常用墙体材料的保温性能（导热系数）指标如表 6-12 所示。从表中可看出，普通烧结砖的导热系数在 1.0W/(m·K)左右，而根据本章研究，在加入体积分数为 60%～80%的 EPS 时，E6、E6-G2、G6-G4、E8、E8-G2 和 E8-G4 均低于 1.0W/(m·K)；E6-G2 和 E8-G4 的导热系数分别为 0.55W/(m·K)和 0.41W/(m·K)，小于普通空心砖的 0.58W/(m·K)。结果证明轻骨料 EPS 可以有效地改善碱矿渣复合材料的保温性能，而加入小掺量 rGO 后会使得复合材料导热系数略有增加，但是仍然比普通墙体的导热系数低并且满足力学要求，达到结构-保温一体化的目的。

表 6-12　几种常用墙体材料的保温性能（导热系数）指标

墙体材料	导热系数/[W/(m·K)]
土墙	1.16
实心黏土砖	0.75
普通空心砖	0.58
水泥砂浆	0.93
钢筋混凝土构件	1.74～2.33
普通混凝土	1.28～1.95
烧结普通砖	1.0

2. EPS 与 rGO 在碱矿渣复合材料中的协同作用

碱矿渣复合材料密度的降低是其导热系数及抗压强度的降低的主要原因。前者导热系数降低可减少建筑物外部围护结构的热量损失，但结构应用时需要更高的抗压强度。因此，在前人研究中，利用抗压强度与导热系数（CS-TC）的比值对具有潜在结构-功能一体化的复合材料进行了全面而合理的评估。表 6-13 中列出了 rGO 增强轻骨料 EPS 碱矿渣复合材料的 CS-TC 比值。如表 6-13 所示，E6-G2、E6-G4 和 E8-G4 的 CS-TC 的比值分别为 78.7、81.0 和 105.0，其中 E8-G4 的 CS-TC 值在这三组中最高。E8-G4 与 E0-G4（CS 最高，CS-TC 比为 64.2）和 E8（TC 最高，CS-TC 比为 96.8）的值相比，分别增加了 63.5%和 8.5%。这表明 E8-G4 在低导热系数条件下可以获得满足结构要求的抗压强度，效果也是最好的。图 6-38 为 rGO 增强 EPS 碱矿渣复合材料与现代建筑保温复合材料的导热系数和 28d 抗压强度值进行了比较。E8-G4 和 E6-G4 对比其他建筑材料，在导热系数和抗压强度两者的协同作用时，都能够显示出自身的优势。从 Wu 等的研究中发现，掺入气凝胶的水泥基复合材料导热系数和抗压强度能达到较好的效果，但是其成本比一般建筑保温墙体材料要高[37]。因此，为探究本小节所研究的 rGO 增强轻骨料 EPS 碱矿渣复合材料在实际工程中的可行性，后续章节将探究抗压强度、导热系数和成本三者的协同作用。

表 6-13　rGO-EPS 碱矿渣复合材料的抗压强度与导热系数比值关系

序号	抗压强度/MPa	导热系数/[W/(m·K)]	抗压强度与导热系数的比值
E0	89	1.61	55.7
E0-G2	102	1.68	60.7
E0-G4	113	1.76	64.2
E6	38	0.50	76.4
E6-G2	44	0.55	78.7
E6-G4	49	0.61	81.0
E8	32	0.33	96.8
E8-G2	38	0.38	100.0
E8-G4	42	0.41	105.0

现阶段众多学者研究的新型建筑保温墙体材料和结构-保温一体化建筑材料，是用昂贵的绝热替代品（如气凝胶、粉煤灰漂珠和玻璃颗粒等）来替代一般传统骨料以达到建筑保温作用及结构应用，但是由于其使用成本高，使得其应用有所局限。本章使用价格低廉且废弃回收的 EPS 作为轻骨料替代传统骨料，能够有限降低成本，

并且使用纳米材料 rGO 大幅度提升材料的力学强度，保证材料的结构-保温功能一体化。在导热系数，力学强度和成本方面与其他建筑材料相比，具有更好、更全面的结构-保温一体化性能。为了与其他的建筑保温墙体材料进行全面合理的比较，使用了以下评价指标，定义有效指数（EI）：

$$EI = \frac{抗压强度}{导热系数 \times 成本} \tag{6-6}$$

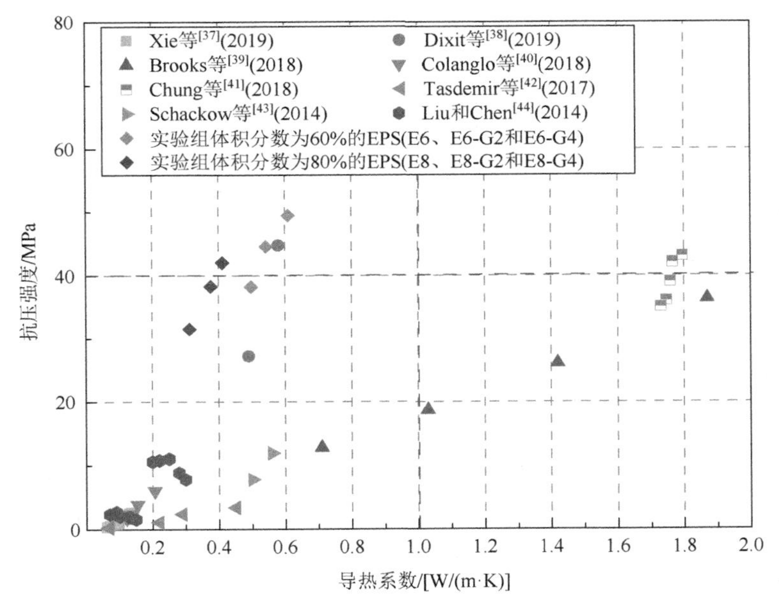

图 6-38 rGO-EPS 碱矿渣复合材料与现代建筑保温材料的抗压强度与导热系数对比图

本节中所用材料的 EI 值列在表 6-14 中，而前人研究[31, 36-37]的建筑保温墙体材料 EI 值如表 6-15 所示。为了验证本节中结构功能一体化的有效性及可行性结果，后面选择与前人研究的建筑保温墙体材料 EI 值进行比较，如图 6-39 所示。从表 6-14 可以看出，配合比 E8 的 EI 值为最高，其值为 1378，比前人的研究的最高 EI 值高 1052。但是，E8 的 28d 抗压强度不能满足结构要求标准。图 6-39（b）为建筑材料的导热系数值低于 1.0W/(m·K)且满足 28d 抗压强度高于结构参考最小强度标准的复合材料。从图 6-39（b）中可以看出，能达到结构-保温一体化材料的配合比有 E6-G2、E6-G4 和 E8-G4，其 EI 值分别为 770、609 和 798，与图中前人研究建筑保温墙体材料的最高 EI 值分别增加了 462、301 和 490。因此，rGO 增强轻骨料 EPS 碱矿渣复合材料中 E6-G2、E6-G4 和 E8-G4 的性能优于先前研究中使用的材料，均在导热系数、抗压强度和成本之间表现出良好的平衡。此外，这项研究中提出的低导热系数、高抗压强度和低成本的 rGO 增强轻骨料 EPS 碱矿渣复合材料的协同作用提高了建筑物的能源效率。

表 6-14　rGO-EPS 碱矿渣复合材料的抗压强度、导热系数和成本的 EI 值

序号	抗压强度/MPa	导热系数/[W/(m·K)]	成本/(美元/m^3)	EI
E0	89	1.61	75.8	734
E0-G2	102	1.68	106.9	571
E0-G4	113	1.76	137.6	468
E6	38	0.50	71.0	1076
E6-G2	44	0.55	102.2	770
E6-G4	49	0.61	132.8	609
E8	32	0.33	70.2	1378
E8-G2	38	0.38	100.9	991
E8-G4	42	0.41	131.7	798

注：为方便与文献对比，成本的计算结果由人民币转化为美元。

表 6-15　现阶段已研究的建筑保温墙体材料抗压强度、导热系数和成本协同的 EI 值

作者	导热系数/[W/(m·K)]	抗压强度/MPa	密度/(kg/m^3)	成本/(美元/m^3)	EI
Dixit 等[38]（2019）	0.58 0.49	44.7 27.2	275 235	77.0 55.5	280 234
Brooks 等[39]（2018）	0.85 0.81 0.80	45.8 37.9 35.4	275 275 275	53.9 46.8 44.3	196 170 161
Brooks 等[39]（2018）	0.64 0.80 0.70	35.1 50.9 48.5	370 370 370	54.8 63.6 69.3	148 172 187
Chung 等[41]（2018）	0.26 0.30 0.28 0.30	21.0 23.0 22.0 19.0	534 525 525 520	80.8 76.7 78.6 63.3	151 146 150 122
Hanif 等[45]（2016）	0.41 0.38 0.34 0.32	23.5 22.9 20.3 19.9	605 915 1430 1632	57.3 60.3 59.7 62.2	95 66 42 38
Lu 等[46]（2015）	0.68 0.52 0.41 0.39	45.6 41.0 32.3 22.4	365 327 290 305	67.1 78.8 78.8 57.4	184 241 272 188
Wang 等[47]（2012）	0.53 0.42 0.27	32.0 29.0 20.0	200 320 680	60.4 69.0 74.1	302 216 109
Wu 等[48]（2015）	0.40 0.36 0.39 0.33	69.4 56.9 66.1 49.8	620 700 630 755	173.5 158.1 169.5 151.0	280 226 269 200

续表

作者	导热系数/[W/(m·K)]	抗压强度/MPa	密度/(kg/m³)	成本/(美元/m³)	EI
Zeng 等[49]（2018）	0.36 0.37 0.28	27.5 27.0 17.0	390 350 405	76.4 73.0 60.7	196 208 150

注：表中成本是参照现阶段市场价格计算得出，且换算为美元以方便对比。

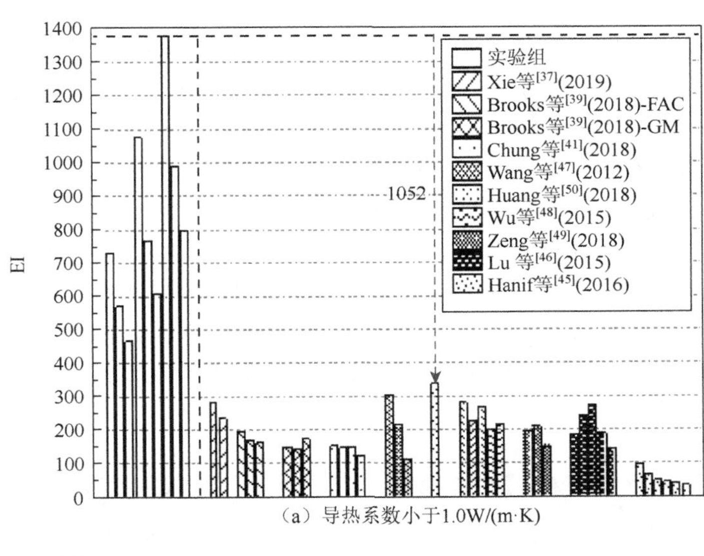

（a）导热系数小于1.0W/(m·K)

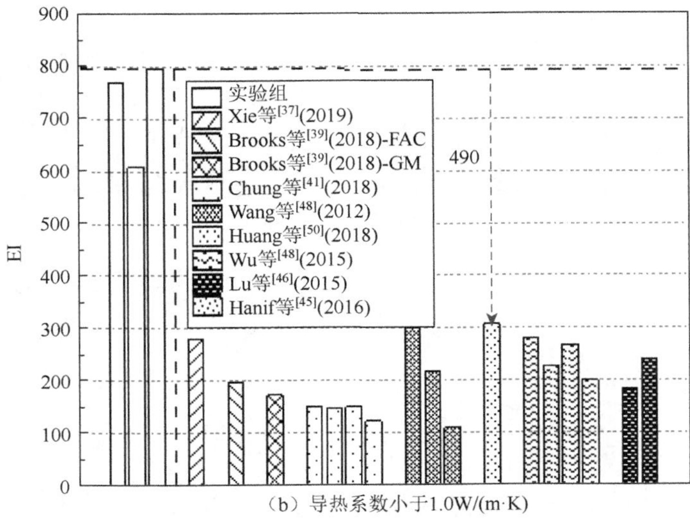

（b）导热系数小于1.0W/(m·K)

图 6-39　rGO-EPS 碱矿渣复合材料与现阶段建筑保温墙体材料的效率值，并且满足最小抗压强度标准

6.2.7 rGO 增强 EPS 碱矿渣复合材料结构-保温一体化的反应机理分析

为研究 rGO 增强 EPS 碱矿渣复合材料结构-保温一体化的反应机理，本节通过高分辨率扫描电镜观察 rGO 增强 EPS 碱矿渣复合材料的微观形貌。由于纳米材料 rGO 是通过 GO 在 NaOH 溶液中水浴加热还原制备形成的，所以 rGO 在高碱性环境中也能很好地均匀分散，从而起到增强材料力学强度的作用。本节将选取在掺入体积分数为 80%的 EPS 时，不同 rGO 掺量的 EPS 碱矿渣复合材料（E8、E8-G2 和 E8-G4）进行反应机理分析。图 6-39 是在 SEM 下观察第 28d 龄期的 E8 和 E8-G4 的微观结构。样品取 28d 龄期抗压实验后受压破坏面的碎片，对 rGO 增强轻骨料 EPS 碱矿渣复合材料的反应（增强）机理进行探索。

如图 6-40 所示，轻骨料 EPS 内部具有多孔封闭和蜂窝状的空间结构，其中内部充满空气，被证实可以有效地降低碱矿渣复合材料的导热系数，同时也解释了 EPS 碱矿渣复合材料的力学强度和密度的显著降低的原因。通过图 6-40（a）、（b）的对比发现，掺入 rGO 质量分数为 0.04%的 EPS 碱矿渣复合材料具有致密的微观结构，更少的微裂纹和微孔。

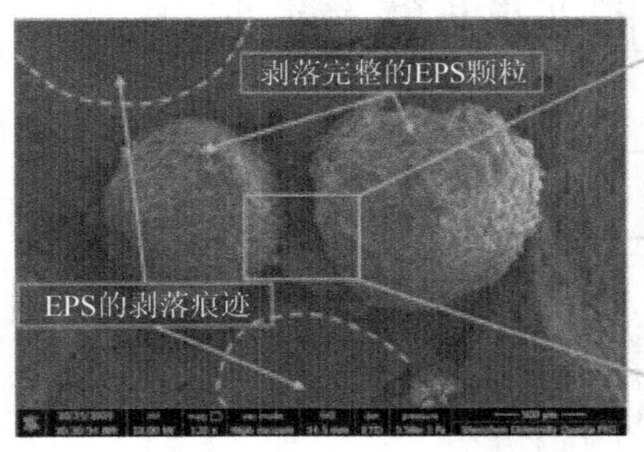

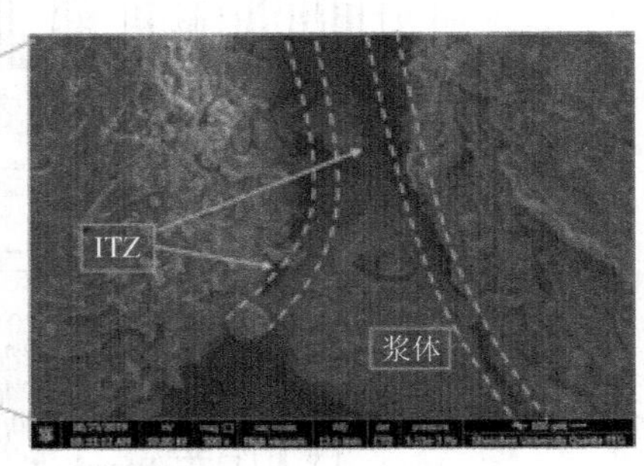

（a）未掺入rGO的轻骨料EPS碱矿渣复合材料

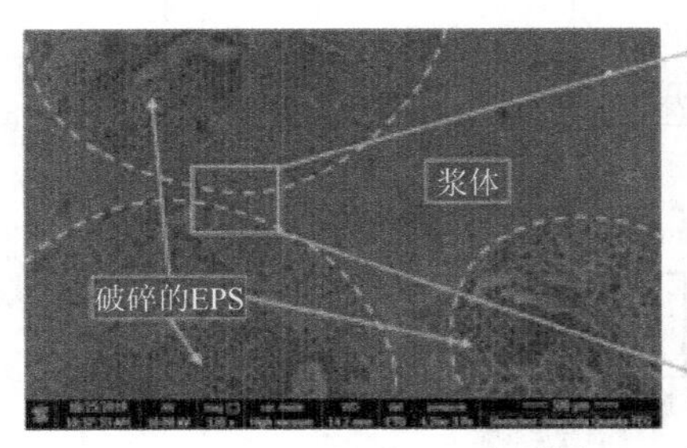

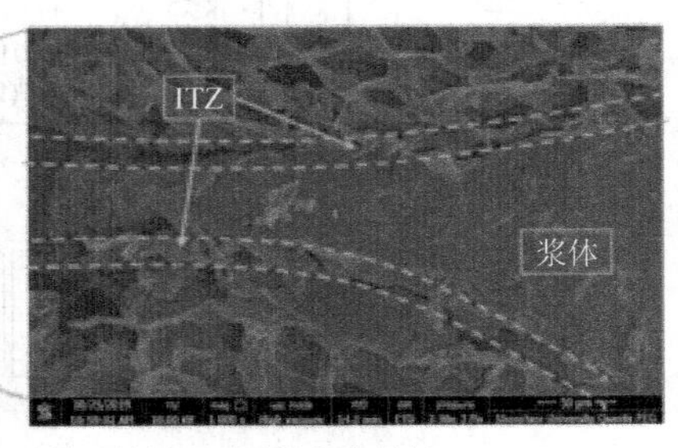

（b）掺入质量分数为0.04%的rGO的轻骨料EPS碱矿渣复合材料

图 6-40　E8 和 E8-G4 的 SEM 图

此外，除研究碱矿渣复合材料的裂缝和微孔结构外，本小节还重点研究掺入 rGO 是否会对 EPS 与碱矿渣材料浆体之间的 ITZ 产生影响，从而影响材料的力学强度。尽管轻骨料 EPS 颗粒具有疏水性，理论上在不加 rGO 的样品中，其表面与碱矿渣浆体在受压时并不能紧密黏结。但加了质量分数为 0.04%的 rGO 后，EPS 与浆体在受力后的界面附着得更加紧密，并且 EPS 受压直接破坏，说明受压破坏并不是因为 EPS 与浆体黏结不好而破坏，而是由于 EPS 本身受压能力弱使得材料破坏了。另外，根据图 6-40 中（a）和（b）中的受压破坏形式，当 E8-G4 受压破坏时，大多数 EPS 随着裂缝的膨胀而被撕裂和破坏，而不是从浆体上剥离。这就合理解释了 EPS 和碱矿渣硬化浆体之间的牢固结合可能是 rGO 能够使得结构紧密，促进浆体反应，使得力学强度提高，实现结构-保温一体化。

为了进一步了解掺入 rGO 后 EPS 碱矿渣硬化浆体中 EPS 骨料和浆体之间的界面区域的微观结构，以进一步研究 rGO 增强力学性能机理，采用 SEM-EDS 技术研究了区域中的微观形态和元素分布。图 6-41（a）、（b）为 28d 龄期的 E8（rGO 质量分数为 0%）和 E8-G4（rGO 质量分数为 0.04%）的微观结构。

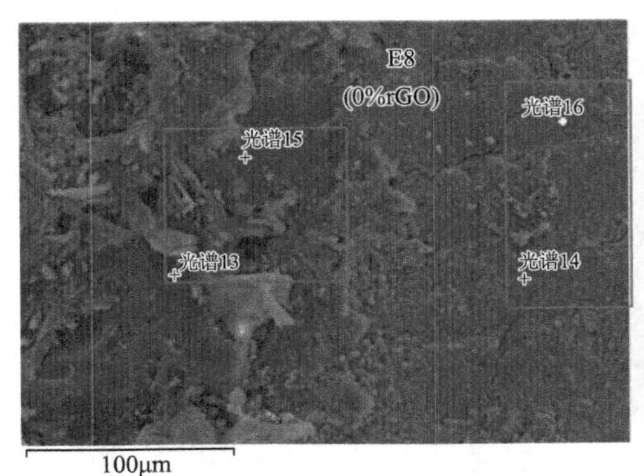

（a）未掺入rGO(E8)

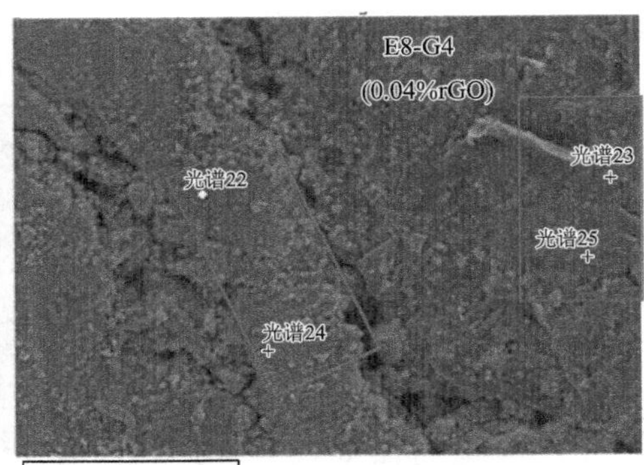

（b）掺入质量分数为0.04%的rGO(E8-G4)

图 6-41　28d 龄期的 SEM 图

表 6-16　与 SEM 结果对应 E8 和 E8-G4 的元素组成　（单位：%）

元素点		质量分数				
		C	O	Si	Ca	Al
E8	13	52.4	—	1.1	3.1	0.4
	14	6.9	25.9	12.4	27.8	5.9
	15	68.6	4.9	0.8	2.9	0.4
	16	3.3	15.9	16.9	35.1	6.2

续表

元素点		质量分数				
		C	O	Si	Ca	Al
E8-G4	22	12.6	14.3	19.3	37.4	7.4
	23	69.0	6.8	4.5	8.3	1.5
	24	10.6	20.1	19.0	33.3	7.8
	25	84.1	5.1	2.9	4.9	0.9

图 6-42 为 E8 和 E8-G4 的 SEM 图对应的 SEM-EDS 图。由图 6-42（a）中可得，点 13 的 EDS 分析产生相对强的峰值，这主要归因于 EPS 高含碳的有机物质，而点 14 所产生的 EDS 相对强的峰值，是归因于碱矿渣硬化浆体的 C 原子、O 原子、Si 原子、Ca 原子和 Al 原子的存在。如图 6-41（b）所示，它反映了掺入质量分数为 0.04%的 rGO 的 E8-G4 的 SEM-EDS 分析，该区域上的结果表明，大多数 C 元素含量随着 rGO 的掺入而增加，而大多数 Si 元素、Ca 元素和 Al 元素则存在于浆体中。如表 6-16 和图 6-42（a）～（d）所示，点 14 的 C-A-S-H 的钙元素质量与硅元素质量、铝元素质量之和的比值为 1.16，光谱 22 的钙元素质量与硅元素质量、铝元素质量之和的比值为 1.40。与没有加入 rGO 的 E8 相比，掺入 rGO 后的 E8-G4 的反应速率更高，因此，反应产物形成相对增加，从而使得 E8-G4 拥有更高的力学强度。

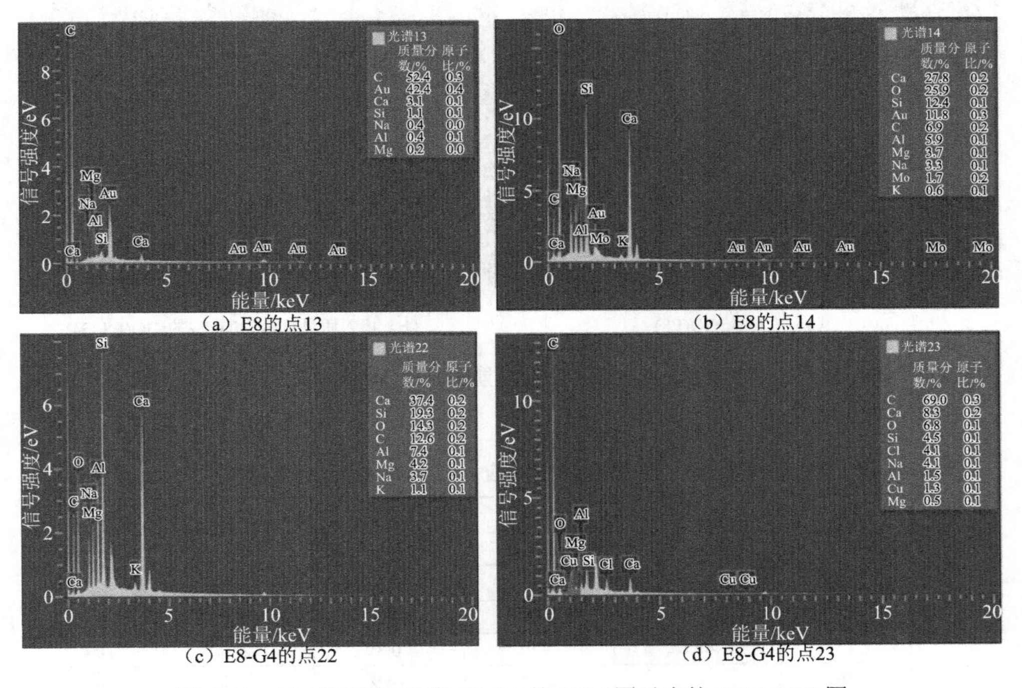

（a）E8的点13　　（b）E8的点14

（c）E8-G4的点22　　（d）E8-G4的点23

图 6-42　28d 龄期的 E8 和 E8-G4 的 SEM 图对应的 SEM-EDS 图

为进一步验证 rGO 对轻骨料 EPS 碱矿渣复合材料力学强度的增强机理，本小节通过热重分析 rGO 掺量对轻骨料 EPS 碱矿渣复合材料的反应速率和反应进程。如图 6-43 所示，不同 rGO 掺量的 EPS 碱矿渣复合材料（E8、E8-G2 和 E8-G4）在 28d 龄期的 CH 含量变化和 DTG。室温加温到 120℃时，蒸发水和部分结合水脱掉；在 120～300℃范围内，C-S-H 的分结使得结合水损失；在 300～450℃的范围内，CH 分解为 CaO 和 H_2O；在 550～900℃范围内，碳酸钙受到高温的分解，分解为 CaO 和 CO_2。因此，计算 CH 含量时，应该由 CH 分解损失质量及碳酸钙受到高温的分解损失质量之和来获得。其中由图 6-43（a）可知，E8-G4 和 E8-G2 中 CH 的质量分数随着 rGO 的质量分数的增加而增加，从图 6-43（b）的中可看出，样品的 DTG 曲线类似，都是存在三个主峰值。这说明掺入 rGO 后，能够迅速促进反应作用，抑制样品的开裂破坏，对碱矿渣浆体起到强化作用，这也通过 28d 的抗压强度来体现。

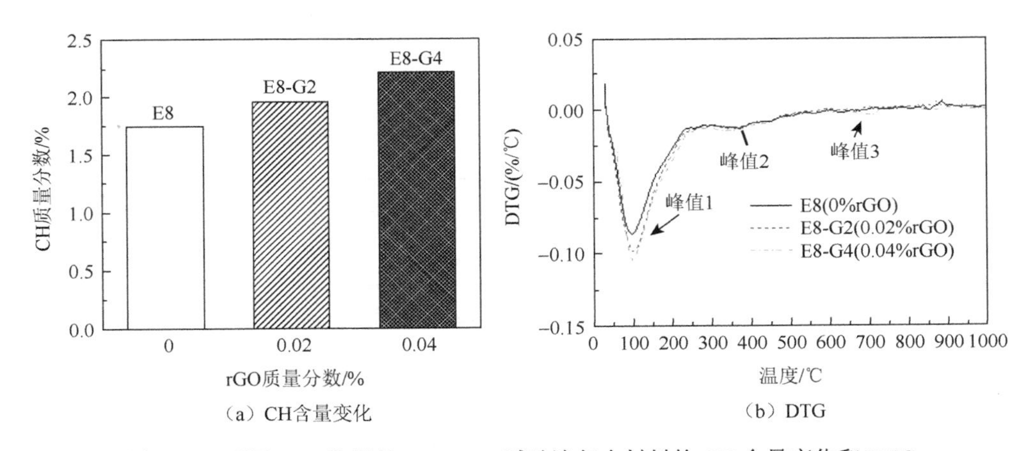

（a）CH含量变化　（b）DTG

图 6-43　不同 rGO 掺量的 rGO-EPS 碱矿渣复合材料的 CH 含量变化和 DTG

6.2.8　全生命周期评估

本节除对实验测试的结果进行分析之外，还对所用绿色新型建筑材料进行了 LCA。LCA 提供了一个整体框架来评估产品在整个生命周期中所产生的环境影响，从原材料的提取到最终的处置或回收进行评估，包括生产、运输和使用等不同阶段[48]。在这项研究的背景下，该评估涉及根据环境管理标准 ISO（14040—2006）和 ISO（14044—2006）对建筑材料进行环境和经济成本分析。

本节将利用 LCA 系统地对轻骨料 EPS 碱矿渣复合材料和 rGO 增强轻骨料 EPS 碱矿渣复合材料的环境影响和经济成本进行分析，即通过将轻骨料 EPS 碱矿渣复合材料和 rGO 增强轻骨料 EPS 碱矿渣复合材料分别用于建筑墙体原材料时所需的能源消耗、CO_2 排放和经济成本来评估。能源消耗（EE）指的是建筑材料生产所需要的能源消耗量；CO_2 排放量（ECO_{2e}）指的是建筑材料在生产运营过程中所排放的 CO_2 量，成本（Cost）指的是购买建筑材料所需原材料时的经济成本。

一般 LCA 方法的研究范围包括建筑材料生产阶段（原材料提取和制备过程）、材料运输阶段、建造阶段、运营阶段、翻新阶段、拆除阶段和废弃堆积阶段。由于建造和翻新阶段主要涉及建筑系统和结构系统层面上，所以本节将集中关注材料生产和运营阶段。运营阶段下建筑物主要包括的能源消耗：空间制热、机械通风、空调（HVAC）、照明、供水、区域供暖和房屋设备等方面的能源消耗。因此，本节所提出的 LCA 方法中全生命周期边界条件如图 6-44 所示。

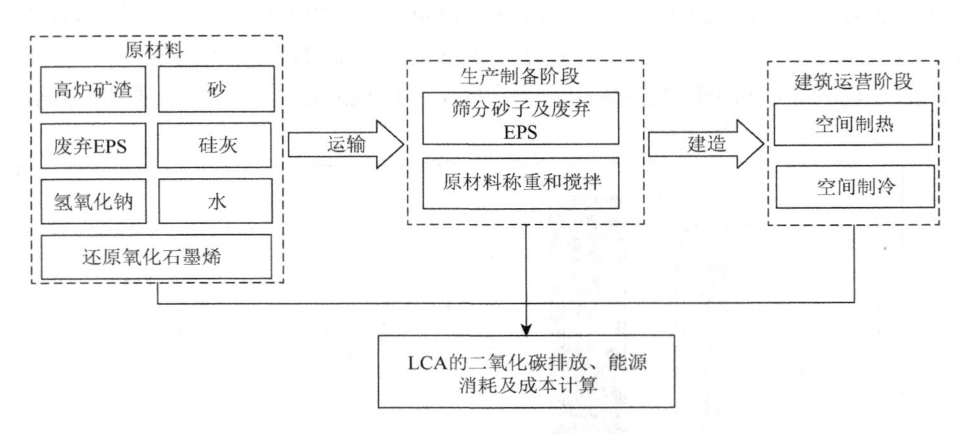

图 6-44　LCA 方法的全生命周期边界条件

本节使用的 LCA 是基于 BIM 结合的 LCA 方法。每个 LCA 方法都包含四个相互依存的阶段：目标和范围、生命周期清单（LCI）、生命周期影响评估（LCIA）和结果解释。在评估过程中，因为原材料和能源燃料的数据准确性将影响整个 LCA 的最终结果，所以输入的信息流是最重要的 LCI 数据。在国内，一般计量配额是常用的计算建筑领域碳排放、能源消耗和建筑成本的方法。因此，在此阶段中，使用从 GaBi 数据库和参考市场价格来获得的原材料基本的 EE、ECO_{2e} 和成本。表 6-17 列出了本节使用的轻骨料 EPS 碱矿渣复合材料和 rGO 增强轻骨料 EPS 碱矿渣复合材料的原材料的 EE、ECO_{2e} 和成本的清单。后文将根据表 6-21 的数值用 LCA 方法评估轻骨料 EPS 碱矿渣复合材料和 rGO 增强轻骨料 EPS 碱矿渣复合材料的环境影响和经济成本效益。

基本指标是计算材料的潜在环境和经济效益影响仅涵盖了建筑物中材料准备的阶段。因此，现需进一步运用 BIM 工具来模拟计算建筑物在运营阶段的能源消耗。在此阶段中，将 BIM 技术视为信息管理系统以获取针对 LCA 的准确数据输入。建筑物在运营阶段的能源消耗，将通过 DesignBuilder V4.5 软件上内置的

EnergyPlus 动态仿真引擎模拟了建筑物在冬季暖气制热和夏季空调制冷的能源消耗。将 BIM 与 LCA 结合起来的计算集成过程如图 6-45 所示。由于本节所研究的建筑材料对建筑的制造和拆除几乎没有影响，因此，本节主要关注建筑材料的生产加工和其对建筑运营的影响。

表 6-17　EE、ECO_{2e}和成本的基本参数

材料	EE/(MJ/kg)	ECO_{2e}/(kgCO_{2e}/kg)	成本	
			（元/t）	（美元/美吨）
废弃 EPS	−0.340 9	−3.181	1510	213
砂	0.014 8	0.001 4	60.5	8.53
高炉矿渣	1.6	0.083	310	44.05
LSS	15.98	1.237	653	92.37
NaOH	20.55	1.414	2016	284.22
水	0.002 5	0.000 2	4	0.56
硅灰	0.018	0.014	1400	200
rGO	33.500 7	0.367	9.5×106	1.36×105

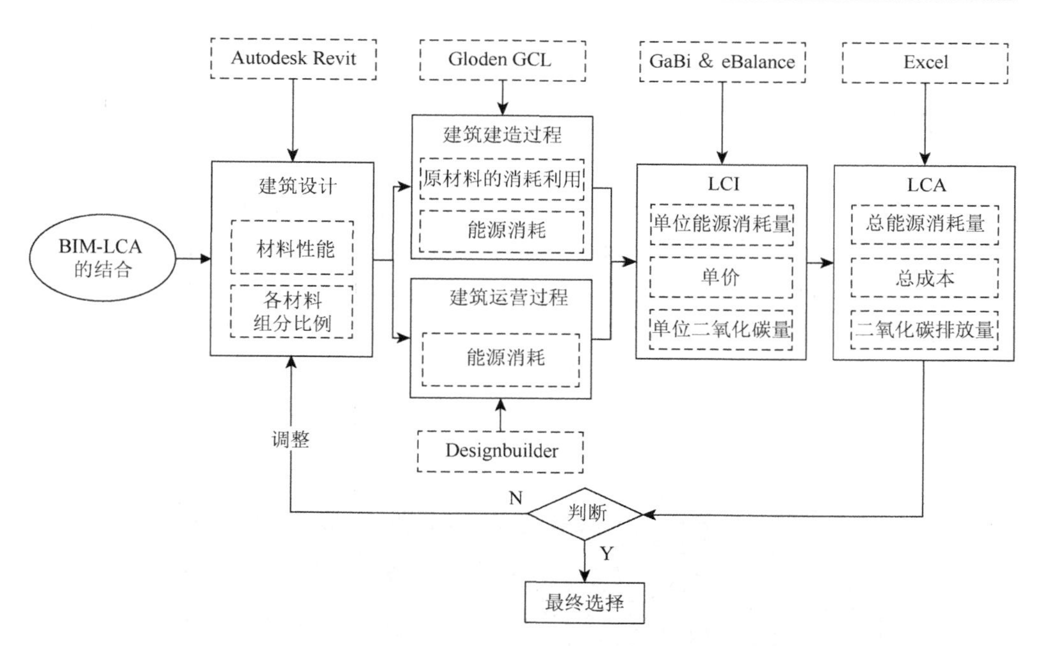

图 6-45　BIM 和 LCA 的计算流程图

BIM 主要输入是区域的位置和天气状况、建筑物中的 HVAC 系统、热墙材料、工作时间和使用情况。BIM 的模型中所用建筑材料的物理和热学性质是从由

Thermal Environmental Conditions for Human Occupancy（ASHRAE 55—2013）确定或通过实验确定。建筑物中各种建筑材料的数量是由 Glodon 开发的 GCL 软件计算得出的。

为了探究不同城市气候对使用rGO增强轻骨料EPS碱矿渣复合材料的能源消耗的影响，对国内的五个不同气候区进行了 BIM 的模拟，对把带有 rGO 增强轻骨料 EPS 碱矿渣复合材料作为墙体材料对不同气候的能源消耗影响，从而更好地评估材料的应用和可行性。从建筑热工设计角度分区，我国能分五个气候区，分别代表的气候特征是：①深圳—炎热的夏天和温暖的冬天；②北京—寒冷的冬天；③武汉—炎热的夏天和寒冷的冬天；④哈尔滨—严寒的冬天；⑤昆明—春季温暖、夏无酷暑、秋季温和和冬季严寒，如表 6-18 所示。

表 6-18　国内五个不同气候代表城市及其气候特征

代表城市	气候区	气候特征
深圳	夏热冬暖	夏季炎热潮湿，冬季凉爽干燥
北京	寒冷	夏季高温多雨，冬季寒冷干燥
武汉	夏热冬冷	雨水充沛，四季分明
哈尔滨	严寒	冬季寒冷，夏季短暂炎热，四季气候分明
昆明	温和	终年温暖，湿润多雨

注：此表信息来源于《中国气象产品地理分区》（GB/T 36109—2018）。

用 BIM 中的 EnergyPlus 评估 rGO 增强轻骨料 EPS 碱矿渣复合材料在大型商业建筑中作为建筑外墙的节能效果，这是一个完整的建筑能耗模拟过程，以获得建筑物供暖、制冷、通风等过程的能源消耗。如图 6-46 所示，本节采用建筑面积为 $720m^2$（45m×16m），每层高度为 3.3m 的 4 层建筑作为模拟模型进行能量计算。每个窗口的尺寸为 2.4m×1.6m，每个窗口的底部与地板之间的距离为 0.9m。

（a）三维立体图

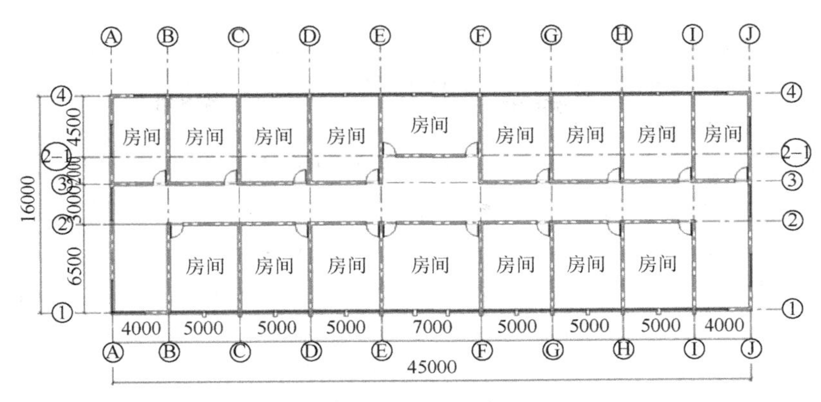

（b）平面布置图（单位: mm）

图 6-46　BIM 模型图

通过 LCA 方法计算轻骨料 EPS 碱矿渣复合材料的 EE、ECO2e 和成本。根据表 6-17 中基本材料参数计算除每立方米轻骨料 EPS 碱矿渣复合材料体系的 EE、ECO_{2e} 和成本。具体计算结果，如表 6-19 所示。从表 6-19 中可看出，在轻骨料 EPS 碱矿渣复合材料中，100EPS 的 EE、ECO_{2e} 和成本为 3274.81MJ/m^3、182.78kgCO_{2e}/m^3 和 348.83 元/m^3，分别比 0EPS 要低 0.6%、18.1%和 11.5%。从数据可看出，轻骨料 EPS 的掺量越大，轻骨料 EPS 碱矿渣复合材料 ECO_2 和成本下降幅度越大，但是能源消耗减少量较小。这是由于轻骨料 EPS 掺入到碱矿渣复合材料中，其主要作用是保温功能，使得整个建筑物在运营阶段节约能耗，而非在材料制备阶段节约能耗。综上所述，从环境角度分析，轻骨料 EPS 作为骨料替代传统骨料加入到碱矿渣复合材料中，会比普通碱矿渣复合材料更加环保，同时，由于碱矿渣复合材料本身是绿色低碳的材料，所以轻骨料 EPS 碱矿渣复合材料在未来具有巨大的应用前景，从而可进一步探究 rGO 增强轻骨料 EPS 碱矿渣复合材料作为建筑保温外墙材料（结构-保温一体化材料）对于建筑运营阶段的能源消耗情况。

表 6-19　轻骨料 EPS 碱矿渣复合材料的 EE、ECO_{2e} 和成本

序号	EPS 体积分数/%	EE/(MJ/m^3)	ECO_{2e}/(kgCO_{2e}/m^3)	成本	
				（元/m^3）	（美元/m^3）
0EPS	0	3294.72	223.16	394.19	55.90
20EPS	20	3290.67	215.79	384.18	54.48
40EPS	40	3287.28	207.63	377.62	53.55
60EPS	60	3283.21	199.35	368.38	52.24
80EPS	80	3279.03	191.20	358.56	50.85
100EPS	100	3274.81	182.78	348.83	49.47

虽然rGO增强轻骨料EPS碱矿渣复合材料是作为建筑结构-保温一体化材料，但是其环境效益、能源影响和经济成本分析仍然值得探究评价。通过LCA计算，表6-20表示每立方米rGO增强轻骨料EPS碱矿渣复合材料的EE、ECO_{2e}和成本。根据前文中rGO增强轻骨料EPS碱矿渣复合材料的效率值EI结果可得，选择E8-G4作为结构与保温功能一体化效果最好的一组，与对照组E0进行比较，分析E8-G4的EE、ECO_{2e}和成本。从表6-20可得，E8-G4的EE、ECO_{2e}和成本分别为3382.27MJ/m^3、190.75kgCO_{2e}/m^3和933.75元/m^3。E8-G4的ECO_{2e}显著低于E0，降低16.8%；EE的值为3382.27MJ/m^3比E0要低0.2%，相差不大；但是E8-G4的成本要比E0要高，这主要是由于原材料制备时rGO价格高所致。虽然rGO掺入会使得成本升高，但是根据前面讨论的力学强度、保温性能和成本三者协同关系，rGO-EPS碱矿渣复合材料的综合效率值仍然较高，在实际应用上仍然具有优势。综上所述，rGO-EPS碱矿渣复合材料在全生命周期内能减少CO_2排放、节约能源消耗，这也能促进轻骨料EPS碱矿渣复合材料的推广利用。

表6-20　rGO-EPS碱矿渣复合材料的EE、ECO_{2e}和成本

序号	EE/(MJ/m^3)	ECO_{2e}/(kgCO_{2e}/m^3)	成本	
			（元/m^3）	（美元/m^3）
E0	3389.71	229.30	537.42	75.8
E0-G2	3395.46	229.40	757.92	106.9
E0-G4	3401.10	229.45	975.58	137.6
E6	3375.60	202.70	503.39	71.0
E6-G2	3381.35	202.75	724.60	102.2
E6-G4	3386.99	202.80	941.55	132.8
E8	3370.88	190.60	498.43	70.2
E8-G2	3376.58	190.70	715.38	100.9
E8-G4	3382.27	190.75	933.75	131.7

如前文所述，将BIM与LCA相结合的方法引入到评价建筑材料应用可行性中，从而生产出绿色结构-保温一体化建筑材料。建筑运营同样是影响建筑物全生命周期评估结果的另一个关键阶段。在此过程中，通过BIM的模拟评估rGO增强轻骨料EPS碱矿渣复合材料作为建筑外墙的节能情况。用BIM中的EnergyPlus评估rGO增强轻骨料EPS碱矿渣复合材料在大型商业建筑中作为建筑外墙的节能效果，这是一个完整的建筑能耗模拟过程，获得建筑物供暖、制冷和通风等过程的能源消耗。本章采取以下三个模拟建筑外墙的建模案例（详图如图6-47所示）：①传统外墙由三层组成：20mm外层保护层（水泥基复合材料），200mm内部墙

体材料（混凝土材料）和 20mm 外层保护层（水泥基复合材料）。根据 ASHRAE 标准 90.1（2013），每层的导热系数分别为 0.97W/(m·K)、1.95W/(m·K) 和 0.97W/(m·K)；②作为对照组，将中间层材料替换为 E0，导热系数为 1.61W/(m·K)，而其他两层与传统外墙使用的保护层材料相同；③实验组外墙也由三层组成：中间层被 E8-G4 代替，E8-G4 的导热系数为 0.41W/(m·K)，另外两层与传统外墙相同。表 6-21 列出了 BIM 模型中每种墙体材料的具体物理性能及其他属性。

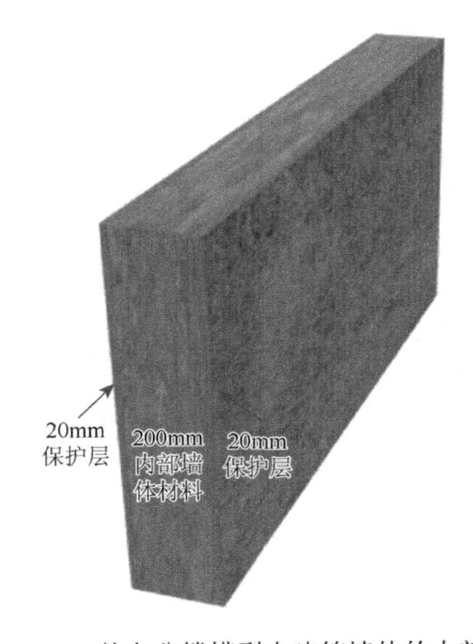

图 6-47　BIM 的办公楼模型中建筑墙体的内部示意图

表 6-21　rGO 增强轻骨料 EPS 体系中建筑外墙材料的基本物理性能及保温性能

建筑材料	密度/(kg/m^3)	导热系数/[W/(m·K)]
传统内部墙体材料	2300	1.95
外层保护层	1900	1.50
E0	2405	1.61
E8-G4	1498	0.41

注：表中传统内部墙体材料和外层保护层数据均来自 *Thermal Environmental Conditions for Human Occupancy*（ASHRAE 55—2013）。

图 6-48（a）代表的是在国内具有不同典型气候的五个城市的建筑物使用 E8-G4 比使用 E0（对照组）作为建筑外墙在供暖/制冷方面节约能源消耗量和比率。图 6-48（b）表示的是五个城市的建筑物使用 E8-G4 比传统墙体材料在供暖/制冷方面节约能源消耗量和比率。图 6-48 的数据是通过 BIM 中的 EnergyPlus 模拟计算获得的。从图中可得，在哈尔滨和北京较长的冬季节中，与传统墙体材料相比，

E8-G4 的使用让建筑物在空间供暖方面节约了大量的能源，分别节省了 48.16%和 40.50%。在深圳的冬季，虽然图中显示 E8-G4 在空间供暖方面的节约能源比率高达 87.8%，但是深圳冬季用于供暖所需能源较少，所以此模拟对深圳地区冬季的实际应用并没有实际帮助。

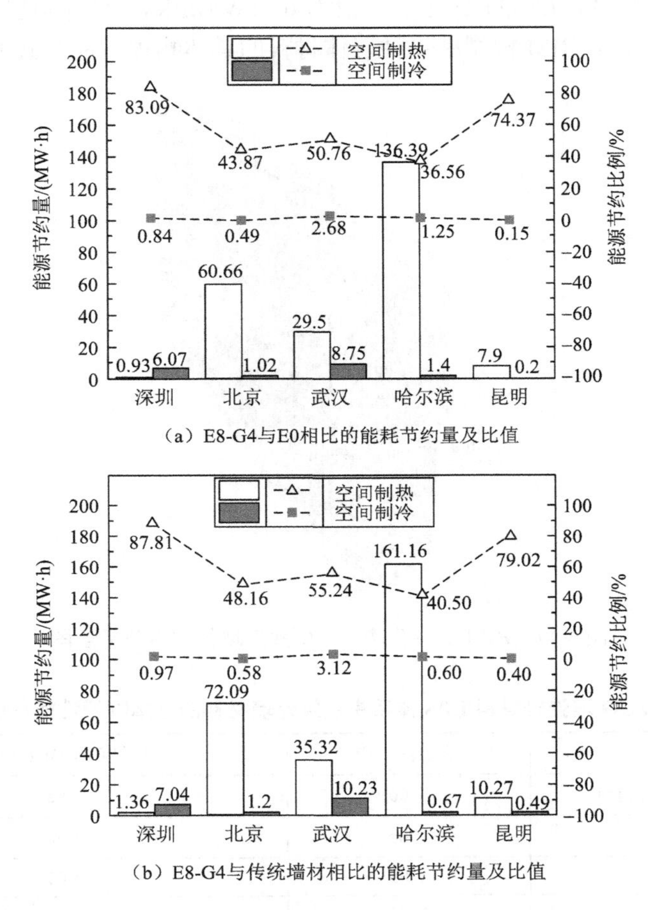

(a) E8-G4与E0相比的能耗节约量及比值

(b) E8-G4与传统墙材相比的能耗节约量及比值

图 6-48　不同城市中建筑物的空间供暖和空间制冷能耗节约图

此外，与 E0 相比，使用 E8-G4 外墙的建筑物在深圳和武汉两个炎热夏季城市的制冷能耗有所减少，其制冷能耗分别减少了 0.84%和 2.68%。这里节约的比例虽然比较小，其数值明显低于空间加热的能源节约。这与漫长的夏季室内发热量大，热量损失少（空间制冷增加）有关。但是，相比哈尔滨、北京等城市，深圳和武汉的空间制冷能耗明显更高，其制冷节约能耗量分别为 7.1MW·h 和 10.2MW·h。因此，E8-G4 在空间冷却中仍然起着较大作用。考虑夏季和冬季昆明的室内外温差较小，即使普通的墙壁也能保持舒适的温度，rGO增强EPS碱矿渣复合材料在昆明这个城市里对节能的影响不大。

如图6-48（b）所示，与传统墙体材料相比，E8-G4的保温性能在建筑能耗中起着重要作用。在深圳、北京、武汉、哈尔滨和昆明这五个城市中，与传统墙体相比，使用E8-G4的建筑物在总能耗分别减少了1.2%、20.5%、11.6%、31.8%和8.0%。例如，哈尔滨的建筑物若使用E8-G4作为建筑外墙，其每年的能源消耗可以节省161.8MW·h。因此，rGO增强轻骨料EPS碱矿渣复合材料在能耗节约的优势，可在漫长而寒冷的冬季或炎热夏季地区得到充分利用，其能大大降低建筑物在运营过程中的建筑能源消耗量。

6.3　小　结

本章基于对废弃CRT玻璃的回收利用，通过宏观性能研究了其作为水泥基复合材料中的细骨料的可行性，并利用材料配合比设计的方法对其宏观性能进行了优化，结合微观手段和化学手段探究了废弃CRT水泥基复合砂浆的固化机理，同时探讨了复掺GO及废弃CRT玻璃提高水泥砂浆的电磁波屏蔽性能，利用阻抗测试测定相对介电常量，进而分析GO及废弃CRT玻璃提高屏蔽性能的机理。同时，本章也系统探究了结构-保温一体化的碱矿渣复合材料力学和保温性能。基于rGO增强EPS碱矿渣复合材料，实现结构-保温一体化的应用，以促进工业副产品轻骨料EPS在碱矿渣复合材料中的再利用，并结合基于BIM的LCA方法，对rGO增强EPS碱矿渣复合材料的EE、ECO2e和成本进行分析，以得出结构-保温一体化的可行性。基于本章研究，以下问题有待于后续深入探讨：

①废弃CRT玻璃作为一种电子废弃物，非常有必要在回收利用废弃物时提高其利用率。废弃CRT玻璃作为细骨料时的掺量为50%，砂浆的体积稳定性、力学性能和固化性能均表现良好。后续还可以通过提高废弃CRT玻璃的掺量或者将其作为粗骨料制备来混凝土，以此来促进废弃CRT玻璃的回收利用。

②本章仅研究了废弃CRT玻璃-碱矿渣复合砂浆的宏观性能，并没有研究其耐久性能，需要考虑实际工程应用中的耐久性问题，可以研究其抗碳化、抗氯离子侵蚀和干燥收缩等耐久性方面的性能。

③由于时间的限制，并没有研究环境因素对废弃CRT玻璃-碱矿渣复合砂浆的性能影响，尤其是固化性能，如果因为环境因素导致材料劣化严重，会浸出了过多的铅，严重污染环境。后续可以研究酸雨、碳化和滨海等环境下对材料固化性能的影响。

④结合轻骨料EPS和纳米材料rGO使得碱矿渣复合材料实现结构-保温一体化，为实现绿色低碳的建筑保温提供了良好的技术手段。但是，本章并未对材料

的防火性能进行研究，后续将对 EPS 碱矿渣复合材料的耐火性与传统保温板进行比较，以取得更加合理的结构-保温一体化材料。

⑤在 rGO 增强轻骨料 EPS 碱矿渣复合材料中实现结构-保温一体化。然而，在 rGO 和 EPS 协同作用下，碱矿渣复合材料的工作性能会稍微下降。因此，未来研究方向应该在保证结构-保温一体化前提下，对轻骨料 EPS 进行改性处理或在配合比设计中加减水剂等方法，进一步提高其工作性能。

⑥通过 BIM 和 LCA 的结合，研究 rGO 增强 EPS 碱矿渣复合材料的结构-保温一体化的实际应用性，并对建筑原材料阶段和建筑运营阶段进行全生命周期评估，但并未把 rGO 增强 EPS 碱矿渣复合材料运用在实际建筑中，只对原材料的提取到材料运营阶段进行了评估。因此，从原材料的提取到最终的处置或回收的整个全生命周期评估，仍需要作进一步研究。

参考文献

[1] Taha B，Nounu G. Properties of concrete contains mixed colour waste recycled glass as sand and cement replacement[J]. Construction and Building Materials，2008，22（5）：713-720.

[2] Ali E E，Al-Tersawy S H. Recycled glass as a partial replacement for fine aggregate in self compacting concrete[J]. Construction and Building Materials，2012，35：785-791.

[3] Paul S C，Šavija B，Babafemi A J. A comprehensive review on mechanical and durability properties of cement-based materials containing waste recycled glass[J]. Journal of Cleaner Production，2018，198：891-906.

[4] Bisht K，Ramana P V. Sustainable production of concrete containing discarded beverage glass as fine aggregate[J]. Construction and Building Materials，2018，177：116-124.

[5] Ling T C，Poon C S. Utilization of recycled glass derived from cathode ray tube glass as fine aggregate in cement mortar[J]. Journal of Hazardous Materials，2011，192（2）：451-456.

[6] Zhao H，Sun W. Study of properties of mortar containing cathode ray tubes（CRT）glass as replacement for river sand fine aggregate[J]. Construction and Building Materials，2011，25（10）：4059-4064.

[7] Hui Z，Poon C S，Ling T C. Properties of mortar prepared with recycled cathode ray tube funnel glass sand at different mineral admixture[J]. Construction and Building Materials，2013，40：951-960.

[8] Zhao H，Poon C S，Ling T C. Utilizing recycled cathode ray tube funnel glass sand as river sand replacement in the high-density concrete[J]. Journal of Cleaner Production，2013，51：184-190.

[9] Romero D，James J，Mora R，et al. Study on the mechanical and environmental properties of concrete containing cathode ray tube glass aggregate[J]. Waste Management，2013，33（7）：1659-1666.

[10] Ling T C，Poon C S. A comparative study on the feasible use of recycled beverage and CRT funnel glass as fine aggregate in cement mortar[J]. Journal of Cleaner Production，2012，29-30：46-52.

[11] Long W J，Gu Y C，Xiao B X，et al. Micro-mechanical properties and multi-scaled pore structure of graphene oxide cement paste：Synergistic application of nanoindentation，X-ray computed tomography，and SEM-EDS analysis[J]. Construction and Building Materials，2018，179：661-674.

[12] Zhao H，Poon C S，Ling T C. Properties of mortar prepared with recycled cathode ray tube funnel glass sand at different mineral admixture[J]. Construction and Building Materials，2013，40：951-960.

[13] Ling T C，Poon C S. Utilization of recycled glass derived from cathode ray tube glass as fine aggregate in cement

mortar[J]. Journal of Hazardous Materials，2011，192（2）：451-456.

[14] Long W J，Gu Y C，Zheng D，et al. Utilization of graphene oxide for improving the environmental compatibility of cement-based materials containing waste cathode-ray tube glass[J]. Journal of Cleaner Production，2018，192：151-158.

[15] Pan Z，He L，Qiu L，et al. Mechanical properties and microstructure of a graphene oxide–cement composite[J]. Cement and Concrete Composites，2015，58：140-147.

[16] Lv S H，Deng L J，Yang W Q，et al. Fabrication of polycarboxylate/graphene oxide nanosheet composites by copolymerization for reinforcing and toughening cement composites[J]. Cement and Concrete Composites，2016，66：1-9.

[17] Lu Z Y，Hanif A，Ning C，et al. Steric stabilization of graphene oxide in alkaline cementitious solutions：Mechanical enhancement of cement composite[J]. Materials and Design，2017，127：154-161.

[18] Haddad A S，Chung D D L. Decreasing the electric permittivity of cement by graphite particle incorporation[J]. Carbon，2017，122：702-709.

[19] Chung D D L. Electrical conduction behavior of cement-matrix composites[J]. Journal of Materials Engineering and Performance，2002，11（2）：194-204.

[20] Wen S H，Chung D D L. Electromagnetic interference shielding reaching 70 dB in steel fiber cement[J]. Cement and Concrete Research，2004，34（2）：329-332.

[21] Muthusamy S，Chung D D L. Carbon-fiber cement-based materials for electromagnetic shielding[J]. ACI Materials Journal，2010，107（6）：602-610.

[22] Mohammed A，Sanjayan J G，Duan W H，et al. Incorporating graphene oxide in cement composites：A study of transport properties[J]. Construction and Building Materials，2015，84：341-347.

[23] Mohammed A，Sanjayan J G，Duan W H，et al. Graphene oxide impact on hardened cement expressed in enhanced freeze–thaw resistance[J]. Journal of Materials in Civil Engineering，2016，28（9）：04016072.

[24] Long W J，Wei J J，Ma H，et al. Dynamic mechanical properties and microstructure of graphene oxide nanosheets reinforced cement composites[J]. Nanomaterials，2017，7（12）：407.

[25] Ling T C，Poon C S. Feasible use of recycled CRT funnel glass as heavyweight fine aggregate in barite concrete[J]. Journal of Cleaner Production，2012，33：42-49.

[26] Rashad A M. Recycled cathode ray tube and liquid crystal display glass as fine aggregate replacement in cementitious materials[J]. Construction and Building Materials，2015，93：1236-1248.

[27] Ling T C，Poon C S. Use of recycled CRT funnel glass as fine aggregate in dry-mixed concrete paving blocks[J]. Journal of Cleaner Production，2014，68：209-215.

[28] Wang H Y，Zeng H H，Wu J Y. A study on the macro and micro properties of concrete with LCD glass[J]. Construction and Building Materials，2014，50：664-670.

[29] Chen S H，Chang C S，Wang H Y，et al. Mixture design of high performance recycled liquid crystal glasses concrete（HPGC）[J]. Construction and Building Materials，2011，25（10）：3886-3892.

[30] Babu K G，Babu D S. Behaviour of lightweight expanded polystyrene concrete containing silica fume[J]. Cement and Concrete Research，2003，33（5）：755-762.

[31] Chen B，Liu N. A novel lightweight concrete-fabrication and its thermal and mechanical properties[J]. Construction and Building Materials，2013，44：691-698.

[32] Murugan M，Santhanam M，Gupta S S，et al. Influence of 2D rGO nanosheets on the properties of OPC paste[J]. Cement and Concrete Composites，2016，70：48-59.

[33] Saafi M，Tang L，Fung J，et al. Enhanced properties of graphene/fly ash geopolymeric composite cement[J]. Cement and Concrete Research，2015，67：292-299.

[34] Long W J，Ye T H，Luo Q L，et al. Reinforcing mechanism of reduced graphene oxide on flexural strength of geopolymers：A synergetic analysis of hydration and chemical composition[J]. Nanomaterials，2019，9（12）：1723.

[35] Long W J，Tan X W，Xiao B X，et al. Effective use of ground waste expanded perlite as green supplementary cementitious material in eco-friendly alkali activated slag composites[J]. Journal of Cleaner Production，2019，213：406-414.

[36] Liu M Y J，Alengaram U J，Jumaat M Z，et al. Evaluation of thermal conductivity，mechanical and transport properties of lightweight aggregate foamed geopolymer concrete[J]. Energy and Buildings，2014，72：238-245.

[37] Xie Y，Li J，Lu Z Y，et al. Preparation and properties of ultra-lightweight EPS concrete based on pre-saturated bentonite[J]. Construction and Building Materials，2019，195：505-514.

[38] Dixit A，Pang S D，Kang S H，et al. Lightweight structural cement composites with expanded polystyrene（EPS）for enhanced thermal insulation[J]. Cement and Concrete Composites，2019，102：185-197.

[39] Brooks A L，Zhou H Y，Hanna D. Comparative study of the mechanical and thermal properties of lightweight cementitious composites[J]. Construction and Building Materials，2018，159：316-328.

[40] Colangelo F，Roviello G，Ricciotti L，et al. Mechanical and thermal properties of lightweight geopolymer composites[J]. Cement and Concrete Composites，2018，86：266-272.

[41] Chung S Y，Abd E M，Stephan D. Effects of expanded polystyrene（EPS）sizes and arrangements on the properties of lightweight concrete[J]. Materials and Structures，2018，51（3）：57-63.

[42] Tasdemir C，Sengul O，Tasdemir M A. A comparative study on the thermal conductivities and mechanical properties of lightweight concretes[J]. Energy and Buildings，2017，151：469-475.

[43] Schackow A，Effting C，Folgueras M V，et al. Mechanical and thermal properties of lightweight concretes with vermiculite and EPS using air-entraining agent[J]. Construction and Building Materials，2014，57：190-197.

[44] Liu N，Chen B. Experimental study of the influence of EPS particle size on the mechanical properties of EPS lightweight concrete[J]. Construction and Building Materials，2014，68：227-232.

[45] Hanif A，Du S，Lu Z，et al. Green lightweight cementitious composite incorporating aerogels and fly ash cenospheres-Mechanical and thermal insulating properties[J]. Construction and Building Materials，2016，116：422-430.

[46] Lu Z Y，Zhang J R，Sun G X，et al. Effects of the form-stable expanded perlite/paraffin composite on cement manufactured by extrusion technique[J]. Energy，2015，82：43-53.

[47] Wang R，Meyer C. Performance of cement mortar made with recycled high impact polystyrene[J]. Cement and Concrete Composites，2012，34（9）：975-981.

[48] Wu Y P，Wang J Y，Monteiro P J M，et al. Development of ultra-lightweight cement composites with low thermal conductivity and high specific strength for energy efficient buildings[J]. Construction and Building Materials，2015，87：100-112.

[49] Zeng Q，Mao T，Li H D，et al. Thermally insulating lightweight cement-based composites incorporating glass beads and nano-silica aerogels for sustainably energy-saving buildings[J]. Energy and Buildings，2018，174：98-110.

[50] Huang Q Q，Li X X，Zhang G Q，et al. Experimental investigation of the thermal performance of heat pipe assisted phase change material for battery thermal management system[J]. Applied Thermal Engineering，141：1092-1100.

彩　图

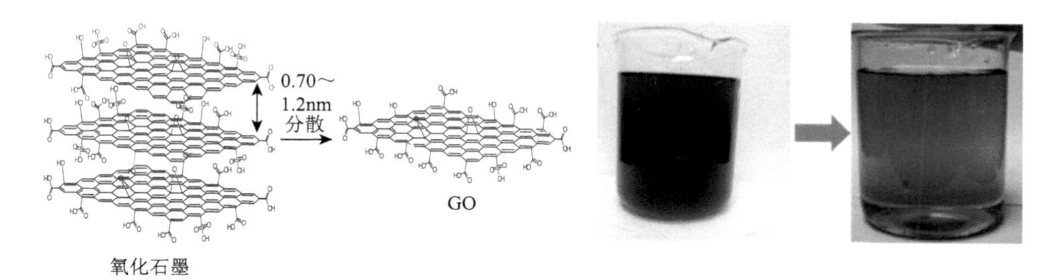

图 2-3　GO 分散过程示意图

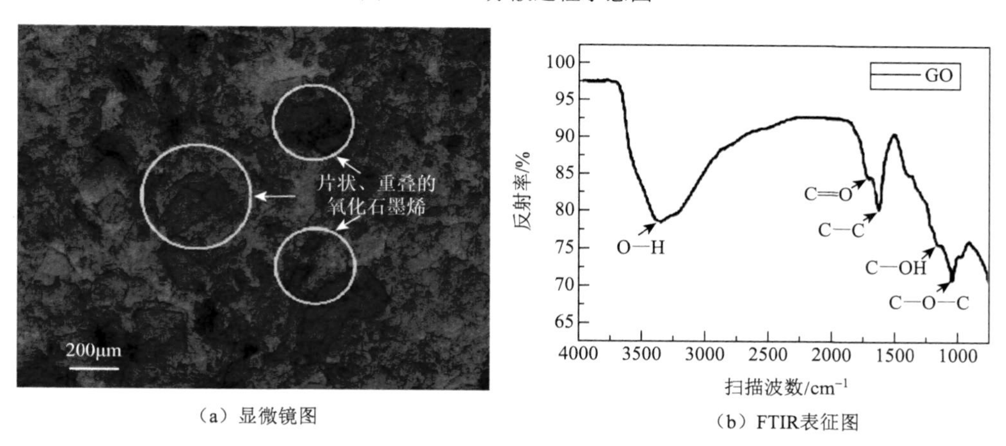

（a）显微镜图　　（b）FTIR表征图

图 2-7　GO 的显微镜图和 FTIR 表征图

（a）无分散剂

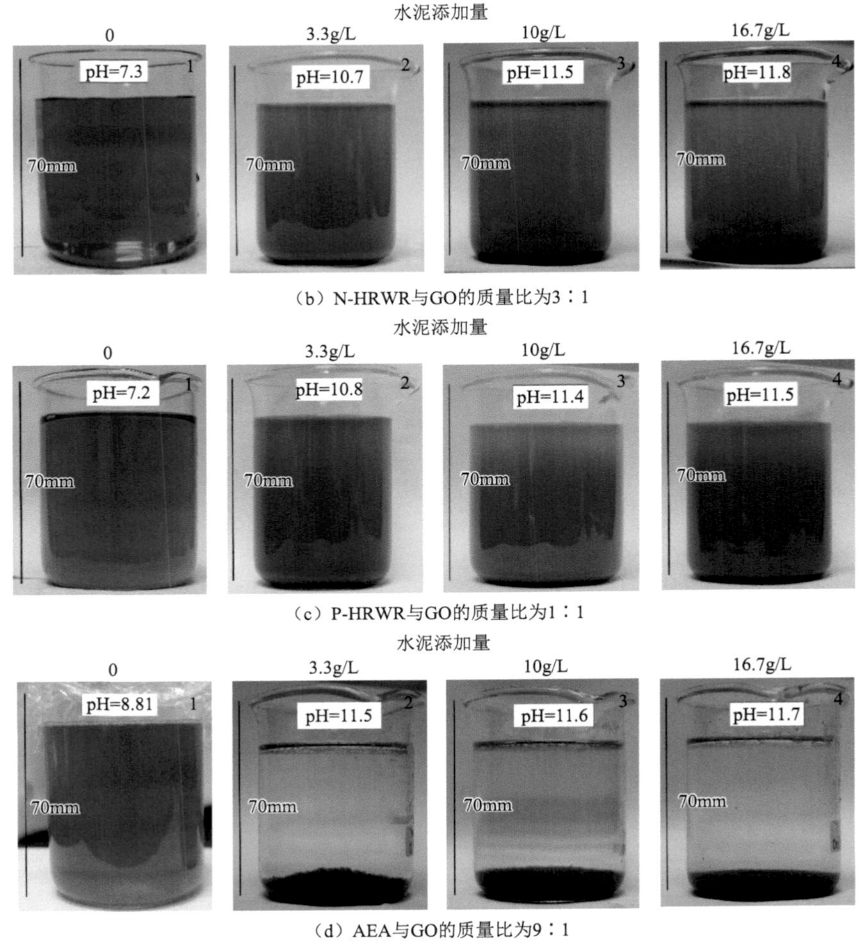

（b）N-HRWR与GO的质量比为3∶1

（c）P-HRWR与GO的质量比为1∶1

（d）AEA与GO的质量比为9∶1

图 2-15　GO 在水泥悬浮液中的分散状态

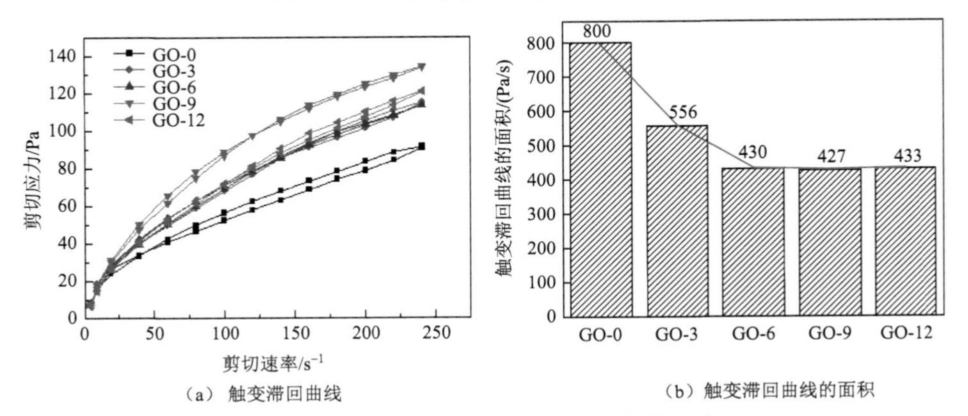

（a）触变滞回曲线

（b）触变滞回曲线的面积

图 3-5　GO 掺量对水泥浆体触变性能的影响